电磁空间领域创新发展论

全军预备役电磁频谱管理中心
国防大学联合勤务学院　编著

ELECTROMAGNETIC SPACE DOMAIN

INNOVATION AND DEVELOPMENT

北京理工大学出版社
BEIJING INSTITUTE OF TECHNOLOGY PRESS

版权专有 侵权必究

图书在版编目（CIP）数据

电磁空间领域创新发展论 / 全军预备役电磁频谱管理中心，国防大学联合勤务学院编著. —北京：北京理工大学出版社，2021.12
ISBN 978-7-5763-0789-4

Ⅰ. ①电… Ⅱ. ①全…②国… Ⅲ. ①电磁场–理论–应用 Ⅳ. ①TM15

中国版本图书馆 CIP 数据核字（2021）第 272220 号

出版发行 /	北京理工大学出版社有限责任公司
社　　址 /	北京市海淀区中关村南大街 5 号
邮　　编 /	100081
电　　话 /	（010）68914775（总编室）
	（010）82562903（教材售后服务热线）
	（010）68944723（其他图书服务热线）
网　　址 /	http://www.bitpress.com.cn
经　　销 /	全国各地新华书店
印　　刷 /	三河市华骏印务包装有限公司
开　　本 /	710 毫米×1000 毫米　1/16
印　　张 /	22.5
彩　　插 /	4
字　　数 /	293 千字
版　　次 /	2021 年 12 月第 1 版　2021 年 12 月第 1 次印刷
定　　价 /	117.00 元

责任编辑 / 徐艳君
文案编辑 / 徐艳君
责任校对 / 周瑞红
责任印制 / 李志强

图书出现印装质量问题，请拨打售后服务热线，本社负责调换

《电磁空间领域创新发展论》编委会

编委会成员	沈树章	徐 堃	崔向华	李景春
	陈季华	李学军	肖 峰	瞿 泉
主　　编	徐 堃	李学军	彭 悦	
副 主 编	周 强			
编　　写	彭 悦	程 曦	朱卫刚	王 凡
	陈云雷	杨晔楠	徐 波	杜 佳
	周治宇	赵 杨	王 菁	王传申
	田宜春	陈 莉	张世文	崔向华

前 言

今年是中国共产党百年华诞。回顾党的百年奋斗历程，创新是一个非常鲜明的特点。"创新是一个民族进步的灵魂，是一个国家兴旺发达的不竭动力，也是中华民族最深沉的民族禀赋。在激烈的国际竞争中，惟创新者进，惟创新者强，惟创新者胜。"十八大以来，在习近平总书记的公开讲话和报道中，"创新"一词出现超过千次。创新发展是建设现代化经济体系的战略支撑，是提高社会生产力和综合国力的战略支撑，适用于各个领域、各行各业。电磁频谱是国家经济发展和国防建设的核心战略资源，电磁空间是各国争夺和博弈的重要战场，关乎经济社会可持续发展、关乎国家安全稳定、关乎军事斗争成败。电磁空间领域具有军民空间共用、资源共享、秩序共管、力量共建等优势，是军民协同创新的天然载体，在创新发展方面具有先天的独特优势。

新时代，电磁空间领域创新发展有了更新更多更深的内涵和要求，必须站在国家安全和民族复兴的高度，坚持富国和强军相统一，进一步定准总体目标、辨清历史方位，全面推进电磁空间领域创新发展，构建科学有序、军地一体的电磁空间领域创新发展体系。全军预备役电磁频谱管理中心与国防大学联合勤务学院不忘初心使命、主动携手合作，成立专项课题研究小组，课题研究成员包括工业和信息化部及国防大学、国防科技大学、陆军、火箭军、战略支援部队等大单位的专家学者和一线专业岗位人员，以及国防科技大学信息通信学院、陆军工程大学和该大学通信士官学校的教学科研人员等，历时两年多完成了本书编著。在编著过程中，得到了工业和信息化部、中央军委联合参谋部和火箭军、战略支援部队等单位机关的关心支持，以及原全军电磁频谱管理委员会专家咨询委员会主任沈树章等军内外知名专家的指导帮助,在此谨表示最诚挚的感谢。

本书坚持以习近平新时代中国特色社会主义思想为指导,全面贯彻习近平强军思想,站在国家总体安全高度,立足我国电磁空间发展现状,瞄准国家电磁空间安全新威胁,秉承"军民协同""为战而研"原则进行初步研究。今后,还将在此基础上继续进行深入研究,并陆续出版系列著作。

真理认知永不停息,实践发展永不搁浅,理论创新永无止境。由于受到实践、认知和创新的水平限制,本书仍然存在不足及不妥之处,恳请各位专家和广大读者谅解指正。

全军预备役电磁频谱管理中心

国防大学联合勤务学院

2021 年 1 月 17 日

目 录

第一章　绪论 … 001
　第一节　本质内涵 … 001
　　一、电磁空间 … 002
　　二、创新发展 … 013
　　三、电磁空间领域创新发展 … 018
　第二节　历史进程 … 023
　　一、建设时期（1949—1978年） … 023
　　二、改革时期（1979—2012年） … 026
　　三、发展时期（2012年至今） … 028
　第三节　战略地位 … 030
　　一、维护和治理国家安全"高新远"边疆的内在要求 … 030
　　二、赢得新兴科技和空间竞争新优势的关键之举 … 031
　　三、建设世界一流军队电磁空间战力的重要途径 … 033

第二章　电磁空间领域创新发展的时代背景 … 037
　第一节　我国安全形势面临新的严峻挑战 … 038
　　一、潜在战争威胁依然存在 … 038
　　二、周边地区面临安全威胁 … 043
　　三、少数分裂势力影响统一 … 047
　第二节　新时代国家战略发展的强劲召唤 … 050
　　一、国家发展战略 … 051
　　二、国家安全战略 … 054
　　三、国家军事战略 … 057
　第三节　信息化战争灰色地带的决胜牵引 … 061
　　一、应对挑衅与冲突的战略考量 … 061
　　二、掌控战场新态势的关键因素 … 063
　　三、实施非对称制衡的重要手段 … 066

第三章　电磁空间领域创新发展的需求分析 … 071
　第一节　电磁空间技术创新发展需求分析 … 071
　　一、电磁空间核心技术范畴 … 072
　　二、电磁空间技术创新发展现状分析 … 079
　　三、电磁空间技术创新发展需求展望 … 085

第二节　电磁空间安全创新发展需求分析……………………091
　　　一、电磁空间安全基本特征………………………………091
　　　二、电磁空间安全创新发展现状分析……………………095
　　　三、电磁空间安全创新发展需求展望……………………098
　　第三节　电磁空间作战能力创新发展需求分析……………104
　　　一、态势感知能力创新发展需求分析……………………105
　　　二、指挥控制能力创新发展需求分析……………………110
　　　三、电磁攻击能力创新发展需求分析……………………114
　　　四、信息防御能力创新发展需求分析……………………117

第四章　电磁空间领域创新发展的总体指导…………………123
　　第一节　电磁空间领域创新发展的指导思想………………123
　　　一、树立科学发展理念……………………………………124
　　　二、突出备战打仗要求……………………………………125
　　　三、注重整体效益质量……………………………………126
　　　四、强调资源统筹共享……………………………………128
　　第二节　电磁空间领域创新发展的基本原则………………129
　　　一、坚持创新引领、紧扣发展……………………………130
　　　二、坚持科学规划、周密组织……………………………131
　　　三、坚持以战为主、平战结合……………………………132
　　　四、坚持分步推进、突出重点……………………………132
　　第三节　电磁空间领域创新发展的目标要求………………134
　　　一、创新格局整体形成……………………………………134
　　　二、军民一体协同发展……………………………………135
　　　三、作战能力大幅提升……………………………………136
　　　四、支撑环境更加优化……………………………………138

第五章　电磁空间领域创新发展的建设重点…………………141
　　第一节　理论体系建设………………………………………141
　　　一、基础理论建设…………………………………………142
　　　二、应用理论建设…………………………………………142
　　　三、技术理论建设…………………………………………143
　　第二节　系统装备建设………………………………………143
　　　一、指挥系统建设…………………………………………144
　　　二、感知网系建设…………………………………………146

三、用频装备检测系统建设 …………………………………………147
　第三节　法规制度建设 ……………………………………………148
　　一、法律法规建设 ……………………………………………………149
　　二、政策制度建设 ……………………………………………………152
　　三、技术标准建设 ……………………………………………………153
　第四节　人才队伍建设 ……………………………………………155
　　一、指挥管理人才建设 ………………………………………………155
　　二、专业技术人才建设 ………………………………………………157
　　三、新型军事人才建设 ………………………………………………159

第六章　电磁空间领域创新发展的方法途径 ……………………………163
　第一节　信息化引领 …………………………………………………163
　　一、信息化引领的本质内涵 …………………………………………164
　　二、信息化引领的作用机理 …………………………………………167
　　三、信息化引领的关注重点 …………………………………………170
　第二节　体系化设计 …………………………………………………174
　　一、体系化设计的内涵本质 …………………………………………175
　　二、体系化设计的作用机理 …………………………………………177
　　三、体系化设计的关注重点 …………………………………………180
　第三节　常态化建设 …………………………………………………183
　　一、常态化建设的内涵本质 …………………………………………183
　　二、常态化建设的作用机理 …………………………………………186
　　三、常态化建设的关注重点 …………………………………………188
　第四节　工程化推进 …………………………………………………191
　　一、工程化推进的内涵本质 …………………………………………191
　　二、工程化推进的作用机理 …………………………………………194
　　三、工程化推进的关注重点 …………………………………………197
　第五节　压茬式检评 …………………………………………………201
　　一、压茬式检评的内涵本质 …………………………………………201
　　二、压茬式检评的作用机理 …………………………………………204
　　三、压茬式检评的关注重点 …………………………………………207

第七章　电磁空间领域创新发展的战略对策 ……………………………211
　第一节　将国家电磁空间安全列为国家安全新质重点 ………211
　　一、不断提升电磁空间安全战略地位 ………………………………212

二、科学树立国家电磁空间安全观念 …………………………… 220
　　三、加速制定国家电磁空间安全战略 …………………………… 223
　第二节　将应对电磁空间安全的组织力量成体系建设 ………………… 230
　　一、电磁空间安全军队组织力量体系 …………………………… 230
　　二、电磁空间安全民用组织力量体系 …………………………… 235
　　三、电磁空间安全军民一体组织力量体系 ……………………… 239
　第三节　将频谱资源国际竞争合作纳入国家重大工程 ………………… 243
　　一、充分认识电磁频谱资源国际竞争合作的战略意义 ………… 244
　　二、尽快拟制国家电磁频谱发展战略规划 ……………………… 245
　　三、逐步提升电磁频谱资源国际竞争合作的话语权 …………… 250
　第四节　将大数据工程作为推进创新发展的战略抓手 ………………… 254
　　一、制定基于大数据的电磁空间领域创新发展策略 …………… 255
　　二、建设电磁空间大数据自动采集和智能分析平台 …………… 261
　　三、构建"四位一体"电磁环境管理生态圈 …………………… 270

附章　世界主要国家的电磁空间领域创新发展 ……………………… 275
　第一节　美国电磁空间领域创新发展 …………………………………… 276
　　一、美国电磁空间领域创新发展体系 …………………………… 276
　　二、美国电磁空间领域创新发展模式 …………………………… 282
　　三、美军电磁空间作战指挥与行动 ……………………………… 299
　第二节　俄罗斯电磁空间领域创新发展 ………………………………… 306
　　一、俄罗斯电磁空间领域创新发展体系 ………………………… 306
　　二、俄罗斯电磁空间领域创新发展模式 ………………………… 315
　　三、俄罗斯电磁空间作战力量 …………………………………… 321
　第三节　其他国家和组织电磁空间领域创新发展 ……………………… 323
　　一、欧盟 …………………………………………………………… 323
　　二、日本 …………………………………………………………… 330
　　三、印度 …………………………………………………………… 336

参考文献 ………………………………………………………………… 346

第一章 绪 论

"纵观人类发展历史,创新始终是推动一个国家、一个民族向前发展的重要力量,也是推动整个人类社会向前发展的重要力量。"当今之世,一个国家走在世界发展前列,根本靠创新;一个民族屹立于世界民族之林,根本靠创新。我们处于一个创新决定发展思路、发展方向、发展水平、发展效益的时代。

党的十八届五中全会明确提出:"坚持创新发展,必须把创新摆在国家发展全局的核心位置。"党的十九大报告中 50 余次提到创新,明确提出要坚定实施创新驱动发展战略,加快建设新型国家。创新驱动发展战略作为一项基本国策,适用于各个领域、各行各业,成为引领电磁空间领域发展的第一动力和战略支撑。

第一节 本质内涵

马克思说:"如果事物的表现形式和事物的本质会直接合而为一,一切科学就成为多余的了。"本质内涵是事物本身所固有的根本属性,是区别于其他事物的根本特质。事物自身组成要素之间存在着相对稳定的内在联系，不同侧面表现着不同现象，电磁空间领域也不例外。新时代赋予了电磁空间领域创新发展更深的内涵和更新的要求，深刻认识电磁空间、创新发展以及电磁空间领域创新发展的本质内涵，有利于脱离虚拟形象更好地开展一系列活动。

一、电磁空间

长期以来，人们对于电磁空间的概念或定义没有形成一个权威的定论，而是随着技术、体制、机制的发展演变不断进行具体细化。随着信息化时代的到来，电磁空间对世界各国的政治、经济、安全和社会发展等重要性日益提升，并日趋广泛地应用于军事领域，让世界各国对其基本内涵、主要特征和地位作用等有了更深入、更清晰、更明确的认识定位。

（一）电磁空间的基本内涵

电磁空间与赛博空间之间存在很大程度的交叠，但两者却是独立分开的。20世纪80年代初，科幻小说作家威廉·吉布森在短篇小说《全息玫瑰碎片（Burning Chrome）》中创造了"赛博空间（Cyberspace）"一词，是控制论（Cybernitics）和空间（Space）的组合。"赛博空间"随着信息化时代的来临开始逐步应用于军事领域。

2008年，美国空军发布的《美国空军赛博空间战略司令部战略构想》中对赛博空间的定义是："赛博空间是一个物理域，该域通过网络系统和相关的物理性基础设施，使用电子和电磁频谱来存储、修改或交换数据。赛博空间主要由电磁频谱、电子系统以及网络化基础设施三部分组成。"美国《网络电磁空间安全政策评估》认为，网络电磁空间是由各种信息基础设施组成的一个彼此依存的网络，包括因特网、电信网、计算机系统和行业中的嵌入式处理器及控制器。美国军方更多地认为，网络电磁空间还应包括电磁频谱、电磁能量环境等。

《中国人民解放军军语》（2011年版）对网络电磁空间的定义为：

"融合于物理域、信息域、认知域和社会域,以互联互通的信息技术基础设施网络为平台,通过无线电、有线电信道传递信号、信息,控制实体行为的信息活动空间。"对电磁空间的定义为:"由电磁波构成的物理空间。是自然空间的组成部分。"

王沙飞院士在《人工智能与电磁频谱战》中提出:"电磁空间是指由依存于电磁频谱的各类传感器、通信和武器系统及其相关信息活动所构成的物理空间。"电磁空间是现代战争作战概念和技术发展到一定阶段后才被认知的域,并开始成为新的作战空间。在构成上,既包括战场各类传感器、通信终端以及武器系统等实体,也包括各类信息系统产生的电磁波和信息流。[①]

电磁空间包含电磁波、电磁频谱和电磁环境等要素。

电磁波。波动是物质运动的一种重要形式,广泛存在于自然界。空间被传递的物理量扰动或振动有多种形式,机械振动的传递构成机械波,电磁场振动的传递构成电磁波……电磁波是由相同且互相垂直的电场与磁场在空间中衍生发射的震荡粒子波,是以波动的形式传播的电磁场;同时也是能量的一种,凡是能释放出能量的物体,都会释放电磁波。电磁波应用于卫星信号、手机通信、医疗器械、导航、遥控以及家用电器等,在生活中无处不在,人类却与它几乎"从未谋面"——我们的眼睛看不到除光波以外的电磁波。

电磁波作为电磁场的一种运动形态,属于一种横波,是在空间传播周期性变化的电磁场。电磁波的磁场、电场及行进方向,是互相垂直的。振幅沿传播方向的垂直方向作周期性交变,其强度与距离的平方成反比,波本身带动能量,任何位置的能量功率与振幅平方成正比。电磁波的传播不需要介质,其在真空中传播的速度约为 300 000 km/s。相同频率的电磁波,在不同介质中的速度不同;不同频率的电磁波,在同一种介质中传播时,频率越大折射率越大,速度越小。电磁波只

---

① 王沙飞,《人工智能与电磁频谱战》,第十二届钱学森论坛深度研讨会暨首届网信军民融合峰会,2018 年 1 月。

有在同种均匀介质中才能沿直线传播,通过不同介质时,会发生折射、反射、衍射、散射和吸收等。

电磁波频率的单位为赫兹(Hz),常用单位是千赫兹(kHz)和兆赫兹(MHz)。1886—1889年,德国物理学家海因里希·鲁道夫·赫兹首先验证了电磁波的存在,用实验证明了光的本质是电磁波。为了纪念赫兹在发现电磁波方面的贡献,人们把他的名字"赫兹(Hz)"作为计量单位。

电磁频谱。电磁频谱是一种特殊的自然资源。按照字义的解释,"谱"是按照事物类别或系统编成的表册。频率是电磁波的重要特性,电磁频谱就是把电磁波按波长或者频率排列起来所形成的谱系,并像族谱一样,按照一定规则进行排序。不同的是,族谱主要是按照辈分和年代排序,成倒树状结构,而电磁频谱则是按照波长或者频率排列,成条状结构(如图1-1所示)。①

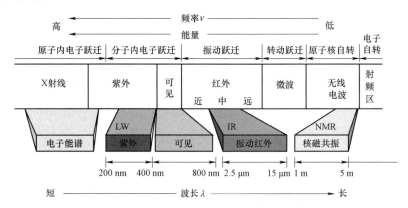

图1-1 光波谱区及能量跃迁相关图②

电磁频谱的频率范围为"零到无穷"。各种电磁波在电磁频谱中占有不同的频率范围,由低到高主要分为:无线电波、微波、红外线、可见光、紫外线、X射线和γ射线。其中,可见光是人眼可接收到的电磁波,X射线和γ射线是放射性的辐射电磁波。无线电波占有的频

---

① 尤增录,《电磁频谱管理系统》,解放军出版社,2010。
② 图片来源:http://max.book118.com/html/2016/0722/48968307.shtm。

率范围称为无线电频谱，其频率范围从 0～3 000 GHz。无线电频谱按波长分为 12 个波段或频段，波段和频段一一对应（如表 1-1 所示）。例如，长波对应低频，中波对应中频，短波对应高频，米波对应甚高频。分米波、厘米波、毫米波和丝米波，这些波的波长很短，统称为微波，分别对应特高频、超高频、极高频和至高频。这种对频段或波段的划分方式，是随着人们认知程度的不断提高，经过多次修订完善而逐步形成的。

表 1-1　无线电波段划分

序号	频段名称	频段范围	波段名称	波长范围	
1	极低频	3～30 Hz	极长波	10^8～10^7 m	
2	超低频	30～300 Hz	超长波	10^7～10^6 m	
3	特低频	300～3 000 Hz	特长波	10^6～10^5 m	
4	甚低频（VLF）	3～30 kHz	甚长波	10^5～10^4 m	
5	低频（LF）	30～300 kHz	长波	10^4～10^3 m	
6	中频（MF）	300～3 000 kHz	中波	10^3～10^2 m	
7	高频（HF）	3～30 MHz	短波	10^2～10 m	
8	甚高频（VHF）	30～300 MHz	米波	10～1 m	
9	特高频（UHF）	300～3 000 MHz	分米波	微波	100～10 cm
10	超高频（SHF）	3～30 GHz	厘米波		10～1 cm
11	极高频（EHF）	30～300 GHz	毫米波		10～1 mm
12	至高频	300～3 000 GHz	丝米波		1～0.1 mm

随着材料科学、精密加工等相关领域技术的飞速发展，传统意义上的无线电频段，不断向更高频率范围拓展。例如"太赫兹（THz）"，泛指频率在 0.1～10 THz 波段内的电磁波，位于光波与射频电磁波相互过渡、相互融合的区间，是迄今为止人类开发最少的波段，是电磁空间的"新成员"（如图 1-2 所示）。太赫兹波对许多介电材料均有较好的穿透性，同时还不会造成被探测物的破坏；太赫兹波极高的频率使得时间分

辨率显著提高,从而具备更强的时间和空间调制和分辨能力。2019 年,事件视界望远镜合作组织发布的人类首张黑洞照片,就融合了多台太赫兹望远镜的观测数据;中国气象局对超强台风"利奇马"的及时预警,也有太赫兹大气遥感卫星的贡献。同时,它还拥有在军事应用上的巨大潜力,在目标探测、保密通信、战场感知、精确制导和安全检测等方面有望带来突破性变革,被誉为"改变未来世界的十大技术之一"。[①]

　　电磁频谱是目前人类唯一理想的无线信息传输媒介,"无线(Wireless)"也已成为"无线电(Radio)"的另一个用语。从民事应用角度来看,需要重点管理的电磁波频率范围主要涉及表 1-1 所列出的无线电波段,所以一般称之为无线电管理;从军事应用角度来看,随着用频武器平台频率使用范围不断向更低频以及更高频拓展,管理的范围已经超出地方民用所涵盖的无线电,比如红外线、紫外线、X 射线、γ 射线等,这些频谱资源都将成为未来战争中制胜电磁权的重要载

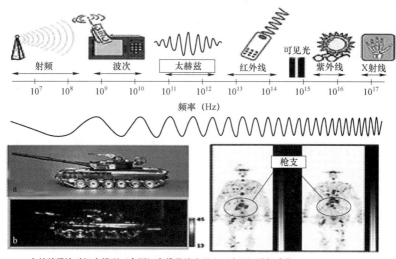

太赫兹雷达对坦克模型(左图)和携带枪支的人(右图)进行成像

图 1-2　太赫兹在电磁频谱中的位置[②]

---

① 王握文、王小丹,《"优美"太赫兹:空白远未填充》,解放军报,2020 年 4 月 10 日。
② 同①。

体，一般拓展统称为电磁频谱管理。可以说，电磁频谱包含了无线电，其管理的范围更广，管理的难度更大。

　　电磁环境。电与磁可以说是"一体两面"，变动的电会产生磁，变动的磁会产生电，电磁环境是电和磁及其相互作用结果的一种表现形式，是存在于电磁空间中的所有电磁现象的总和。具体是指用频设备或系统在开展业务时，可能遇到的辐射或传导电磁发射电平在不同频率范围内功率和时间的分布。它反映的是具体事物与周边的一种电磁关系，体现的是电子系统或装备在开展相应业务时，可能遇到的各种电磁辐射在频域、时域、空域中的分布状况。美军将其描述为：电磁环境是电磁干扰、电磁脉冲、电磁辐射对人员、军械和材料的危害，闪电或雨滴静电干扰等自然现象的总和；[①]部队、系统或平台在其预期的作战环境中执行指定任务时，面临的辐射或传导的电磁辐射级别在各种频率范围内频域和时域分布的最终结果，简称 EME。[②]

　　从发现电磁之间的相互关系到整个电磁学理论的建立经历了近 40 年时间。1820 年，丹麦物理学家奥斯特在导线通电接通瞬间，发现金属磁针跳动，从而证实通电导线周围存在磁场，即"电生磁"现象。根据奥斯特的发现，英国物理学家法拉第猜想到磁应该也能生电，后来通过磁体与闭合线圈相对运动，证实了磁能生电的现象，即著名的"电磁感应"现象试验。1831 年，法拉第发现电磁感应定律后做了个实验小模型——发电机雏形。当时，有人不解地问："这个不停转动的小玩意到底有什么用？"法拉第回答："新生的婴儿有什么用？新生的婴儿是会长大的。"30 多年后，麦克斯韦站在法拉第肩膀上建立了电磁场理论。1893 年，尼科拉·特斯拉在美国密苏里州圣路易斯首次公开展示了无线电通信。1895 年春季，意大利工程师和发明家吉列尔莫·马可尼利用火花放电产生的电磁波，把莫尔斯电码传送到几百米之外，完成了无线电通信的实验。

---

① 全军电磁频谱管理委员会，《美军联合电磁频谱管理办法》，解放军出版社，2014。
② 美国参谋长联席会议，《JP3-85：联合电磁频谱作战》，通信电子战编辑部，2020。

虽然用肉眼无法看到电磁环境,但它却是客观存在的。对电磁环境的描述需要结合电磁波在空间、时间、频谱、能量强度、极化和调制等特征域的表现来进行。对电磁环境的描述是检测和度量的依据,其中,检测为特性的分析提供支持,度量为电磁环境的复杂情况提供评价和指标。复杂电磁环境是一个相对的、动态变化的概念,在同样的环境中,不同适应能力的双方可能对复杂性的感受不一样;同一部电子设备,在不同的频段、时间、空间,对复杂性的感受也不一样。然而,随着相关技术的迅速发展,现在称为"复杂"的电磁环境,将来也可能会变成"简单"的。

(二)电磁空间的主要特征

各种以电磁信号传输信息的设备设施联接于电磁空间,使电磁空间成为具有时域、空域、频域和能量域等特征的广阔领域。控制人员综合运用专业技术,使依存于电磁频谱的各类传感器、通信和武器系统等发挥作用,电磁空间由此呈现时域动态、空域叠加、频域多变、能量域密集等现象。在不同的特征域,其表现形式与作用形式也各不相同(如表1-2所示)。

表1-2 电磁空间的主要特征[①]

特征域	表现形式	作用形式
种类特质	类型众多、影响各异	业务装备与系统大多是电子设备,会受到一定影响
时域表现	如影随形、无处不在	电磁波看不见摸不着,其作用可体现在有形的电子设备上
空域表现	变幻莫测	电磁信号数量、种类、密集程度随时间而变化,变化的方式难以预测
频域表现	纵横交错	频谱占用越来越宽,可用频段上设备剧增,管理不当将产生自扰和互扰
能量域表现	能量密度强而不均	电磁能量密度的高低直接决定着对电子设备的影响程度

---

① 周辉,《电磁空间战场中的思维技术》,国防工业出版社,2013。

电磁空间的核心要素是电磁频谱。电磁频谱与土地、森林、矿藏是并列的自然资源，但并非有形的、消耗性的资源，而是有着高度的特殊性。它既看不见，也摸不到；既无法储存，又不会消失；既非常稀缺，又用之不竭；既开放共享，又易受干扰。这在目前人类资源开发史上是独一无二的，如此多重的特性决定了电磁频谱的独特地位，也决定了电磁频谱管理的独特方式。电磁频谱具有以下主要特征。

受技术水平制约而使用有限。从理论上讲电磁频谱资源是无限的，但是由于受到当前科学技术发展水平和电磁波传播特性的制约，目前人们对电磁频谱资源的利用只能局限在一定的频率范围内。例如，当前对于 3 000 GHz 以上频率还无法开发和利用。另外，尽管使用频率可根据时间、空间、频率和编码等方式进行重复使用，但单就某一频段和频率而言，在一定区域、一定时间和一定条件下可用频率也是有限的。3 GHz 以下优质频谱的应用趋于饱和，发展空间受限；3～10 GHz 好用频谱的应用日趋广泛，竞争更加激烈；10～60 GHz 可用频谱的应用逐渐成熟，抢占优先使用权趋势明显；60～100 GHz 频谱的应用开发需要更加先进的技术支撑，亟待实现技术上的创新突破。

无区域边界限制而共享共用。电磁频谱具有开放共享的特性，不受国家边界、行政区域的限制，为全人类所共同拥有。在一定时间、地域、频域和编码条件下，频率可以重复使用，但是电磁波所固有的传播特性，使电频谱资源不像其他的自然资源，可以通过领空、领海、领土等有形的空间界线加以区分，任何个人、部门、地区甚至国家都不能独占专用；只要不相互干扰，经国际、国内、军内外协调，无线电频谱资源均可共享共用。

能反复循环使用而不会耗竭。频谱资源不同于矿产、森林等资源具有明显的耗竭性和不可再生性，而是可以被反复使用，并不会因此而耗尽。例如，当某一无线电用户停止使用时，其所占用的无线电频谱资源就会同时被释放出来，可以再提供给其他无线电用户使用。

在开放时空传播而易受污染。由于电磁波在开放的时空中自由传播，无线电业务容易受到自然噪声和人为噪声的干扰。例如，地面上的某些障碍物会使电磁波产生绕射、反射、折射和散射现象；大气中的雾气、雨滴等水凝物会对电波特别是微波产生散射；电离层、太阳活动等都会对电磁波的传播产生干扰，等等。各种因素在影响无线电波准确、有效传递信息的同时，也会污染我们所处的电磁环境，进而严重危害各种无线电应用。[①]

"资源过去一直是，今后仍将是世界各国采用政治的、经济的甚至是军事的手段争夺和控制的对象。"无形的电磁频谱资源不仅是独特稀缺的自然资源，更是信息社会中重要的战略资源。1932年，全球70多个国家在马德里召开国际无线电报通信大会，国际电报联盟形成了《国际电信公约》，并正式改称为"国际电信联盟（ITU）"。从此，电磁频谱管理走向了由ITU统筹管理的新阶段，着力解决国家与国家之间、国家与军队之间，以及内部无线电台站间的有害电磁干扰，维护无线电波的正常秩序，确保合理、公平、有效、经济地使用电磁频谱资源。当前，电磁频谱资源广泛应用于国家广播、电视、民航、气象、交通、电信以及军队的众多领域，国际协调、国家统管成为对电磁频谱资源合理分配使用、对各类台站设备进行科学管理的有效方式。

（三）电磁空间的重要作用

电磁波是与自身之外世界发生联系的媒介。在全球网络化、信息化的今天，无影无形、无处不在的电磁空间直接关系并时刻影响着其他领域，电磁空间与国家安全、社会生活和现代战争之间的关联越来越紧密，影响越来越深刻，支撑作用也越来越明显。

与国家安全紧密关联。在电磁空间领域内，任何主体都可以在任何时间、任何地点，通过攻击破坏既定目标的通信、交通、供电、供气和金融等系统，让输电设备失效、铁路轨道偏离、燃气管道泄漏爆炸等，给平民百姓的日常生活造成极大混乱，从而达到不战而胜的效果。

---

① 全国无线电管理领域国防教育领导小组办公室，《无线电管理发展史话》，长征出版社，2017。

2019年3月7日,委内瑞拉发生全国范围的大规模停电,首都加拉加斯以及其他大部分地区陷入一篇漆黑,全国18个州电力供应中断,仅有5个州幸免。此次突发的电力系统崩溃没有任何预兆,停电给委内瑞拉带来了重大损失,全国交通瘫痪,地铁系统关闭,医院手术中断,所有通信线路中断,航班无法正常起降……民众只能在蜡烛和车灯中度过了一晚。委内瑞拉的电力、外交和国防部门都认定这是一起人为的攻击破坏事件。3月11日晚,委内瑞拉总统马杜罗表示,对该国电力系统发起的攻击破坏分为三个阶段,包括网络攻击、电磁攻击、燃烧爆炸;3月12日,马杜罗在一次电视直播的活动中再次透露,攻击是在五角大楼的命令下由美军南方司令部直接执行的。"委内瑞拉大规模停电事件"与"震网事件""乌克兰电网遭遇攻击停电事件"有着相似之处,尤其是与乌克兰停电事件相似度极高。[1]

与社会生活息息相关。信息化基础设施是国家战略性公共基础设施,对于社会发展的重要性不言而喻。尤其是移动通信网络,人类生产生活必不可少。当前,各地政府都积极推进信息化改革,充分利用发达的现代化设施,通过先进的信息化技术,将管理与服务在电磁空间领域进行集成,大幅提升了工作效率、管控能力,为社会民众提供了全方位、全覆盖的社会生活服务。然而,这些先进发达的信息化基础设施,也都不同程度地存在着可能被网络攻击和电磁攻击利用的"超级BUG"。例如,广泛应用于电力、燃气、冶金、铁路等领域的SCADA系统(数据采集与监视控制系统),其服务器使用的是各个移动通信公司的GPRS或2G、3G、4G、5G等公共网络通信,攻击者就可以利用SCADA系统的漏洞,进行病毒传入、释放逻辑炸弹等,导致系统瘫痪、发生爆炸,由此制造社会恐慌与混乱。

是现代战争的重要支撑。在现代战争中拥有制电磁权,就像是在冷兵器战争中拥有锋利无比的刀剑、在机械化战争中拥有威力无比的火炮

---

[1] 安天研究院与广东省电力系统安全企业重点实验室联合分析发布,《委内瑞拉大规模停电事件的初步分析与思考启示》,2019年3月19日。

一样重要，利用电磁攻击能使对方指挥失灵、武器失控、行动失效，甚至致使对方的整个战争机器瘫痪。制电磁权已经成为"杀手锏"，没有制电磁权，制空权和制海权都将成为一句空话。美国空军网络特别工作组专门强调指出："电磁空间就像空中、太空、陆地和海洋一样，是一个独立的域，是一个我们能够在其中和通过其飞行与作战、攻击和防御的领域，也就是说，是一个我们能够采取行动，获取我们国家利益的领域。"[1]

发生于1982年的马尔维纳斯群岛战争（英阿马岛战争），被视为冷战期间规模最大、战况最激烈的一次海陆空联合作战。英阿双方激战正酣之时，远不是英国对手的阿根廷在5月4日作出了一个大动作——以价值20万美元的"飞鱼"导弹，击沉了价值2亿美元的"谢菲尔德号"导弹驱逐舰。"谢菲尔德号"是英国皇家舰队的骄傲，但由于当时其舰载预警雷达与卫星通信系统频率相同，不能同时使用，在与国内进行卫星联络时就必须关闭雷达。阿军正是发现了这一"死穴"并捕捉到了短短几分钟的战机，果断使用"飞鱼"导弹击中并破坏了"谢菲尔德号"的配电系统和消防系统，致使"谢菲尔德号"被大火吞噬并最终沉没。这次事件不仅重创了英军士气，也让世界各国军队再也不敢忽视作战中的电磁频谱使用问题。

是五域互联的重要基础。从电磁空间最新发展动态来看，电磁频谱行动、电磁机动战、电磁频谱战等新思想、新概念不断涌现，电磁空间已成为陆、海、空、天、网的唯一"互联黏合剂"（如图1-3所示）。美国国防部提出，所有域都需要应用某种形式的电磁频谱来实施作战，在本质上电磁频谱与其他域还有区别，是一种关键能力，是任何域中作战所必需的。学者戴旭在著作《决胜新空间——世界军事革命五百年启示录》中指出，随着计算机网络技术的全面普及，整个世界都被网络连在一个电磁空间内，单独的电磁攻击战——或网军为主，以陆海空军为辅的战争，很有可能会在未来出现。[2]

---

[1] 周辉，《电磁空间战场中的思维技术》，国防工业出版社，2013。
[2] 戴旭，《决胜新空间——世界军事革命五百年启示录》，新华出版社，2020。

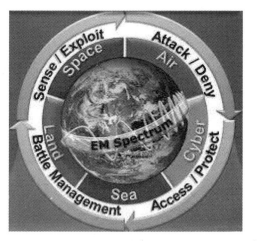

图 1-3　电磁空间与陆、海、空、天、网关系图[①]

二、创新发展

创新是民族进步之魂。创新发展是党中央统筹国家安全发展全局做出的重大决策，契合的是国际竞争格局演进的规律，顺应的是世界新军事变革形势的客观要求，根植的是我国经济社会改革发展的坚实积累。党的十八大以来，以习近平同志为核心的党中央立足和着眼于新时期中国建设的实践需要，创造性地提出了以"创新发展"为首的新发展理念。"把创新摆在国家发展全局的核心位置，不断推进理论创新、制度创新、科技创新、文化创新等各方面创新，让创新贯穿党和国家一切工作，让创新在全社会蔚然成风。"[②]当创新发展与电磁空间领域越来越高层次的需求相结合，就会爆发出势不可当的革命性力量，因此，深刻理解创新发展的本质内涵具有重要的理论价值和实践价值。

（一）创新发展的核心要义

创新是指以现有的思维模式提出有别于常规或常人思路的见解为导向，利用现有的知识和物质，在特定的环境中，本着理想化需要或

---

① 图片来源：《电磁频谱资源的军事战略价值分析》，中国信息产业网。
② 习近平在党的十八届五中全会第二次全体会议上的讲话，2015 年 10 月 29 日。

为满足社会需求而改进或创造新的事物、方法、元素、路径、环境，并能获得一定有益效果的行为。总体来讲，创新是以新思维、新发明和新描述为特征的一种概念化过程，包括更新、创造和改变。

世界时刻都在发生变化，国家也时刻都在发生变化，必须不断认识客观规律，推进理论创新、制度创新、科技创新及文化创新。其中，理论创新属"脑动力"创新，是社会发展和变革的先导，也是各类创新活动的思想灵魂和方法来源；制度创新属"原动力"创新，是持续创新的保障，能够激发各类创新主体活力，也是引领经济社会发展的关键，核心是国家治理创新，推进国家治理体系和治理能力现代化，形成有利于创新发展的体制机制；科技创新属"主动力"创新，是全面创新的重中之重；文化创新本质上是"软实力"创新，是培植民族永葆生命力和凝聚力的基础，为各类创新活动提供不竭的精神动力。

理论创新、制度创新、科技创新、文化创新对经济社会和国家发展、国防和军队建设全局具有深刻影响和强大推力。科技创新进入经济领域后，加快了生产力的更新升级；管理创新、制度创新引发生产关系的变革，为形成新的生产力创造广阔空间和良性环境；理论创新成为社会发展和革新的先导，引领人们的思想观念和社会意识形态做出改变，从而反作用于科技创新和制度创新，为其指引发展方向、提供思想武器；随着各领域的创新活动常态化、长效化，人们的思维方式和行为方式也趋向于尊崇创新、自觉创新，导致文化也开始广泛地创新；文化创新能最终作用于生活在其中的社会成员，涵育个体的创新精神和创新思想，培养整体的创新氛围和创新风尚，为科技创新、制度创新、理论创新等创新实践活动的顺利开展培土育苗、厚植优势。①

"实现'两个一百年'奋斗目标，实现中华民族伟大复兴的中国梦，必须坚持走中国特色自主创新道路，面向世界科技前沿、面向经济主战场、面向国家重大需求，加快各领域科技创新，掌握全球科技竞争

---

① 覃川，《创新发展的理论意义和实践要求》，经济日报，2017年7月21日。

先机。这是我们提出建设世界科技强国的出发点。"①现代国家竞争是综合国力的竞争,根本是创新能力的竞争,而各类创新中最核心最关键的是科技创新。科技创新是提高社会生产力和综合国力的战略支撑,始终位于国家发展全局的核心位置。"要注重创新驱动发展,紧紧扭住创新这个牛鼻子,强化创新体系和创新能力建设,推动科技创新和经济社会发展深度融合,塑造更多依靠创新驱动、更多发挥先发优势的引领型发展。"②在世界政治经济格局深度调整、科技创新成为大国战略博弈重要战场的新形势下,需要对电磁空间领域创新发展面临的问题、风险和挑战有足够清醒的认识和判断,明确电磁空间领域创新发展并不是依靠传统的劳动力以及资源能源驱动,而是要靠科技创新驱动。尤其是电磁空间领域创新发展所迫切需要的高端技术、核心技术、关键技术,必须依靠科技创新来推动实现。

(二)创新发展的主要重点

创新发展的主要重点包括细化创新战略目标、坚持自主创新之路、推进体制机制改革和构建协同创新体系等。③

细化创新战略目标。"我们要大力实施创新驱动发展战略,加快完善创新机制,全方位推进科技创新、企业创新、产品创新、市场创新、品牌创新,加快科技成果向现实生产力转化,推动科技和经济紧密结合。"④国际上普遍认可的创新型国家,科技创新对经济发展的贡献率一般在70%以上,研发投入占GDP的比重超过2%,技术对外依存度低于20%。党的十九大报告将"瞄准世界科技前沿,强化基础研究,实现前瞻性基础研究、引领性原创成果重大突破"作为建设科技强国总体战略的目标要求,并进一步提出"加强应用基础研究,拓展实施国家重大科技项目,突出关键共性技术、前沿引领技术、现代工程技

---

① 习近平在全国科技创新大会上的讲话,2016年5月30日。
② 习近平在湖北考察时的讲话,2018年4月28日。
③ 人民网—人民日报,《坚持创新发展——"五大理念"解读之一》,2015年12月18日。
④ 习近平在广东考察时的讲话,2012年12月7日—11日。

术、颠覆性技术创新"的重要举措。应将我国建设创新型国家的目标进行分解和细化，建立完成目标的组织架构和任务体系，让各部门、各层面、各单位按照明确的目标任务推进。

坚持自主创新之路。"国际经济竞争甚至综合国力竞争，说到底就是创新能力的竞争。谁能在创新上下先手棋，谁就能掌握主动。"我国很多产业处于国际产业链的中低端，消耗大、利润低，受制于人，只有拥有强大的自主创新能力，才能在激烈的国际竞争中把握先机、赢得主动。"过去三十多年，我国发展主要靠引进上次工业革命的成果，基本是利用国外技术，早期是二手技术，后期是同步技术。如果现在仍采用这种思路，不仅差距会越拉越大，还将被长期锁定在产业分工格局的低端。在日趋激烈的全球综合国力竞争中，我们没有更多选择，非走自主创新道路不可。我们必须采取更加积极有效的应对措施，在涉及未来的重点科技领域超前部署、大胆探索。"[①]提高自主创新能力，要瞄准国际创新趋势、特点进行自主创新，使我国的自主创新站在国际技术发展前沿；要将优势资源整合聚集到战略目标上，力求在重点领域、关键技术上取得重大突破；进行多种模式的创新，既可以在优势领域进行原始创新，也可以对现有技术进行集成创新，同时也要加强引进技术的消化吸收再创新。

推进体制机制改革。体制机制改革在构建创新发展格局中发挥着关键作用。"总结历史经验，我们会发现，体制机制变革释放出的活力和创造力，科技进步造就的新产业和新产品，是历次重大危机后世界经济走出困境、实现复苏的根本。"[②]建立科技创新资源合理流动的体制机制，促进创新资源高效配置和综合集成；建立政府作用与市场机制有机结合的体制机制，让市场充分发挥基础性调节作用，政府充分发挥引导、调控、支持等作用；建立科技创新的协同机制，以解决科技资源配置过

---

① 习近平在参加全国政协十二届一次会议科协、科技界委员联组讨论时的讲话，2013年3月4日。

② 习近平在二十国集团领导人第十次峰会第一阶段会议上关于世界经济形势的发言，2015年11月15日。

度行政化、封闭低效、研发和成果转化效率不高等问题；建立科学的创新评价机制，充分激发科技人员的积极性、主动性和创造性。

构建协同创新体系。实施创新驱动发展战略，必须着力构建以企业为主体、市场为导向、产学研相结合的技术协同创新体系。"创新的实质效果是优胜劣汰、破旧立新。我们要着力构建以企业为主体、市场为导向、产学研相结合的技术创新体系，注重发挥企业家才能，加快科技创新，加强产品创新、品牌创新、产业组织创新、商业模式创新，提升有效供给，创造有效需求。"①进一步确立企业的主体地位，让企业成为技术需求选择、技术项目确定的主体，成为技术创新投入和创新成果产业化的主体。政府搭建创新平台、优化创新环境、提供政策支持、保护知识产权，让各类高校、研发机构、金融机构等与企业分工协作、有机结合，形成具有中国特色的技术协同创新体系。

（三）创新发展的历史意义

"纵观人类发展历史，创新始终是推动一个国家、一个民族向前发展的重要力量，也是推动整个人类社会向前发展的重要力量。"②人类社会发展不仅一直存在创新规律，而且一直受创新规律支配。在早期的原始社会中，人类实践的水平极其低下，只有简单、自发的常规性实践。进入农业社会后，生产力得到提高，但经济形态仍是以消耗天然资源和人力劳动为主的自给自足式的自然经济，创新性实践是偶然的、局部的。工业社会以大机器的使用、能源资源的大规模消耗和专业化分工下的技术工人的劳动投入为主要生产模式，维系工业化大生产所需的常规性实践与持续涌现的科技创新、制度创新等创新性实践交相辉映、相互促进，产生出前所未有的强大生产力。进入新世纪后，在快速的信息化、全球化浪潮中，新一轮科技和产业革命迸发出巨大创造力，互联网+、智能制造、生物技术、材料技术的突飞猛进不仅改变着经济生产形态和市场格局，也重塑着人们的生活方式、交往模式

---

① 习近平在中央经济工作会议上的讲话，2012年12月15日。
② 习近平在中央财经领导小组第七次会议上的讲话，2014年8月18日。

和价值观念。创新从科技和经济领域向社会各个领域延伸，成为驱动社会发展的重要力量。

科技创新这个主轴一直在旋转发力，支撑着经济发展、引导着社会走向。新一轮科技革命和产业变革爆发，信息科技、生物科技、新材料技术、新能源技术广泛渗透，创新发展尤其是科技创新成为世界主题、世界潮流、世界趋势。世界大国都在积极强化创新部署，美国实施再工业化战略、德国提出工业 4.0 战略等，都是力求能在新一轮科技革命中占领抢先地位。对我国而言，正在孕育形成的新一轮科技革命与我国加快转变经济发展方式形成了历史性交汇，既面临赶超跨越的历史机遇，也面临差距拉大的严峻挑战。我国创新底子相对偏薄、创新力量相对偏弱，赶超世界创新大国的现实困难客观存在。在严峻的形势下，更要增强紧迫感，及时确立发展战略，抓住科技发展主要方向、产业革命大趋势、集聚人才大举措，牢牢掌握新一轮全球科技竞争和产业变革的主动权。将创新放在发展全局的核心位置，不断推进理论创新、制度创新、科技创新、文化创新等各方面创新，对创新规律的认识把握达到新境界、新高度，从而助推国家发展全局发生根本变化、整体变化和长远变化。

三、电磁空间领域创新发展

电磁空间领域创新发展是将涉及电磁空间领域（包含电磁空间资源）的相关行动纳入国家与军队的整体体系之中，军地统筹设计、统筹规划、统筹建设，所包含的具体内容将随着需求改变、技术提升、社会进步和国家利益拓展等不断地更新、发展和变化。

（一）电磁空间领域创新发展的核心重点

在理论创新上，要突破观念、解放思想，用科学先进的理论引领电磁空间领域的建设实践，为电磁空间领域创新发展提供扎实深厚的理论指导；在制度创新上，要打破制度藩篱，建立健全适应电磁空间领域创新发展的体制机制，为电磁空间领域创新发展提供强劲有力的制度保障；在科技创新上，要进行知识创新、技术创新和管理创新，用新知识创造电磁空间领域的新技术、新工艺、新产品，为电磁空间领域创新发展提供科学高效的推进模式；在文化创新上，要激发文化创新活力，在继承传统文化的同时推陈出新，为电磁空间领域创新发展提供源源不断的精神动力。

（二）电磁空间领域创新发展的根本目的

电磁空间领域创新发展意在加强同国家战略规划对接，找准目标、路径、重点和突破点，坚持实战牵引、体系论证，运用先进理念、方法、手段，发挥系统功能，提高整体水平；并在电磁空间重点领域、重点区域、重点行业取得实效，实现关键性改革突破，全面提升竞争实力，起到示范引领作用。要在国家和军队发展全局中思考和筹划电磁空间建设问题，要把电磁空间建设融入国家现代化和军队现代化建设体系，实现军地相互协同、相互促进、协调发展，国家和军队的电磁空间领域战略布局融合一体、体制机制完善创新、资源整合军地联动、力量建设衔接有序、建设成果共享共用等。尤其是电磁空间安全，要有机融入国家安全体系，完善政策法规，健全体制机制，提升融合水平，发挥整体效能，为国家和军队提供更加坚强可靠的安全保障。

（三）电磁空间领域创新发展的方法路径

电磁空间领域创新发展的方法路径主要包括坚持需求生成与需求牵引并行、坚持自主创新与原始创新共进和坚持军民力量与军地部门协同等。

坚持需求生成与需求牵引并行。需求是事物发展内生动力的源泉。据相关研究统计，一个错误若在实施阶段修改，所付出的成本是在需求分析阶段修改付出成本的5到10倍，这充分说明需求信息对整体建设的极端重要性。《战争需求工程》一书中这样描述——需求是指"为解决问题或达成目标所需具备能力的描述"。需求有两种基本因子：一个是目标因子（Goal Factor），即为实现一定目标而产生的要求；另一种是条件因子（Condition Factor），即为具备一定条件而产生的要求。

首先是注重需求的生成，也就是"目标因子"。需求的生成是由电磁空间领域相关行动主体根据各种需要而产生，中间过程需要经过层层映射才能形成具体需求，即通过任务需求映射到能力需求，再通过能力需求映射到具体需求；其次是进行需求的传递，也就是"条件因子"。需求的本质是一种信息，可以在各级主体之间相互传递，如同压力的层层传导效应，需求的传递有方向性并要遵循一定的传递规律；再次是实现需求的转化，这也是"条件因子"。需求的生成是将任务变为需求的过程，而需求的转化是将需求变为实践的过程。正如我们在利用计算机工作时需要将文字语言转化为指令或程序语言，计算机才能对其进行计算处理。

中华人民共和国成立初期，全国的科技工业基础比较薄弱，国家高度重视武器装备的发展。在当时苏联援建的 156 个国家大型骨干项目中，涉及能源、交通、钢铁、有色金属、重型机械、化工等基础项目 50 余个，涉及航空、兵器、船舶等国防相关项目 40 余个，其中就包括涉及电磁空间的无线电项目。这一时期，国防科研生产实行国家统一计划安排，初步建立起了体系完整的国防科技工业体系，并以需求牵引为导向，以举国之力攻克若干国防尖端技术，取得了以"两弹一星"为代表的国防科技重大突破。

新的历史时期，国际战略形势和我国安全环境发生了新的变化，国家战略也对军事斗争提出了新的要求。电磁空间领域相关技术的广泛应用，革命性地改变了人类的通信方式、生活方式，对国家经济、国防军事和社会发展等影响深远。军队的作战样式、作战理论都发生了深刻转变，电磁空间领域技术体系更加复杂、更加多样、更加庞大，需求也随之不断变化、快速变化、重大变化。以需求为牵引，避免"照葫芦画瓢"，为电磁空间领域创新发展输送源源不断的内生动力，使其成为有本之木、有源之水，实现持续不断的稳快推进。

坚持自主创新与原始创新共进。自主创新是主体性的最高表现形式，是民族独立、国家发展的根本。随着全球化进程的加快，资本、信息、技术和人才等要素在全球范围内流动与配置更加普遍，科技竞争日益成为国与国之间的焦点热点,创新能力逐步成为国家竞争力的决定性因素。

坚持创新是第一动力的理念,实施创新驱动发展战略,完善国家创新体系,加快关键核心技术自主创新,为经济社会发展打造新引擎。然而,技术创新并不是一个连续的确定性过程,而是非连续的不确定性过程。电磁空间领域相关技术有它独有的特性,但同时也要遵循技术创新的普遍规律。国际环境日益开放,为技术引进提供了优势条件,但电磁空间领域的技术发展不能仅仅依靠引进,必须打牢自主创新的基础,充分利用全球科技资源,全面提高自主创新能力。

原始创新是提高自主创新能力的重要基石,把增强原始创新能力摆在突出位置加紧推进,加强基础科学和前沿技术研究,加大电磁空间领域各类装备探索研究,精选一批具有重大牵引作用的基础性、前沿性和战略性项目,加大基础研究和关键技术攻关力度,在关键领域与若干前沿掌握核心技术和自主知识产权,摆脱受制于人的局面。"基础研究是创新的源头活水,我们要加大投入,鼓励长期坚持和大胆探索,为建设科技强国夯实基础。"[①]集成创新是提高自主创新能力的"主力军"和"主要抓手",以系统的角度出发,将多项技术集成为新的概念、系统或技术的再创造过程。从一些重大项目看,凡是质量好、效率高的课题,大多得益于集成创新。以运用创新为突破,将先进成熟的技术应用于电磁空间领域发展建设,尤其是在武器装备上的应用,加快预研成果向型号研制的转化,通过镶嵌等方式改造原有装备。另外,自主创新并不是排斥对外合作,而是以引进消化吸收再创新为补充,在自力更生的基础上"择其善者而从之",让引进消化吸收再创新成为提高自主创新起点的"脚踏板"和提高自主创新能力的"生力军"。

坚持军民力量与军地部门协同。军民力量与军地部门之间的协同,涉及范围极为广泛,不同领域的协同重点不同,其外在表现形式也不尽相同,一般统称为军民协同。当前,随着民营经济的蓬勃发展,民

---

① 习近平在经济社会领域专家座谈会上的讲话,2020年8月24日。

营企业在创新发展中扮演着越来越重要的作用，并带动了创新成果的快速增长。近年来，我国企业研发投入快速增长，自主创新能力显著增强。《全国科技经费投入统计公报》显示，2018 年全国共投入研究与试验发展经费 19 677.9 亿元，其中各类企业经费支出 15 233.7 亿元，占比 77.4%，比上年增长 11.5%，对研发经费增长的贡献率达 75.9%。在 2019 年我国发明专利授权量排名前 10 的国内（不含港澳台）企业中，华为、OPPO、腾讯、联想等均榜上有名。2019 年 8 月，全国工商联经济部发布的《中国民营企业 500 强调研分析报告》显示，民营企业 500 强研发人员占比、研发强度两项指标整体均呈上涨趋势。其中，研发人员超过 3% 的企业 328 家，超过 10% 的企业 184 家，研发强度超过 3% 的企业 69 家。民营企业在计算机通信、汽车制造、互联网和相关服务等领域创新能力突出（如图 1-4 所示）。①

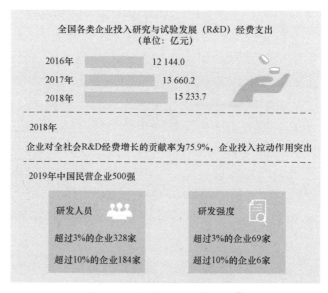

图 1-4　企业研发经费投入②

---

① 人民日报，《科研创新民企有后劲》，2020 年 3 月 17 日。
② 图片来源：国家统计局、中华全国工商业联合会，汪哲平制图。

电磁空间领域军民协同是新兴领域融合发展新布局的新要求，涉及现代社会最先进的发展理念、最先进的高新技术。《国家无线电管理规划（2016—2020）》确立了电磁空间领域军民协同的主要目标。一是战略性产业的筹划，以重大技术突破和重大发展需求为基础，促进新兴科技与新兴产业深度融合，军事需求与经济需求的融合；二是军民深度协同的重大战略工程，比如基础设施建设和国防科技工业、武器装备采购、人才培养、国防动员等；三是军民深度协同型的企业，比如军民协同科技研发中心、军民协同科技信息平台、技术交流平台等；四是军地资源的共用共享，比如技术、人才、资金、物品、信息等要素的双向扩散、交流和融合。

第二节　历史进程

中国革命的胜利和中华人民共和国的成立，揭开了中国历史的新篇章，也由此开启了我国电磁空间领域发展的新征程。中华人民共和国成立 70 多年来，电磁空间领域经过探索、改革与创新，历经了建设时期、改革时期和发展时期，走出了一条具有中国特色的创新发展之路。

一、建设时期（1949—1978 年）

19 世纪，欧洲工业革命浪潮推动着科学技术不断发展进步，电磁感应现象和电磁波相继被人们发现并应用，有线电报、无线电报应运而生，人类的通信方式开始发生革命性变化。1895 年，意大利人马可尼第一次成功试验无线电通信，仅仅 9 年之后的日俄战争中就出现了最早的无线电干扰。无线电通信的诞生，更是引起了各国军界的高度关注。我国的无线电通信可以说是"起源于军队，发家于 1 部半电台"。1930 年 12 月，红一方面军在第一次反"围剿"龙岗战斗中，全歼国民党张辉瓒第 18 师，缴获 1 部半电台。随后成立红一方面军无线电队，确保了军队指挥顺畅。从此以后，无线电通信逐渐成为我军军事通信的主要手段。

  我国的无线电通信从一开始就自成体系，各级通信部门和无线电管理机构在编制体制上是两个平行系统，但关系密切，一般采取相互兼职的办法来解决统一管理问题。为确保党政军地无线电通信的保密顺畅，1950 年 3 月，中央军委决定除电信和铁道系统的电台外，归并各系统的机要电台，由军队通信部门建立统一的集中台，地方部门需拍发电报交由当地所设集中台实施传递。为加强对全国、全军的无线电管理工作，党中央和中央军委决定成立全军性的通信领导机构对无线电实施集中统一的管理。1950 年 12 月，中央军委下设通信部，统一保障党政军民通信联络和无线电管理工作，并于 1951 年 4 月在北京专门召开了无线电控制和管理会议，成立天空控制组，统一控制和管制无线电频率。会议决定进行全国性电台登记，明确建立军地分管的无线电管理体制，即地方系统由邮电部负责，军队、公安系统由军委通信部负责。

  军地分管的无线电管理体制的确立，为对全国无线电实施统一集中管理提供了组织保证，也为建立和完善我国无线电管理体制进行了初步探索。这一阶段，尽管未正式编配专门的电磁频谱管理力量，但在统一集中管理的体制上、无线电频率的管理上、电磁环境的管控上进行了一定的实践探索，为我国我军电磁空间领域发展奠定了基础。值得一提的是，在抗美援朝战争期间，我军格外注重对无线电频率的分配和使用，并有力保障了作战指挥。为保证志愿军空军入朝参战部队的地空联络，军委通信部于 1951 年 4 月 9 日和 11 月 15 日两次发出电报，为志愿军空军的短波地空通信电台指配专用频率，这是我军历史上第一次以电报形式指配专用频率。

  随着我国进入全面建设社会主义时期，用频设备急剧增加，无线电业务种类也逐步增多。据 1962 年的相关数据统计，全国地方系统有广播电台、无线电台、电视台等 580 座，用频设备 15 308 部，军事系统 15 瓦以上电台和雷达数万部,迫切需要在全国范围内加强统一管理。

1962 年 7 月 3 日,时任解放军总参谋长的罗瑞卿大将,在对军地用频装备设备情况进行深入调研之后,向国务院、中共中央书记处和中央军委呈送了报告。报告称:"目前我党、政、军、民无线电台(包括广播、电视)所用频率和建设布局尚无统一管理的机构,以致经常发生干扰,既不利于平时建设,更不利于战时指挥和保证通信联络的顺畅……为此,建议在中央、国务院直接领导下,成立中央无线电管理委员会。"罗瑞卿总参谋长关于建议成立中央无线电管理委员会的报告,引起了党中央、中央军委的高度重视。报告提交半个月后,1962 年 7 月 18 日,中共中央发出《关于成立中央、各中央局无线电管理委员会的通知》,同意罗瑞卿总参谋长的报告,决定成立中央、各中央局无线电管理委员会(简称"无委"),对国家和军队的无线电实行集中统管,统一管理无线电频率的划分和使用,审定固定无线电台的建设和布局,并负责战时通信保密和防止敌人利用我广播电台导航所必需的无线电管制。同时明确中央"无委"办事机构设在军委通信兵部,各中央局"无委"日常办事机构设在大军区司令部通信兵部,邮电部和各省、市邮电管理局的无线电管理机构亦可适当加强。

中央、各中央局无线电管理委员会的成立,是我国实施无线电集中统一管理的重大举措,标志着我国无线电管理有了正式的管理机构和管理体制,从此走向了正规化、现代化的发展道路。这是我国无线电管理发展史上的一座重要里程碑。

1971 年,国务院、中央军委无线电管理委员改为"全国无线电管理委员会"(简称"全国无委")。1972 年,国际电联第 27 届理事会通过决议,恢复中华人民共和国在电联的一切权利,中华人民共和国政府加入《国际电信公约》,标志着我国无线电管理开始走出国门、走向世界,也为我国在电磁空间领域参与国际协调与竞争开辟了新局面。

二、改革时期（1979—2012 年）

1984 年，"全国无委"改称为"国家无委"，在国务院、中央军委领导下，统一负责全国党政军民无线电管理工作，办事机构设在原总参通信部，各省（自治区、直辖市）以及地市无线电管理委员会的办事机构从军队调整到地方政府办公厅，实行军地联合办公。

20 世纪 80 年代后期，是电磁空间领域面临新变革新发展的重要时期。我国移动通信迅猛发展，包括卫星地球站、对讲机、微波站、飞机导航台等在内的无线电台站数量急剧增多并得以全面应用，各行各业对于无线电频谱资源的需求不断地与日俱增。1986 年，国务院、中央军委对无线电管理体制进行重大改革，实行统一领导、分工管理的体制，即"国家无委"在国务院、中央军委的领导下，统一领导全国的无线电管理工作，其办事机构由军队转到政府，由邮电部代管；各省（自治区、直辖市）无线电管理委员会负责本辖区内的无线电管理工作，其办事机构设在政府办公厅。设立中国人民解放军无线电管理委员会，在"国家无委"领导下，负责军事系统的无线电管理工作，实施军地分管。"国家无委"办公室是"国家无委"的办事机构，直接担负着无线电管理任务，军队派人担任"国家无委"办公室及其主要部门副职。

20 世纪 90 年代开始，世界各国对电磁频谱的需求开始呈现飞速增长状态，显著的军事价值与经济价值让其成为国与国之间、军与民之间竞相占领的领域。我军的信息化建设加速发展，正是处于频谱资源稀缺问题日益凸显的大背景之下展开的。20 世纪末，随着无线电设备应用范围不断扩大，各类电台数量呈直线型增长，对电磁频谱使用提出了更新更复杂的需求。随着国家、军队用频装备的不断发展，空中电磁环境日趋复杂，维护电波秩序任务十分繁重，也对电磁频谱管理提出了更高更严格的标准。为更好地服务于国家经济建设和军事斗争准备，国家和军队的电磁频谱管理问题被提上议事日程。

2002年1月，经国务院、中央军委批准，确定在全国无线电管理体制不进行大调整的情况下，加强军地双方协调，建立协商机制。信息产业部作为全国无线电行政主管部门，履行无线电行业管理职能；设在总参通信部的全军无线电管理委员会办公室负责全军的无线电管理工作。涉及军、地双方的重大事项由信息产业部、总参谋部联合报国务院、中央军委决定；一般事项协商办理，并建立联席会议制度。2002年7月，根据国务院《研究全国无线电管理体制有关问题的会议纪要》，信息产业部、总参谋部联合发出通知，决定由信息产业部无线电管理局和全军无线电管理委员会办公室建立无线电管理联席会议制度，并出台了《军地无线电管理联席会议制度暂行办法》，明确了协调原则、主持人、会议时间、主要议题等，用以协调地方、军队无线电管理中的具体问题，由此开启了无线电管理军民协同发展新体制。[①]依据相关统计，2003年年底，我国各类民用用频台站从20余万部猛增至近200万部（不含手机）。

随着信息化时代的到来，电磁空间领域对推动国家经济发展、支撑国家安全、维护社会和谐稳定的巨大作用愈加凸显。21世纪初，世界各国纷纷认识到电磁频谱资源的重大战略价值，千方百计争夺和控制频谱资源，并大力推动电磁空间领域发展建设。2003年6月，美国总统布什签署了《21世纪频谱政策》备忘录，确定了"频谱政策立法提案"；2004年11月，布什总统又签署了《改进21世纪的频谱管理》备忘录，命令执行部门和机构落实公布的各项建议，并向商务部提交各部门具体的战略频谱规划。不仅仅是美国，其他各国也都开始出台制定一系列政策和规章制度及应对措施，采取各种手段争夺电磁空间领域的权益。这个时期内，世界各国为获得优先使用权，申报了大量电磁频谱资源和卫星轨道资源，电磁空间领域资源一度成为国际竞争的焦点。

---

① 全国无线电管理领域国防教育领域小组办公室，《无线电管理发展史话》，长征出版社，2017。

2006年，我国无线电管理体制和机构进一步完善，国家无线电管理实行统一领导、分工管理体制，国家无线电管理机构为信息产业部，负责全国无线电管理工作的统一领导，并具体负责党政民系统的无线电管理事宜。为适应保障国家战略利益和军事斗争的需要，确保军事领域信息平台的合法频谱资源不被非法使用，信息平台在国家主权范围外的电磁应用不受干扰，以及战时用频武器装备系统作战效能的有效发挥，军队相关部门对军事电磁频谱管理力量进行了逐步调整，将"中国人民解放军无线电管理委员会"更名为"中国人民解放军电磁频谱管理委员会"，其办事机构"中国人民解放军无线电管理委员会办公室"改称为"中国人民解放军电磁频谱管理办公室"。至此，全军电磁频谱管理进入一个新的发展时期。

随着军事斗争准备的转型发展，2010年1月25日，经国务院、中央军委批准，组建了以国家和地方部分省市无线电管理力量为主体、现役军人为骨干的预备役电磁频谱管理部队——全军预备役电磁频谱管理中心，同时在相关省市成立了预备役电磁频谱管理大队，接受军地双重领导。这是我国依托国家行业系统组建的第一支预备役部队，既是担负国家电磁空间安全的基本力量，也是军队电磁频谱管理力量的重要补充，更是遂行信息化条件下部队作战训练电磁频谱管控任务的重要力量。全军预备役电磁频谱管理中心在服务国家和地方经济建设的同时，为国家和军队重大任务的电磁频谱军地联合管控、用频矛盾协调和干扰查处等提供技术支撑，做好动员准备；战时根据国家发布的动员命令转服现役，纳入军队电磁频谱管理力量，并由军队电磁频谱管理机构负责对其统一编组、统一指挥、统一使用。全军预备役电磁频谱管理中心的成立，成为我国电磁空间领域创新发展的一座重要里程碑。

三、发展时期（2012年至今）

2012年以来，军地双方多次召开军地联席会，共同探讨电磁频谱资源在国家层面统筹配置的思路与对策，研究统筹国民经济和国防建设发展的电磁频谱资源配置策略；紧贴世界无线电应用和发展规律，共同启动无线电用频规则制定，开展电磁频谱精细化管理研究，积极参加与 ITU、APT 等国际组织及成员国之间的交流与共享，共同合作、促进发展。《国民经济和社会发展第十三个五年规划纲要》中明确，要加强电磁频谱专项工程建设。电磁空间领域乘势而为，取得了很多可喜的成绩。

近几年，我军领导指挥体制改革、规模结构和力量编成改革相继展开、深入推进，我军电磁频谱管理体制机制也相应进行了较大调整改革，各战区、军兵种相继成立了频管机构，并对人员数量、编制体制进行了全面调整。2018 年，经过国防和军队调整改革，由"中央军委电磁频谱管理委员会"组建成立"中央军委电磁频谱管理委员会办公室"。由此，全军电磁频谱管理又进入了一个新的发展时期。同年 8 月，由工业和信息化部主办的"融合之光照征程"——全国电磁频谱管理领域军民协同发展成果展在北京开幕，全方位展示了新时代全国电磁频谱管理领域认真贯彻落实关于军民协同发展重要论述精神的一系列成果，并专门对电磁频谱领域军民协同的示范引领单位"全军预备役电磁频谱管理中心"进行了介绍。作为我军首支依托国家和地方无线电管理机构组建的高技术预备役电磁频谱管理部队，自成立以来始终坚持军民联合保障重大任务，军地携手圆满完成了一系列国家重大活动无线电安保工作，开创了军民协同深度发展新模式，拓展了军民协同深度发展新空间。

纵观以上发展历程，不论是以军为主的军队统管时期，还是以民为主的军地联管时期，军地双方的电磁频谱管理部门始终保持"一家人"的良好氛围，始终秉承"共发展"的良好传统。时至今日，我国电磁空间建设分层次、有步骤、有顺序地全面推进，逐步明确了战略层面、能力层面、资源层面的发展建设思路。在战略层面，服从和服务于国家总体战略，融入国家战略体系整体考量，强化战略引领，完善体制机制，健全电磁空间领域军民协同发展规划体系，充分统合国防和军队建设需求，统筹推进重大改革事项，构建组织管理体系、工作运行体系和政策制度体系；在能力层面，军地各种能力统筹布局，军地电磁空间管控能力体系相互兼容和相互支援，力量结构优化调整，不断创新发展形式，推动发展由条块分散设计向军地一体筹划建设，培育先行先试的创新示范载体，打造一批龙头工程、精品工程；在资源层面，有效促进两大体系资源的优化配置，形成军政企协同、国内外互动的良好局面，使民用资源能够发挥国防效益，国防资源能够产生经济社会效益。

第三节　战略地位

我国在新时期提出将创新发展作为重要的发展理念，并居于国家发展全局的核心位置，是党和政府立足全局作出的战略决策。电磁空间领域既服务于国家经济建设，又服务于国防军事建设，关系国计民生，涉及国家安全，关乎国家利益，占据着不可替代的重要战略地位。

一、维护和治理国家安全"高新远"边疆的内在要求

国家安全是国家的基本利益，是一个国家处于没有危险的客观状态。随着科技与社会的不断发展，国家战略外延进一步拓展，涉及经济、产业、文化多个领域，尤其在国家安全方面，非传统安全威胁层出不穷，出现了"高边疆""新边疆""远边疆"的新概念。然而，无论是哪一个"边疆"，所包含的都不仅仅是传统意义上的国与国之间临近的领土，更多的是指无法轻易突破的，对制胜未来起着重要作用的关键领域。还特指无法进行替代的，对相互制衡起着重要作用的国家利益。

美国于 20 世纪 60 年代就提出了"新边疆"理念，并成为当时肯尼迪总统的施政纲领，旨在采取一系列新政策新举动推动美国经济复苏，开展太空登月计划，实现称霸世界梦想；又于 20 世纪 80 年代提

出"高边疆"计划,并出台了《"高边疆"研究报告》,形成了"高边疆"战略概念,旨在凭借在航天领域中的绝对优势,构筑一道有效的防御弹道式导弹的"墙";从20世纪90年代开始,美国政府开始高度关注电磁空间安全,并将电磁攻击作为威胁美国本土安全的四大威胁之一。

电磁空间安全属于非传统安全范畴,维护电磁空间安全是实现对"高远新"边疆有效维护与治理的重要基础。当前,国家与军队的全面建设越来越依赖于跨域网络空间、地球空间和太空紧密集成的高速电子系统,各类用频装备设备集中涌现。技术的高速发展提升了电磁空间安全的掌控难度,需要具备良好的危机处理能力、信息保密及防御能力,为电磁频谱提供安全有序的应用环境和电磁保护措施。如若出现问题,将可能导致信息被窃、网络被毁、指挥控制系统瘫痪、制信息权丧失等严重后果。

2008年,俄罗斯与格鲁吉亚交战,俄罗斯军队在越过格鲁吉亚边境的同时,对格鲁吉亚展开了全面的"蜂群"式网络阻瘫攻击,致使格方电视媒体、金融和交通等重要系统瘫痪,政府机构运作陷于混乱,机场、物流和通信等信息网络崩溃,急需的各类物资无法及时运达指定地点,严重削弱了格鲁吉亚的战争潜力,直接影响了格鲁吉亚的社会秩序和军队的作战指挥调度。2010年,美军通过"震网"病毒攻击伊朗核设施,当伊朗的离心机无任何征兆出现故障时,伊朗科学家不停地通过更换新离心机的方式来解决问题,虽然在他们使用的电脑中发现了计算机病毒,但自始至终没有人认为也不相信离心机故障是因病毒引起的。直到2011年年初《纽约时报》发表文章称,美军是用一种名为"震网"的计算机病毒通过电磁空间技术成功袭击了伊朗核设施,伊朗科学家才如梦初醒。

二、赢得新兴科技和空间竞争新优势的关键之举

科技的本质是发现或发明事物之间的联系,并通过这种联系组成特定的系统来实现特定的功能。电磁空间领域相关技术作为新兴科技

的主导技术，最典型的特点就是"三高"，即：高速度、高融合、高渗透。美国国家安全局专用的静止轨道电子侦察卫星"猎户座"，定点在西太平洋上空 24 小时不间断地侦收亚洲国家的手机通信信号，所提供的政治、军事等信息，其数据价值甚至高于侦察图片。而最新一代电子侦察卫星更是集通信情报和电子情报侦察于一身，截获无线电和移动电话通信，对电磁信号进行监控，并将其发送到地面监听站；分布在世界各地的监听站再把电磁信号传送到美国巨型计算机上以供分析，使美国获得了巨大的信息优势，并以此作为掌握各个国家政治、军事、经济等活动的重要依据。

马克思指出，在人类社会发展史上，竞争是推动历史前进的重要手段。竞争是市场经济的突出特征，在市场经济条件下，各经济主体为了实现目标和追逐利益，与其他主体不断地进行角逐而产生了竞争，推动了社会经济的发展。当前，新兴科技和空间竞争逐步进入并跑领跑的"无人区"，国家和军队科研创新活力竞相迸发，为确保在新兴科技和空间竞争中占得先机，世界各个国家投入大量的人力、物力和资金，发展先进理念、培养优秀人才、突破关键技术，各个新兴领域竞争达到"白热化"和"常态化"，全面快速地推进了电磁空间领域的发展建设。

"在国际军事竞争日益激烈的形势下，唯创新者胜。不创新不行，创新慢了也不行。否则就会陷入战略被动，甚至错过整整一个时代。"[①]我国《国家网络空间安全战略》于 2016 年 12 月 27 日发布并实施，是指导中国网络安全工作，维护国家的网络空间主权、安全、发展利益的国家战略。在此之前，国家网络空间相关领域的专家学者就如何增强国家网络空间安全战略意识进行了探讨研究，其中，战晓苏在相关文献中从强化网络空间安全与发展战略思维的角度，提出了应当

---

① 《关于正确把握军队建设发展战略指导》，解放军报，2016 年 5 月 24 日。

强化五种意识,即:危机意识、整体意识、优先意识、创新意识和跨越意识。

三、建设世界一流军队电磁空间战力的重要途径

世界一流军队首先应当是创新型军队。建设创新型军队,是建设世界一流军队的前提。创新型军队始终积极引领军事变革的潮流,而不是在军事变革的大潮来临之时被动地去适应。信息化军队本质上都是创新型军队,军队信息化程度越高,战争的科技含量越大,对电磁空间活动和技术的依赖程度也就越强。

(一)电磁频谱领域成为独立作战域

"21 世纪将是频谱战的时代""战时频率资源如同弹药、油料一样重要,是作战的必需物资基础"——多年前军事专家的预判如今成为现实。原美国参联会主席托马斯·穆勒海军上将也曾预言,如果发生第三次世界大战,获胜者必将是最善于控制、驾驭和运用电磁频谱的一方。托马斯·穆勒的预言来源于对实践的认知。

无论是传统的电子战、信息战,还是网络作战、网络中心战、赛博空间战等新的作战概念,都离不开对电磁频谱的使用。从现代战争的技术特点来看,现代军用舰只、飞机和地面部队作战都必须使用电磁频谱,不可能脱离电磁环境单独进行,制空权、制海权的获取必须大力依靠电子设备、技术、战术等"软杀伤"系统的优势——制电磁权。尤其是在信息化战争中,电磁频谱既是战场信息传输的重要通道,又是战场指挥通信、预警探测、武器制导、情报侦察、兵力部署和机动等各项作战任务执行的物质基础。[①] 当前,信息化战场上用频装备的类型、规模和数量正以惊人的速度增长。在信息对抗与信息安全攻防中,敌对双方为取得电磁优势和信息主导权,往往会综合运用现代信息技术和各种电子、光学等装备,凭借电磁信号和电磁能量进行激

---

① 黄安祥,《空战作战环境仿真设计》,国防工业出版社,2017。

烈争夺。电磁频谱作为唯一能支持机动作战、分散作战和高强度作战的重要媒介,如果出现用频不足或管控不力的情况,将可能导致严重后果,例如大范围的频率堵塞、指控信息中断等,这对信息化军队来说将是"致命硬伤"。

2015年11月,美国"老乌鸦"协会第一次提出了关于电磁频谱作战域的提案,并筹划将其作为第六作战域;同年12月,美国国防部首席信息官特里·豪沃森表示,美国国防部将有望把"电磁频谱"视作一个作战域,认为其是继陆、海、空、天、网之后的"第六作战域"。事实已经证明,电磁频谱作为自成体系的一个作战域,和其他所有的传统作战域一样,都是用于支持作战行动的;同时,作为始终贯穿各作战域的重要媒介,电磁频谱是发挥传统作战域优势的基础,丧失电磁权将导致丢掉一个或者更多个其他作战域。[1]

(二)电磁频谱战发生并依赖于电磁空间

电磁频谱战是电子对抗的自然延续和发展,其起源可追溯到第一次世界大战。早期的电磁频谱竞争主要体现为使用有源电台网络来协调部队的行动并引导火力,以及使用无源测向(DF)设备来定位或监听敌方的无线电传输。第二次世界大战后期,"电子对抗"这一术语被越来越多地使用,并逐渐取代了"无线电对抗"。电子对抗是电子学在军事应用中的一个重要分支,包括使用电磁辐射来降低或影响敌方电子设备和战术运用的军事效能而采取的行动。这是有据可查的最早的电子战术语的定义,它将电子战作战行动规范为在电磁频谱范围内采取的行动,并首次明确了电子战的作用是削弱敌方电子设备的工作效能。

以电磁波为武器的电磁频谱战是一个"软杀伤"的过程,但其激烈程度不亚于炮火连天、尸横遍野的传统战场,因此,也有人将其称为"第二原子弹"战场。电磁频谱战由电磁频谱中的所有军事行动组

---

[1] 李玉刚、杨存社,《改变世界的"魔幻之手"——电磁频谱》,人民出版社,2018。

成，是发生在电磁空间并依赖于电磁空间的对抗行动，核心能力包括电磁空间的侦察能力、进攻能力、防御能力和电磁战斗管理能力等。

电磁频谱战的目标是利用电磁能、定向能等技术手段控制电磁频谱，削弱、破坏敌方电子信息设备、系统、网络及相关武器系统，以及人员的作战效能；在削弱对方的同时，保护己方电子信息设备、系统、网络及相关武器系统，以及人员作战效能的正常发挥。2011年，伊朗利用美军无人机 GPS 导航系统的弱点，切断一架在伊朗东部边境空域执行侦察任务的美国 RQ-170 "哨兵"无人侦察机的通信链路，迫使其进入自动驾驶状态，并重构这架"哨兵"无人机的 GPS 坐标，"哄骗"这架无人机在其他地点进行降落，而无人机在其控制下完全失去了辨别能力，误认为所降落地点就是自己所在的阿富汗基地。这个事件在引起全世界震撼的同时，也让全世界开始重新认识制电磁权。

（三）电磁空间作战难度超越传统作战

当前在电磁空间领域，战时与平时、前方与后方不再清晰可分，传统的战争观念已被打破；战略与战术、软战与硬战相互交织，传统的战争界限日趋模糊。电磁空间战场互相重叠，呈现出多维化特征，与传统领域作战相比具有明显不同（如表1-3所示）。

表1-3 传统领域作战与电磁空间领域作战对比

对比项	传统领域作战（陆、海、空、天）	电磁空间领域作战
作战主体	明确、具体	不明确、多元化
作战手段	多样、具体	丰富多样、技术性强
作战空间	地域性较强	广域、无前后方之分、几乎不受地域影响
作战时间	阶段性、受自然条件影响	持续性、无平时和战时之分
作战过程	渐进、有序	快速、突变
作战目标	单一、明确	涉及政治、经济、军事、民生等各个领域

一是必须赢得第一场战争胜利。在传统战争中，赢得初战的国家并不一定需要打赢这场战争，但在电磁空间作战中，则必须赢得第一场战争，因为几乎不可能有第二次机会。二是作战可能在极短时间内结束。电磁空间作战是隐形的，在察觉之前，可能电磁空间的阵地已经被敌方破袭或攻占，甚至都不知道对手是谁、在何处发起的攻击、攻击形式是什么。三是代价微小、规模较小，不需要大规模的兵力或火力，也极少造成人员伤亡。四是敌人进行电磁空间作战的目的难以判断。可能是在于制造混乱而不是破坏，或者是通过夺取电磁空间优势达到不战而屈人之兵。五是作战疆域界限模糊。整个作战都在无形空间进行，不同于陆地、海洋、空中和太空等有形空间作战疆域清晰。六是参战人员身份模糊不清。参与作战的主力不一定是现役部队和军人，参与作战的人员中军队与地方、军人与百姓的界限难以分明。七是进攻防守等战役战术界限模糊。电磁空间战场消除了地理空间的局限，使前方、后方、前沿、纵深的传统划分变得模糊，也使电磁空间战的战略、战役、战术界限变得模糊。[①]

总体来说，建设世界一流军队需要遵循军队建设普遍规律，需要紧跟世界军事发展形势，需要在理念信念、军事理论、运行体制、军事文化、武器系统上都做到一流，尤其是在电磁空间领域不允许存在"短板弱项"。首先，必须具备应对作战对手的信息攻击、己方信息系统的电磁冲突，以及来自非传统安全领域威胁的能力；其次，必须以整个经济社会为依托，获取技术最先进、成本最经济、来源最稳定和最有可持续性的物质力量，并以此为基础全面提升电磁空间领域体系对抗能力；最后，必须借助国家和军队各方面的力量，有效提高我军体系作战和遂行反恐维稳、抢险救灾及重大任务的电磁空间保障能力，为维护国家安全和战略利益、建设世界一流军队提供有力支撑。

---

① 马林立，《外军网电空间战——现状与发展》，国防工业出版社，2012。

第二章　电磁空间领域创新发展的时代背景

　　时代背景是电磁空间领域事态产生、发展、变化的重要客观条件。21世纪以来,世界安全战略大格局发生了前所未有的深刻变化,面临着"百年未有之大变局",我们所处的是一个风云变幻的时代,面对的是一个日新月异的世界。新兴国家和发展中大国群体性崛起,成为世界经济发展的重要引擎,有力推动了多极化发展,西方国家与新兴大国力量对比呈现阶段性变化。面对世界大变局,各国为确保在经济与军事领域的有利态势,都在积极进行内外战略调整,抢占战略制高点,力争在未来的大国博弈中占据优势。特殊的时代背景,使电磁空间领域与国家安全、经济发展、军队建设、社会稳定互为交融,电磁空间领域创新发展必须要紧密结合国家安全形势、国家发展战略和信息化战争的现实需求,结合国际和国内、军队和地方的客观情况,以更好地应对严峻挑战、把握全新机遇、实现既定目标。

第一节 我国安全形势面临新的严峻挑战

世界战略格局的重大变化增加了我国安全环境的不稳定性和不确定性，我国国家安全内涵和外延比历史上任何时候都要丰富，时空领域比历史上任何时候都要宽广，内外因素比历史上任何时候都要复杂。[①] 随着国家利益不断向海外延伸，经济发展对外依存度逐步增大，我国安全和发展已经同外部世界更加紧密地联系在一起。因此，要对国家安全形势进行分析，掌握国家在一定时期内所面临的影响国家安全、军事斗争和军队建设全局的客观情况与条件，认清形势、区分敌友、明确威胁、预测战端，为维护国家安全、谋划军队建设发展提供正确的判断结论。[②]

一、潜在战争威胁依然存在

世界多极化、经济全球化、社会信息化深入发展，国际社会日益成为你中有我、我中有你的命运共同体，和平、发展、合作、共赢成为不可阻挡的时代潮流。维护和平的力量上升，制约战争的因素增多，在可预见的未来，总体和平态势可望保持。但是，霸权主义、强权政治和新干涉主义也有新发展，各种国际力量围绕权力和权益再分配的斗争趋于激烈，民族宗教矛盾、边界领土争端等热点复杂多变，小战不断、冲突不止、危机频发仍是一些地区的常态，依然面临现实和潜在的局部战争威胁。[③]

---

① 中央军委政治工作部，《习近平论强军兴军》，解放军出版社，2017。
② 张玉坤，《如何分析国家安全环境》，解放军报，2014 年 4 月 10 日。
③ 中华人民共和国国务院新闻办公室，《中国的军事战略》白皮书，新华网，2019 年 6 月。

(一)大国之间竞争博弈再度凸显

美国著名学者戴维·蓝普顿曾指出:"在未来可能来临的大国竞争博弈中,中美很可能成为最主要的竞争者,而这场竞争和博弈,无论是怎样的规模,都会充满军事特征。"发达国家为了维持国际关系主导权,具备主导全球事务的能力,不断加速推进国家战略调整,国家战略制定的指向明显,战略核军备竞赛烽烟再起。

国家战略的制定指向明显。2018年1月19日,美国国防部长马蒂斯公布了酝酿已久的《国防战略报告》,正式以"大国竞争"取代"反恐"作为美国安全第一要务,明确宣布"世界重回大国竞争状态""国与国间的战略竞争,而不是反恐,将是现阶段美国国家安全方面的首要关注。"① 这份《国防战略报告》与《国家安全战略》保持了高调一致,都是将中国与俄罗斯定位为军事、经济、国际影响力等方面的地缘战略主要竞争对手。尤其是《国防战略报告》,更为直接地把中国和俄罗斯定位为"超过恐怖主义的对美国国家安全的最大挑战",并将中国视为挑战美国主导秩序的"修正主义国家",认为中国在安全、经济、科技、文化等方面对其造成了全方位威胁。值得注意的是,该报告将"亚太"改为"印太",并将其作为国防战略重点。然而,无论是"印太"地区,还是"印太战略"相关国家,目标都明确指向中国。

美国国会众议院军事委员会专门举行了"与中国战略竞争"听证会,并在《2019财年国防授权法案》中,明确宣布把中美长期战略竞争视为头等大事,提出整合全国之力,从外交、经济、情报、执法、军事等各个领域强化国家安全。2018年2月公布的《核态势评估报告》明显聚焦大国对抗。该报告认为,美国面临冷战结束之后最复杂的国际安全局势,由于国际战略环境恶化而面临着更多安全挑战,需要发展更加丰富的核武器以提高核威慑力。2020年5月20日,美国国防部和白宫网站同时发布《美国对中华人民共和国的战略方针》(United States

---

① 吴敏文,《美国国防战略由反恐重回"大国竞争"》,中国青年报,2018年1月25日。

Strategic Approach to The People's Republic of China）报告，报告认为中国正在经济、价值观和国家安全三个方面对美国发起强烈挑战。

战略核军备竞赛烽烟再起。美国以大国竞争为导向不断调整国防战略，在核、反导、外空、人工智能、电磁空间等领域加速推进军事应用，对全球战略稳定和国际军控进程造成了强力冲击。《反导条约》《中导条约》及《核裁军协议》是美俄及全球战略稳定的三大支柱。2001年小布什宣布退出《反导条约》，2019年特朗普宣布退出《中导条约》，又一再为续签《核裁军协议》提出附加条件。美国特朗普政府自公布新版《国家安全战略》之后，陆续发布了关于重塑美军事优势的报告，为再掀战略军备竞赛做足了铺垫。美国大力调整核战略并大幅扩展核威慑范围，确定了"现代、灵活、弹性"的核心力量发展原则；针对俄罗斯、中国、朝鲜、伊朗等国的核能力，分别制定了核心威慑战略；为了保留大量战术核武器并不断升级核武体系，等等。据相关媒体披露，美国一批国防部官员正在积极酝酿复活"星球大战"部分相关概念和组织体系，以促进美国赢得新一轮大国战略竞争。美国的核战略调整及一系列动作，直接导致了世界各国都在担忧会陷入新军备竞赛，全球核大国也开始竞相强化核力量。

俄罗斯加速推进核力量现代化，积极布局前沿军事技术，积极部署多种新型战略武器。普京在2018国情咨文中宣称，俄罗斯正在研制新武器来应对美国部署反导系统的行为，并展示了"萨尔玛特"重型洲际导弹、核动力巡航导弹、核动力水下无人潜艇器、"匕首"新式高超声速导弹等一系列新型战略武器。陆基方面，同时推进多种型号弹道导弹部署和研发，"亚尔斯"及其公路机动改进型号"亚尔斯-M"计划2021年前完成部署；海基方面，"北风之神"级核潜艇已经部署4艘，2020年前将部署完成8艘；空基方面，正在加快研制新一代战略轰炸机"PAK-DA"。

法国国防部长宣布2025年前投资300亿欧元对核力量进行现代化改造。其中，包括第四代空地核导弹（7～8马赫的高超声速空地导弹）的研发，研发代号为ASN4G。保留了海基和空基战略核力量，拥有4

艘凯旋级核潜艇及 50 多枚中程核空地导弹。英国国防部长指出，在 2020 年至 2040 年期间，国防预算中核武器的开销比重将维持在 10%～12%；在未来 25 年内，用于下一代战略核力量建设的资金在 700 亿～800 亿英镑。当前，仅有海基核威慑能力，拥有 4 艘"前卫"级战略核潜艇，每艘可携带 16 枚"三叉戟–Ⅱ"D5 潜射弹道导弹。印度、巴基斯坦也不断加快核武材料生产，快速扩充核武数量，研发、部署新型战略投送手段。巴基斯坦前沿部署战术核武器，以抗衡印度"冷启动"战略，国际军控界都在高度关注对印巴发生核危机的可能性。

（二）西方加强印太军事力量布局

亚太地区在冷战后被美国视为对其国家安全可能产生决定性影响的地区，在美国全球战略中的分量日益加重。随着我国综合国力的不断提升，某些西方国家的焦虑感不断升级。为了维护世界霸主地位，加强对亚太地区的控制，美国加速推行"亚太再平衡"战略，并在 2018 年 1 月发布的《国防战略报告》中将"亚太"改为"印太"。与中国进行长期战略竞争，已经成为美国当前"第一要务"，为了确保在印太地区的军事优势，进行精心的战略布局"以遏制和抵消中国的军事能力"。同年 5 月，美军太平洋司令部正式更名为印度洋—太平洋司令部。2019 年 8 月，美国国防部长马克·埃斯珀就加强印太地区军事力量进行了再次表态：五角大楼正在评估如何扩大美军在印度洋—太平洋地区的存在，包括"航行自由"行动和增加新基地。

《印太战略报告》中提出，要以持久的联盟和长期的安全伙伴关系，在印太地区建立一个完整的安全网络应对中国。美国应加强与日本、韩国、澳大利亚、菲律宾和泰国的联盟关系，扩大与新加坡、新西兰、蒙古国以及台湾地区的伙伴关系，落实与印度的主要防务伙伴关系，寻求同其他南亚国家建立新的联系，强化与东南亚的安全合作。在遏制中国战略的牵引下，美军依托在日本、韩国、新加坡、菲律宾等建立的多个海军和空军军事基地，采取了多次有针对性的军事行动，并逐步提升军事行动的频次与强度。

2018年9月，美国海军"黄蜂"号两栖戒备群和第31陆战远征部队在南海进行了大规模高强度实弹演习；2019年4月，美国海军"黄蜂"号两栖攻击舰搭载10架F-35B驶入南海黄岩岛附近海域进行起降训练。8月29日，美国空军一架B-52轰炸机从关岛起飞绕经巴士海峡进入南海上空；①2020年12月，美国海军的阿利伯克级导弹驱逐舰"麦凯恩"号在南海周边活动，在临近南海的菲律宾海与法国海军的潜艇、日本海上自卫队的直升机航母开展了反潜作战演习，并公开叫嚣说此次联合演习"加强了合作，维护了印太地区的海上安全"。

（三）边境争端随时可能引发冲突

中国的地缘环境特殊，是疆域辽阔、陆海兼备的大国，960万平方公里的陆地，300多万平方公里的蓝色海洋国土，边境线约2.2万公里，有14个陆地邻国，与8个国家隔海相望，是世界上陆上邻国最多、陆上边界最长、边界问题最复杂的国家之一。在接壤的14个国家中，我国与12个国家签署了边界条约。其中，中俄签署了《关于中俄国界西段协定》，使中俄长达4 300多公里的边界得以明确划定；与中亚的哈萨克斯坦、吉尔吉斯斯坦和塔吉克斯坦三国也相继签订了边界协定；与越南签署了《中国和越南陆地边界条约》《中国和越南关于两国在北部湾领海、专属经济区和大陆架的划界协定》。

多年来，我国始终致力于和平解决领土争端，但尚有少量遗留问题未能解决，边境争端、领海争端时有发生。尤其是中印边界问题，虽然中国表现出了以和平方式解决的极大诚意，本着互谅互让、和平相处的原则，解决棘手的边界划分问题，但中印两国因领土问题引发的危机风险始终存在。近年来中印关系总体稳定，军事交往逐步展开，经贸合作快速发展，并建立了边境安全管控机制。但印度视我国为主要战略竞争对手，不停强化边境争议地区军事存在，积极推进"东向战略"，其军事力量不断向南海方向渗透，监视防范我海军进入印度洋，

---

① 王鹏，《美军多种方式强化印太地区军事存在》，中国青年报，2019年9月5日。

中印博弈在陆海两线同时展开。尤其是近年来，印度不断加强中印边境军事部署，军事对峙事件时有发生，并引发了激烈冲突。

2017年6月18日发生的中印洞朗对峙事件，印度边防部队270余人携带武器，连同2台推土机，在多卡拉山口越过锡金段边界线100多米，进入中国境内阻挠中方的修路活动，引发局势紧张。中国边防部队在现地采取了紧急应对措施。此后，印度边防部队越界人数最多时达到400余人，连同2台推土机和3顶帐篷，越界纵深达到180多米。中印双方由此进行了为期2个多月的对峙，对我周边安全形势产生了极大影响；2020年4月以来，印度边防部队单方面在加勒万河谷地区持续抵边修建道路、桥梁等设施，不顾中方多次提出的交涉和抗议。6月15日，印军打破双方军长级会晤达成的共识，违背承诺，在加勒万河谷现地局势已经趋缓的情况下，再次跨越实控线非法活动并蓄意发动挑衅攻击，甚至暴力攻击中方官兵，引发激烈的肢体冲突且双方均有人员伤亡，边境形势再度高度紧张。

二、周边地区面临安全威胁

近年来大国战略竞争的升级加剧，增加了我国周边局势的动荡因素。各种历史遗留问题与现实利益矛盾相互交织，周边地区热点问题此起彼伏，霸权主义、强权政治和新干涉主义有所上升，既存在着各种边界领土纷争，又成为大国矛盾的聚集区。围绕周边热点问题发生危机冲突的可能性不断上升，我国周边地区面临着传统安全威胁和非传统安全威胁相互交织的现实状况，捍卫国家主权、领土完整和维护国家战略利益方面的形势趋于复杂。

（一）东北亚形势趋缓风险依然尚存

根据美国外交关系协会的定义，东北亚包括日本、韩国、朝鲜、蒙古国、中国以及俄罗斯的远东联邦管区，即整个环日本海地区，陆地面积约1 600万平方公里，占亚洲总面积约40%。东北亚是亚洲经济与文化最发达的区域，和欧盟、北美一起并列为当今世界最发达的三大区域，人口高度集中，经济活跃，发展迅猛，对全球格局起着非常重要的影响。

当前，东北亚局势总体趋于缓和，对话、合作不断展开，但各方在安全、历史等问题上仍然存在着尖锐矛盾。其中，朝鲜核问题仍然是最复杂和最不确定的因素，朝鲜核问题的解决事关朝鲜半岛局势的走向，事关世界防核扩散机制的稳定，事关中国东北亚安全环境。一方面，促进和解、推动谈判、制约战争的内外因素继续存在和发展；另一方面，朝鲜与美国、韩国之间的矛盾根深蒂固，各自的国家利益和政策目标大相径庭，半岛局势的发展仍存在较大的不稳定和不确定因素，不排除出现武力对抗和军事冲突的可能性。朝鲜半岛是中国东北部安全的战略缓冲，半岛局势的紧张将破坏本地区的和平与稳定，也将影响中国现代化建设的进程，半岛安全对中国"和平崛起"的最终实现影响巨大。①

（二）来自海洋的威胁呈现上升趋势

中国大陆海岸线长 1.8 万多公里，岛屿海岸线长 1.4 万多公里，领海面积 92 万平方公里，管辖的专属经济区和大陆架海域 300 多万平方公里。我国与周边国家海域争议面积多达 150 万平方公里，主要集中在黄海、东海和南中国海海域，所面临的领海主权、海洋权益和战略资源争夺日趋激烈，来自海上的安全威胁和挑战明显增多。

南海是历史上中国固有的领土，但自上世纪 70 年代开始，越南、菲律宾、马来西亚等国以军事手段占领南沙群岛附近海域进行大规模的资源开发活动并提出主权要求。②尤其是中菲南海争端，围绕岛礁主权归属及海域划界问题一直持续了多年。我国政府主张采取克制、冷静和建设性的态度，在不同时期都提出以"搁置争议、共同开发"模式解决同周边邻国间领土和海洋权益争端；但是菲律宾当局在主观

---

① 中国现代国际关系研究院，《国际战略与安全形势评估（2018/2019）》，时事出版社，2019。
② 外交部网站，《背景资料：南海问题的由来》，2014 年 1 月 21 日。

上认为，我国因受到国际因素等多方面的掣肘，所以在南沙问题上鞭长莫及。除了越南和菲律宾，印度尼西亚和马来西亚等国家也非法闯入我南中国海的岛屿，开采油气资源，严重损害我国领土主权和经济权益。岛屿之争、海域划界和资源开发之争，对我国家利益构成严重威胁和严峻挑战，需要在外交、军事和法理等多领域展开博弈。

  经济持续快速增长让争夺油气资源成为当今世界地缘政治的主题之一。海洋蕴藏着丰富的油气资源，我国作为石油消费大国，必然向海洋型经济方向发展。我国 2003 年石油消费高达 2.52 亿吨，进口石油达 9 100 万吨，取代日本位居世界第二；2009 年石油进口 1.99 亿吨，对外依存度首次超过 50%的"国际安全警戒线"；2012 年进口量为 2.84 亿吨，对外储存度达到 58%。美国将中国的发展视为其冷战后称霸世界的障碍，企图通过控制世界石油资源达到阻遏中国经济发展的目的。正如威廉·恩道尔在《石油大棋局：下一个目标中国》中所描述的："在伊拉克和俄罗斯之后，美国马上把目标转向中国，阻止石油流向这个正在崛起的大国，早已是美国之前的棋中之意，在打击了欧亚大陆最有可能崛起的对手俄罗斯之后，终于可以将精力放在中国。"

  当前，有一些国家不断同中国展开油气资源争夺，也有一些国家与中国达成了战略合作。先来看东海。中日在东海发生的油气田争端源于中日专属经济区界线的划分之争。日本媒体针对中国东海"春晓"天然气开采设施的建设，进行了"中国企图独占东海资源"等恶意炒作，令事态快速发酵，日本政府官员行为逐步升级，甚至通过了对自卫队进行大规模调整的方案。再来看南中国海。南中国海油气资源丰富且矿产资源珍贵，我国的"可燃冰"资源大部分都在此海域。菲律宾严重依赖石油进口，为了缓解石油进口压力，不断加大与西方石油公司的合作力度，对南海油气资源开采勘探。再来看北极。北极圈内地区基本由沉积盆地和大陆架构成，蕴藏着丰富的石油和天然气资源。俄罗斯占有地缘优势，并且十分重视对北极油气资源的勘探，与西方多家石油公司展开了合作，也与中国进行了在北极的油气合作，实现了中俄国家级战略对接。合作领域覆盖了天然气产业上下游，实施了在资本金融、地质研究、设备制造、开采、基础设施修建、物流运输服务、产品市场等不同层面、多个领域的多方联运。①

中日两国作为东亚两个最大经济体和最有影响力的国家,近年来在东海海域的主权问题方面矛盾突出,双边摩擦日益增多。我国于2013年划设的东海防空识别区,包括钓鱼岛附近相关空域,这既有充分法律依据,也符合国际通行做法。但由于日本政府继续推行强硬政策,使得钓鱼岛争端持续升温、冲突不断。2018年,中日高层访问带动中日关系回暖,东海局势有所缓和,海上合作得以推进,但东海战略僵持仍然难解。日本政府通过第三期《海洋基本计划(2018—2022)》,作为日本海洋政策纲领性文件,最大的特点是将政策重点从海洋资源开发转向海洋安全,并持续强化西南诸岛防卫,包括在西南诸岛部署自卫队、强化海保厅钓鱼岛警备体制、强化海上态势感知能力,以及加强自卫队、海保厅情报共享等。此后,又与美国联合推进"自由开放印太战略",涉及能源、融资、基建、海上安全等。②中日双方围绕钓鱼岛的斗争,已经从初期的法理斗争扩展到实际维权斗争,从海上斗争扩展到空中斗争,从执法力量斗争扩展到军事力量斗争,从双方斗争扩展到多方斗争,东海方向擦枪走火引发军事冲突的风险增大。除了钓鱼岛的主权归属之争,还有中日之间专属经济区和东海大陆架划界问题。另外,中国和朝韩在东海域划界问题上也存在分歧。从表面上看,这些都是关于资源和地缘优势的争端,但如果这些海洋权益一旦丧失,将在很大程度上危害我国国土安全。

(三)域外大国干扰破坏稳定与合作

域内一些国家在巩固非法利益的同时,积极策动南海问题的"多边化"和"国际化",域外势力乘机介入、图谋深远。在美国战略重心东移的背景下,部分国家调整海洋政策策略,不断在海上挑起事端,加大对我国岛屿主权和海洋权益的侵蚀力度,我国与东南亚国家的海

---

① 许勤华、王思羽,《俄属北极地区油气资源与中俄油气合作》,俄罗斯东欧中亚研究,2019(4)。
② 中国现代国际关系研究院,《国际形势与安全战略评估(2018/2019)》,时事出版社,2019。

洋权益的冲突争议日益增多。菲律宾刻意与美国保持良好的军事、经济合作关系，企图在美国的背后支持下，趁机侵占我国岛屿，盗采我国资源。虽然当前美国等域外国家还并未对我国南海问题等进行军事干预，但其一系列举动都反映出美国对于中国的快速崛起感到强烈不安。南海有着重要的地缘战略意义，中美围绕南海问题乃至海洋规则与秩序的博弈具有长期性。

南海问题的"多边化"和"国际化"，使解决争端更加艰巨和复杂，同时也加大了发生意外摩擦的可能性。特朗普政府在首份《国家安全战略》中将中国"军事化"南海扩建岛礁列为"修正主义国家"的重要例证，声称将"增强对海洋自由及依据国际法和平解决领土和海洋争端的承诺"。近几年，南海局势总体趋于稳定，区域合作推进明显，中国与东南亚国家的"南海行为准则"磋商取得重要进展，达成了单一磋商文本草案，并于2019年完成了对单一磋商文本草案的第一轮审读，这标志着域内国家有能力共同制定区域规则。但以美国为首的一些域外大国视南海问题为制衡中国的主要抓手，进一步从战略层面介入南海问题，仍然在不断干扰区域规则制定，并明显增强南海军事行动的协调性。

三、少数分裂势力影响统一

中国周边是民族宗教矛盾的交织并发区，也是反"三股势力"的主战场。"三股势力"指暴力恐怖势力、民族分裂势力和宗教极端势力。暴力恐怖势力是指通过使用暴力或其他毁灭性手段，制造恐怖，以达到某种政治目的的团体或组织；民族分裂势力是指从事对主权国家构成的世界政治框架的一种分裂或分离活动的团体或组织，是反社会发展和人类进步的政治力量；宗教极端势力是一股在宗教名义掩盖下，传播极端主义思想主张、从事恐怖活动或分裂活动的社会政治势力。近几年来，在各种复杂因素的作用下，少数分裂势力明显抬头，国际恐怖势力在中国周边的频繁滋事，恶化了中国周边环境，对我国国家安全构成了直接威胁。

（一）严重威胁国家主权及核心利益

国家统一是中华民族走向伟大复兴的历史必然，台湾问题事关国家统一和长远发展、事关整个中华民族利益。近年来两岸关系保持和平发展良好势头，交流与合作的趋势进一步增强，但影响台海局势稳定的根源并未消除，"台独"分裂势力及其分裂活动仍然是威胁国家主权及核心利益的最大威胁，具有长期性、复杂性和艰巨性。"台独"势力仍然在顽固坚持和推行分裂主张，成为台海和平稳定的最大威胁，也是实现两岸关系和平发展的最大障碍。台海局势的复杂化，使周边某些国家"以台制华"企图趋强，助长了"台独"势力的嚣张气焰，恶化了台海地区局势，不仅成为解决台湾问题、实现祖国统一的最大障碍，而且也对我国周边安全环境产生了负面效应，是使我国周边安全环境可能恶化的最大变数。我国在维护国家主权和领土完整的重大问题上，始终旗帜鲜明、立场坚定，不会产生丝毫动摇。

（二）严重危害人民生命及社会稳定

在我国周边部分地区，有些民族分裂势力活动猖獗。他们有的与国际反华势力相勾结，打着宗教的旗号欺骗、引诱群众，制造事端，进行分裂活动；有的与50年代逃跑到境外的民族分裂势力勾结，成立分裂组织、偷运武器入境、进行恐怖活动，破坏民族团结和民族地区正常的社会秩序，对我国民族大地区的社会安定和政治安全构成了威胁。

新疆地处中国西北，位于亚欧大陆腹地，与蒙古国、俄罗斯、哈萨克斯坦、吉尔吉斯斯坦、塔吉克斯坦、阿富汗、巴基斯坦、印度 8个国家接壤，自古就是多民族聚居、多文化交汇、多宗教并存的地区。19世纪末20世纪初，境内外分裂分子与宗教极端分子在国际反华势力的支持下，不择手段地组织策划实施各种分裂破坏活动。20 世纪 90年代以来，受国际局势变化和恐怖主义、极端主义全球蔓延的影响，境内外"东突"势力加强勾连,打着民族、宗教的幌子,煽动宗教狂热,大肆散布宗教极端思想,蛊惑煽动群众,实施暴力恐怖活动。据不完全统计,自1990年至2016年,"三股势力"在新疆等地共制造了数千起暴力恐怖案(事)件,造成大量无辜群众被害,数百名公安民警殉职,财产损失无法估算。[①]

近年来,新疆地区与周边国家建立了边境地区和执法部门反恐领域对口合作机制,在情报信息交流、边境联合管控、涉恐人员查缉、反恐怖融资、打击网络恐怖主义、打击跨国犯罪、司法协助、跨国油气管道安保等方面,进行了务实交流与合作。同时,积极借鉴国际反恐和去极端化经验,结合实际开展了反恐怖主义斗争和去极端化工作,有效遏制了恐怖活动多发频发势头,最大限度保障了各族人民群众的生存权、发展权等基本权利。

(三)严重破坏边疆环境及民族团结

由于我国政府制定和执行正确的民族政策和民族地区自治制度,我国少数民族的平等权利得到充分保障,民族地区的经济也在中央优惠政策的扶持下得到迅速发展,各族人民团结得到进一步加强。少数分裂势力不愿意看到中国的繁荣与稳定,不断加紧渗透和破坏,与其他国际恐怖势力相勾结,蓄意破坏我国周边环境及民族团结。

"治国必治边、治边先稳藏"。历史上,西藏长期实行政教合一的封建农奴制,并一直延续到西藏民主改革前。旧西藏法律将人分为三等九级,领主阶级剥夺农奴的人权,并利用宗教对其进行精神控制。西藏反动势力为了不失去既得利益,保持封建农奴制,不惜以发动叛乱来阻挡社会进步。以丹增嘉措为主的分裂势力,成立以达赖为首的背叛祖国的西藏分裂主义集团,倡导"西藏独立",危害中国国家安全。西藏叛乱后,在美国国家安全委员会文件的指引下,美国中央情报局对西藏分裂势力进行了准军事援助活动。同时,美国政府积极推动西

---

① 中华人民共和国国务院新闻办公室,《新疆的反恐、去极端化斗争与人权保障》,解放军报,2019年3月18日。

藏问题国际化，利用联合国插手西藏问题，通过了一系列决议，之后又根据局部利益与形势发展的变化而做出了相应调整。2008年3月14日，在西藏拉萨发生的打砸抢烧暴力事件（西藏3·14打砸抢烧事件），是典型的境外指挥、境内行动，有预谋、有组织的打砸抢烧严重暴力事件。[①]

"三股势力"宣扬不同宗教、文化、社会之间的不容忍，破坏和平与安全，对人权和可持续发展造成严重危害；通过暴力、破坏、恐吓等手段，肆意践踏人权、戕害无辜生命、危害公共安全、制造社会恐慌，严重恶化了我国周边环境；分裂势力集团加紧在国际国内进行分裂活动，不断制造事端，以此制造民族隔阂、激化民族矛盾。我国正处于发展关键期、改革攻坚期、矛盾凸显期，许多经济社会问题相互叠加，国内问题和国际问题相互传导，"三股势力"极力散布民族分裂主义和宗教极端主义思想，妄图破坏我国的民族团结、社会稳定，我国面临的反渗透、反分裂、反颠覆斗争尖锐复杂。

第二节　新时代国家战略发展的强劲召唤

国家战略是战略体系中最高层次的战略，是为实现国家总目标而制定的总体性战略概括，是指导国家各个领域的总方略。不同国家对国家战略的定义有所差异，但都是为了实现国家总目标而制定的，都是综合运用政治、军事、经济、科技、文化等国家力量，筹划指导国家建设与发展，维护国家安全，达成国家目标。进入新时代，我国把创新发展放在了国家发展全局的核心位置，这在我国几千年治国理政思想史上、在我们党的历史上、在社会主义发展史上都是第一次。创新发展成为国家发展战略、国家安全战略和国家军事战略的重要支撑，

---

① 中华人民共和国国务院新闻办公室，《伟大的跨越：西藏民主改革60年》，解放军报，2019年3月27日。

成为决定我国发展前途命运的关键,增强我国经济实力和综合国力的关键、提高我国国际竞争力和国际地位的关键。①

一、国家发展战略

国家发展战略是筹划指导发展国家的实力和潜力,以实现国家发展目标的方略,是国家战略的重要组成部分,包括政治、经济、社会、科技、文化、国防等各个领域的发展战略。电磁空间领域是国民经济和国防建设的重要领域,具有军民共用、敌我共用、国际共用的特点,既是创新发展的先行之地,又是最具创新发展特质的重要领域。

(一)持续创新推动经济增长

世界对中国经济的综合依存度指数逐年增长,持续创新已经成为我国经济发展的核心动力。2015年的G20峰会,"创新增长方式"成为四大议题之一。国家主席习近平在峰会讲话中指出"世界经济长远发展的动力源自创新",体制机制变革释放出的活力和创造力,科技进步造就的新产业和新产品,是历次重大危机后世界经济走出困境、实现复苏的根本。②全球创新指数是衡量一个国家或经济体创新表现的主要参考指标,主要体现了创新型国家的创新活力和能力。2018年全球创新指数报告显示,中国从上一年第22位跃升至第17位,首次跻身全球创新指数20强行列;2019年,中国全球创新指数排名继续跃升,上升至第14位,中国在中等收入经济体中连续第7年在创新质量上居首;③2020年,中国连续第2年进入世界前15行列,排在榜单第14位;2021年,中国排名继续上升至第12位。

---

① 人民网—人民日报,《坚持创新发展——"五大发展理念"解读之一》,2015年12月18日。
② 人民网—中国共产党新闻网,《四个词看习近平为G20贡献的"中国智慧"》,2016年9月2日。
③ 人民日报海外版,《2019年全球创新指数报告发布 中国排名升至第14位》,2019年7月26日。

我们国家有42种无线电业务种类，各类业务都创造了十分重要的经济价值。比如手机，属于陆地移动业务；民航飞机，主要使用航空移动（R）业务进行通信（R是航路Route的缩写）；对于军航飞机，特别是不按航路飞行的战斗机，一般使用的是航空移动（OR）业务进行通信（OR是指非航路）；"北斗"系统，属于卫星导航业务。我国与电磁频谱直接相关产业所创造的经济价值约占GDP总量的3.5%，支撑或应用这些产业所产生的经济价值约占GDP的15%（2012年数据）。中国信息通信研究院在最新发表的《中国无线电经济白皮书》中，首次定义了无线电经济的概念并测算了其规律，认为无线经济是以无线电频谱作为关键生产要素、以无线技术为核心驱动力，通过无线实体经济深度融合，不断提高传统产业数字化、网络化、智能化水平，加速重构经济与治理模式的经济形态。当前，中国无线电经济规模超3.8万亿元，占我国GDP比重约3.8%（2020年数据）。①

当前，电磁频谱拍卖在很多国家都已经属于常态化的市场行为，全球市场中的电磁频谱主要拍卖机构有英国通信管理局（Ofcom）、美国联邦通信委员会（FCC）等。全球首次电磁频谱拍卖于1989年在新西兰进行，此后，美国、英国、德国、意大利等分别进行了多次电磁频谱拍卖活动。2000年英国的3G频率拍出了225亿英镑，2011年法国的4G频率拍出了36亿欧元。

随着5G时代的到来，各国都在积极准备5G技术研发并加快推进商用进程，抢占市场先机。2018年5月，英国成为全球首个对5G频谱进行拍卖的国家。英国基于全球5G频谱分布，选择了3.5 GHz作为首个拍卖频谱，认为其最具有全球通用可行性，具体拍卖频谱为3 410~3 840 MHz以及3 500~3 580 MHz。此次拍卖，英国四家运营商共投入13.5亿英镑，均价高达764英镑/MHz，相比4G的515英镑/MHz高出48.3%。2019年对于全球5G发展至关重要，也成为全球5G频谱拍卖的爆发期。毫米波频谱能提供速度最快的5G服务，FCC于

---

① 中国信息通信研究院，《中国无线电白皮书》，2021年10月。

2019 年通过拍卖毫米波频谱，筹集了 27 亿多美元，拍卖频段为 28 GHz 和 24 GHz。同年 4 月，英国完成了对 700 MHz 频段频谱的拍卖；6 月，韩国完成了对 3.4～3.7 GHz 和 27.5～28.5 GHz 频段频谱的拍卖；7 月，西班牙完成了 3.6～3.8 GHz 频段 200 MHz 的频谱的拍卖，等等。

我国对电磁频谱资源的分配十分严格，大部分采取行政审批方式进行频谱划分。原信息产业部曾在 2002 年组织对 3.5 GHz 频谱进行招标试点，取得了较好的效果。我国于 2016 年新修订并公布的《中华人民共和国无线电管理条例》中将招标、拍卖作为一项制度设立下来，其中，第十七条明确规定"地面公众移动通信使用频率等商用无线电频谱的使用许可，可以依据相关法律、行政法规的规定，采取招标、拍卖的方式"。也就是说，我国无线电频率资源的分配可以采用行政和市场两种方式进行，包括 5G 频谱分配。

（二）军民协同助力国防科技

强大的经济实力、科技实力和综合国力是实现党在新时代的强军目标、建设世界一流军队的基本依托。近年来，我国重大科技创新成果不断涌现，在高科技领域正在努力实现赶超，量子通信、超级计算、航空航天、人工智能、第五代移动通信网络（5G）、移动支付、新能源汽车、高速铁路、金融科技等处于世界领先地位。[①] 当前，科技创新成果与国家竞争力、社会生产力、军队战斗力的耦合关联越来越紧密，科技创新成果广泛应用，为世界经济增长注入了新动能，为国防科技发展提供了新支撑，为军民协同奠定了新基础。在电磁空间领域，科技发展呈现学科交叉、跨域融合、群体突破的态势，但是，同时也存在军地主体协同意识薄弱、军地需求对接不够顺畅、创新政策制度不够健全、创新资源开放共享不足等现实问题，无法完全满足国防科技发展的新形势新特点新要求，在一定程度上影响和制约了电磁空间领域科技创新潜力释放和整体创新效能发挥。

---

① 中华人民共和国国务院新闻办公室，《新时代的中国与世界》白皮书，2019 年 9 月 27 日。

我国已进入跻身创新型国家前列、建设世界科技强国的新阶段，必须站在新的历史方位上，扭住科技自主创新的战略基点，以更高的目标、更长远的眼光，对电磁空间领域科技军民协同创新进行前瞻谋划和系统部署。"要发挥新型举国体制优势，加强科技创新和技术攻关，强化关键环节、关键领域、关键产品保障能力。"①"我们要促进科技同产业、科技同金融深度融合，优化创新环境，集聚创新资源。"②在市场经济条件下最大限度发挥科技创新效能，推动军民科技基础要素融合，推进军民协同科技创新发展，将电磁空间同建设海洋强国、航天强国、网络强国、制造强国一体联动创新发展，整合一切优质资源、利用一切先进成果，实现快速稳固发展。这对在激烈的国际战略竞争和军事竞争中掌握先机、赢得主动，对于支撑创新型国家建设、加速科技兴军步伐具有重大意义。

二、国家安全战略

国家安全是安邦定国的重要基石，包括内部安全和外部安全、国土安全和国民安全、传统安全和非传统安全、生存安全和发展安全、自身安全和共同安全。国家安全战略集中体现国家根本利益，包括国家的政治、经济、科技、军事、文化以及外交等各个领域安全的总体方略。《中华人民共和国国家安全法》明确规定："国家安全是指国家政权、主权、统一和领土完整、人民福祉、经济社会可持续发展和国家其他重大利益相对处于没有危险和不受内外威胁的状态，以及保障持续安全状态的能力。"当代国家安全包括 11 个方面的基本内容，即国民安全、领土安全、主权安全、政治安全、军事安全、经济安全、文化安全、科技安全、生态安全、信息安全和核安全。

---

① 习近平在中共中央政治局常务委员会会议上的讲话，2020 年 5 月 14 日。
② 习近平在"一带一路"国际合作高峰论坛开幕式上的演讲，2017 年 5 月 14 日。

（一）国家安全战略制定趋向空间安全

"纵观人类历史，那些最有效地从人类活动的一个领域转入另一个领域的国家，总能获得巨大的战略优势。"成功经略海洋，造就了昔日英国的"日不落帝国"神话；成功经略太空，确立了今日美国的"太空霸主"地位。信息化的全球性深入发展，使国家安全问题由传统范畴逐步向更广泛领域扩展；空间技术的兴起和发展，使国家的战略空间范围延伸到外层空间。世界各国空间力量的发展日趋成熟，对空间利益的关注也日趋加剧。美国于 2011 年发布了被称为"21 世纪历史性政策文件"的《网络电磁空间国际战略》，我国于 2018 年发布了《国家网络空间安全战略》，空间安全战略成为国家安全战略的重要组成部分，并处于优先发展地位。

网络空间命运共同体成为人类命运共同体理念在网络空间的发展和延伸。网络空间成为信息传播的新渠道、生产生活的新空间、经济发展的新引擎、文化繁荣的新载体、社会治理的新平台、交流合作的新纽带、国家主权的新疆域，但同时，也面临着网络渗透危害政治安全、网络攻击威胁经济安全、有害信息侵蚀文化安全、恐怖和违法犯罪活动破坏社会安全、资源抢占侵犯主权安全等多重问题。[①]还有部分国家不断强化网络威慑、加剧军备竞赛，在挑战我国网络空间安全的同时影响了世界和平。

当前，电磁空间安全问题已经成为全球关注的焦点问题——在世界国防科技 2016 年度发展报告中，与电磁空间相关的重要专题分析占幅 30%，2017 年度迅速增长至 70%。美国于 2019 年批准成立太空军，并以极快的速度向太空装备领域进军。2020 年 3 月，根据美国太空与导弹系统中心宣布的消息，美国太空军已经开始运行一种代号为 CCS B10.2 版的反通信系统，这是一种新型进攻性武器系统，用于阻止敌方卫星传输的新型地面通信干扰器，能够通过电磁波暂时干扰和破坏敌

---

① 中国网信网，《国家网络空间安全战略》，2016 年 12 月 27 日。

方卫星，并已经具备实际作战能力。同年 5 月，美国太空军又计划在 2027 年前采购 48 套地面干扰系统，旨在"与大国发生冲突的情况下"干扰对手的通信卫星，让其不能正常开展工作。①

（二）国家安全新疆域面临着潜在威胁

国际电信联盟制定的《无线电规则》（Radio Regulations）用来管制无线电通信，调整各国在无线电管理活动中的相互关系，是规范其权利和义务的重要国际性法规。其中，国际无线电频率/轨道协调的基本原则是"先登先占"。随着频谱资源争夺日益激烈，我国周边国家利用这一原则抢先在国际电联注册无线电频率的现象十分严重，这让我国电磁空间安全尤其是我国周边的电磁空间安全，面临着严峻的形势和潜在的威胁。

据相关统计数据显示，我国在 30～40 GHz 频段登入国际频率总表的台站仅有 1 000 多个，但有的周边国家在该频段登入的台站数量却比我国多出几倍甚至十几倍，这不仅极大地限制了我国相关频率设台，并且这些注册台站很可能会对我国设立的地球站等台站产生影响。例如，俄罗斯在我国边境地区的 30 MHz～40 GHz 频段内，抢先登记注册的台站多达 15 000 多个，密度之高几乎涵盖中俄所有边界地区；越南在此频段内，抢先登记注册的台站也多达 2 000 余个。

在我国周边，越南、菲律宾、马来西亚等国在其所谓海防线部署了侦察预警雷达、无线电通信电台、卫星地球站等用频台站，各型作战舰艇、电子战飞机也经常对我国南海区域实施侦察；美国、日本等常年对我国边境进行侦察监视，其舰载、机载干扰设备等具备对我国用频装备实施近距离压制和干扰的能力，直接影响并威胁我国预警探测雷达、地空通信系统、机载通用数据链和地空数据链等装备的频谱安全。

---

① 光明网，《摒弃"硬杀伤"追求"轻毁伤"美太空威慑方式转变透出谨慎之心》，2020 年 5 月 13 日。

三、国家军事战略

军事战略是筹划和指导军事力量建设和运用的总方略,服从服务于国家战略目标。军事技术和战争形态的革命性演变,对国际政治军事格局产生重大影响,给中国军事安全带来新的严峻挑战。[①]国家军事战略必须要适应维护国家安全和发展利益的新要求,以国家军事战略为引领大力加强军事力量建设,运用军事力量和手段营造有利战略态势,为实现和平发展提供坚强有力的安全保障。

(一)各国针对军事准备营造有利态势

当前,世界各主要国家军事战略调整向纵深推进,加紧推进军事转型,重塑军事力量体系,不断对军事战略作出新的规划和调整,以发展新的战略威慑手段为支撑,以信息化、智能化武器装备更新换代为主要内容,以打赢信息化和智能化战争为目标,不断营造电磁空间领域的有利态势。以美国、俄罗斯为代表的世界空间军事大国,结合现有技术基础、针对未来军事准备,加强对电磁空间领域创新发展的战略研究和顶层设计。在相关战略的指导下,确定重点目标、重点方向、重点任务,并采取重点突破、配套发展、国际合作等方式,优先发展关键技术和关键装备,全面加速推进电磁空间领域武器装备的发展。

海湾战争以后,美军将电子战列入信息战范畴。2009年1月,奥巴马出任美国总统后不久,便根据美国战略与国际问题研究中心提交的《确保新总统任期内网络电磁空间安全》专题报告,提出要像1957年10月苏联发射第一颗人造地球卫星那样,举行类似的全民大讨论,提高美国民众网络电磁空间安全意识。经过充分酝酿后,美国政府于2011年集中出台了多项有关网络电磁空间安全的报告,包括《网络电磁空间国际战略》(International Strategy for Cyberspace,2011年5月)

[①] 新华网,《中国的军事战略》白皮书,2019年5月26日。

和《国防部网络电磁空间行动战略》(Department of Defense Strategy for Operating in Cyberspace，2011 年 7 月)等。

随着美国的战略重点由反恐转为大国竞争，美国开始不断强化"危机意识"，瞄准电磁空间博弈进行战略布局，对电子战表现出高度关注并全力加快发展步伐。近些年大幅度调整电磁空间发展战略，强调电磁频谱能力建设规划，先后出台了《国防部频谱战略计划》《联合频谱构想》《电磁频谱战略》等多项顶层指导文件（如表 2-1 所示）。

美国国防部在成立电子战执行委员会、发布电子战战略之后，又极力推动将电磁频谱确定为独立的作战域。2018 年，电磁频谱作战域的理念得到更广泛认同，电磁频谱战、电磁频谱作战理论不断迭代，日趋成熟，并建立了联合电磁频谱控制中心。2019 年 5 月，美国国防部发布了《中国军事与安全发展年度报告》，报告中有 13 处提及电子战，认为"中国人民解放军将电子战视为现代战争不可分割的组成部分。其电子战战略强调压制、破坏、干扰或欺骗敌方电子设备。电子战潜在的对象包括在无线电、雷达、微波、红外和光学频率范围内工作的敌方系统，以及敌方的计算机与信息系统……"。[①]

表 2-1 美军为谋求电磁空间优势采取的重要措施

时间	措施	核心理念
每 年	《总统备忘录》	主导国家和军队频谱政策制定
2006 年	首次网络电磁空间行动演习	整合协同网络电磁作战行动
2007 年	《2015—2024 年美国陆军未来模块化部队电磁频谱作战能力规划构想》	使电磁频谱作战能力与联军、盟军及其他相关项目带来的新能力保持同步
2008 年	《国防部频谱战略计划》	加强电磁频谱资源管理力度，提升电磁频谱共享利用效率
2009 年	《联合频谱构想》	推进网电一体行动能力体系的整体化和实战化

---

① 国际电子战（公众号，ID：EW21cn），美国防部《中国军力报告》中的电子战，2019 年 5 月 4 日。

续表

时间	措施	核心理念
2010年	成立网电空间司令部	电磁频谱优势是所有联合行动中必不可少的基石
2011年	《网络电磁空间国际战略》	明确将国家利益拓展到全球网络电磁空间
2011年	《网络电磁空间行动战略》	明确将国家利益拓展到全球网络电磁空间
2012年	建成世界上第一个频谱高速公路	建立大带宽、微小区的频谱共享结构
2014年	《电磁频谱战略》	平衡国家安全和国家经济发展需求
2015年	提出电磁频谱战	将所有的军事行动都视为电磁频谱战的一部分
2016年	JCN3-16《联合电磁频谱作战》	联合电磁频谱作战行动规划
2017年	《电子战战略》	谋求未来战争中在电磁频谱领域的绝对优势
2018年	《初始能力文件》	考虑将电磁频谱列为第六作战领域,并与美国空军的企业级电磁频谱优势研究相衔接
2018年	建立联合频谱数据库	有效开展信号情报与电子战
2019年	《电磁战与电磁频谱作战》	与联合条令保持一致,将"电子战"改称为"电磁战"
2020年	JP3-85《联合电磁频谱作战》	为规划、实施、评估联合电磁频谱作战提供了基本原则与指导

(二)进行积极防御力争实现有效控制

积极防御战略思想是中国共产党军事战略思想的基本点。在长期革命战争实践中,人民军队形成了一整套积极防御战略思想,坚持战略上防御与战役战斗上进攻的统一,坚持防御、自卫、后发制人的原则,坚持"人不犯我,我不犯人;人若犯我,我必犯人"。[①]新形势下积极防御军事战略方针提出了契合时代的新要求。根据中国地缘战略环境、面临安全威胁和军队战略任务,优化军事战略布局,构建全局统筹、分区负责、相互策应、互为一体的战略部署和军事布

---

① 新华网,《积极防御战略思想是中共军事战略思想基本点》,2015年5月26日。

势,尤其是加强应对太空、网络空间等新型安全领域威胁,维护共同安全。①

积极防御是寓攻于防、攻防结合,是在战略防御的前提下把进攻与防御辩证统一起来。当今,国际安全环境从后冷战时期转向大国竞争时期,电磁空间领域的较量在和平时期主要是发挥战略侦察和战略威慑作用,但在大国对抗和局部冲突中却成为各方的先发较量手段。为此,各国都在积极推进电磁空间领域对抗的新技术研究、新装备发展和新力量建设。美国、俄罗斯等军事强国,包括日本、印度等国家都十分重视电磁空间的军事力量建设,通过变革频谱管理模式、提高频谱利用率、挖掘拓展频谱资源等,着力解决频谱资源高度紧缺、频谱整体利用率不高的矛盾。

"如果不能保证对电磁频谱资源的合理利用,就无法满足美军近期作战目标和国土防御任务的要求,也不能实现军队转型的目标。"美军先是将电磁频谱从"媒介"转向定位为"作战域"并提出"电磁频谱战"概念,2019年7月又在美国空军发布的新的电子战条令中,对电磁频谱作战和电磁战进行了详细阐述,并将"电子战"改称为"电磁战"。

从2018年11月开始,美国五角大楼就着手建立巨型数据库"联合频谱数据库"(JSDR),集成了来自四大军种的数据。该数据库能够有效阻止通信联络人员错误扰乱信号传递,还能通过友军数据传输的综合基线,使信号情报和电子战部队能轻松追踪敌人传输的数据。JSDR以国防部的云计算、大数据分析和人工智能技术等项目为基础,可以向全球用户提供"近乎实时"的数据,云、人工智能和网络的军事应用都取决于进入和操控电磁频谱的能力。2020年7月,美军在正式公布的JP3-85《联合电磁频谱作战》条令中,重新对电磁频谱作战进行了定位,并为规划、实施与评估电磁频谱作战提供了新的规范与指导。

---

① 中华人民共和国国务院新闻办公室,《中国的军事战略》,2015年5月26日。

第三节　信息化战争灰色地带的决胜牵引

新军事变革的不断推进，使战争形态发生了根本性变化。信息化战争登上人类舞台，呈现出体系对抗、全域作战、信息致胜的鲜明特征；信息化武器成为战场主力，逐步向精准打击、智能隐身、快速制敌的趋势演变。电磁频谱是确保信息化武器装备正常使用、发挥性能的关键要素，是可以与火力和机械动力相提并论的新型的、无形的战斗力；电磁空间是信息化战场信息获取、传输的重要通道，贯穿军事对抗全过程，是信息化战场上获取对抗优势的重要制约。

一、应对挑衅与冲突的战略考量

战场上的"临界地带"也被称为"灰色地带"。美国所提出的"灰色地带挑衅"，是指中俄通过低强度的军事行动或准军事行动解决领土纠纷或影响周边政权的行为，通常运用小规模的军事力量，而且往往会通过代理方和准军事部队来达成其军事目的，其强度维持在不足以引发美国及其盟国进行直接干预的程度。①

（一）面向灰色地带挑衅行动的应对措施

2015年12月，美国战略预算与评估中心（CSBA）发布了《决胜电磁波——重塑美国在电磁频谱领域的优势地位》，将电磁频谱视作陆、海、空、天、赛博空间之外的第六个作战域，提出了电磁频谱战概念，将在电磁频谱中实施的一切行动都看作电磁频谱战。2017年10月，CSBA又围绕电磁战发布了《决胜灰色地带——运用电磁战重获局势掌控优势》报告。报告指出，中国和俄罗斯随着军事实力的不断提

---

① 本部分主要参考：国际电子战（公众号，ID：EW21cn），《决胜灰色地带报告导读》，2017年12月。

升，采取了一系列的行动，企图削弱美国势力、重构世界秩序，并对美国实施了"灰色地带挑衅"行动，美国应对这种挑衅的有效措施就是电磁战。

美国认为，中国在南中国海占领有争议的岛屿、填礁造岛、在岛屿上进行军事建设以及俄罗斯入侵格鲁吉亚、吞并克里米亚、支持乌克兰叛乱等行动都是典型的灰色地带挑衅行为。中俄的灰色地带行动，不仅可以避免美军的军事介入，容易达成行动目的，而且其规模可控，具有决定是否升级冲突的灵活性，保留了使用远程传感器和武器网络对增援美军进行攻击的选择，在危机和冲突中占据掌控局势的优势。建议利用电磁战，应对中俄灰色地带挑衅，通过小型导弹、巡飞弹和无人机携带电磁战系统对付中俄的远程传感器和武器网络，重新获得对灰色地带局势的掌控优势。[①]

（二）具有避免冲突急剧升级的灵活特性

与大范围的防空压制行动相比，运用电磁战不容易引发冲突的急剧升级，同时，电磁战能使敌方难以进行作战定性，从而有效延迟介入的响应速度，有效避免与敌军冲突急剧升级，有效防止敌军对己实施小规模打击。例如，美军通过与中俄在 C^4IKSR 的对抗，能大幅提升中俄发动攻击所需的齐射规模和成本，迫使其要么选择爆发大规模冲突，要么放弃攻击。即使灰色地带对峙升级成为大规模的冲突，电磁战能力也将提升军队的生存力和攻击力。通过采用电磁战措施，可以实现降低敌方搜索传感器的性能，包括采取辐射控制减少射频辐射，运用射频诱饵欺骗敌方的信号情报、电子情报传感器，使用干扰机对抗敌方超视距雷达，运用可见光和红外诱饵以及激光欺骗技术对抗天基光电、红外传感器。这些措施将延长敌方发现目标的时间，同时迫使敌方使用更先进的雷达、可见光或红外传感器从诱饵中辨别真实目标，以及使用更多的武器和波次攻击每个潜在的目标。

---

① 中国电子科技集团公司发展战略研究中心，《世界国防科技年度发展报告（2017）——网络空间与电子战领域科技发展报告》，国防工业出版社，2018。

（三）提升己方突防打击能力的有效手段

电磁战的运用为应对灰色地带挑衅提供了有效手段，可以降低搜索和目标瞄准传感器的性能，提高武器命中率，提升平台的突防打击能力。在突防打击行动中，一方面，使用干扰机和电子诱饵，可以降低敌方防空系统的传感器性能，扰乱其火控系统，并消耗其防空拦截器；另一方面，在突防武器平台中部署携带电磁战系统的小型导弹、巡飞弹和无人机，能够提高武器到达预定目标的能力，实现规模更小、更精准的攻击。这些能力结合在一起可以提高武器的生存能力和命中概率，从而降低所需的作战规模。特别是随着无人机技术的不断发展，无人机系统实施侦察监视、电子干扰、电子诱饵、反辐射等，与武器系统协同作战。无人机携带的电磁战系统主要包括电子进攻、电子防御和电子战支援三种类型。在远程精确打击作战行动中，携带电磁战系统的无人机蜂群可以发现、识别和分类目标，并与地面和空中的武器系统协同，帮助突防飞机规避敌方防空系统，尽可能抵近目标，对敌方的关键传感器和武器系统实施精确攻击。

二、掌控战场新态势的关键因素

发生在电磁空间领域的一系列对抗行动的主要目的是夺取与保持制电磁权，这种对抗虽然无声无息，但其行动效果却深刻影响着作战的进程与结局，具有不可替代的地位作用。

（一）联合作战对电磁环境的依赖

复杂的电磁环境已经成为现代战争和未来战争所要面对的常态化战场环境。尤其是大规模联合作战中，大量信息化装备对电磁频谱的需求和依赖，致使电磁环境更加复杂多变、管控任务极其艰巨繁重。保证战场电磁空间安全有序、可控可用，成为掌控战场新态势的关键所在，参战各方都会因为高度依赖电磁频谱而全力争夺制电磁权，并通过采取一系列对抗行动来实现"把自己的电磁环境搞干净、把敌人的电磁环境搞复杂"。

敌方用频、我方用频、地方用频和自然因素是构成战场电磁环境的四个基本要素。敌方用频、我方用频主要是武器装备的正常用频和信息对抗装备的干扰用频；地方用频主要有公众通信、广播电视、交通运输、气象水文等，还有其他国家和地区的用频；自然因素主要有宇宙和大气噪声、太阳活动引起的电离层变化，以及气象、地磁活动的影响等。但是，战场电磁环境之所以复杂，并不仅仅是因为有四个方面的要素组成，更重要的是这四个方面的要素在同一时空内同时存在，彼此关联、交叉影响，在不同条件之下，各个方面的影响程度和范围又各不相同。其中，自然电磁现象对战场电磁环境一般不会产生太大影响，其发生发展有规律可循，有手段探测，可提前预测或规避，同时自然因素发生的空间尺度较大，对战场内敌我双方的影响较为一致。比如，在我国低纬度地区容易出现的电离层闪烁，就是太阳和地磁活动的综合产物，这种电离层闪烁，可以影响北纬 30°以南大部区域内的短波、卫星通信以及卫星导航等，甚至可能造成通信中断和定位失灵。

（二）武器装备对频谱管控的需求

信息化武器装备是达成军事目的的核心武器装备，保证信息化武器装备的用频安全是有效实施电磁频谱作战、夺取全谱战斗空间优势的重要基础。电磁频谱的划分和应用规划是清晰和整齐的，但是，电磁波之间除了频率上的区别，还有反射、绕射、互调、交调、色散、衰落、传导、感应等诸多特性。这些特性始终存在于真实的电磁空间，它们之间相互交织缠绕，由此形成了电磁环境的复杂特性。大量信息化武器装备始终处于复杂的电磁环境，电磁辐射源种类多、辐射强度差别大、信号分布密集、信号形式多样，管控不力将对武器装备使用产生严重威胁和影响。

伴随着信息化战场上的用频武器装备迅速增长，用频紧缺、管控困难的情况真实存在。海湾战争时期，为了确保多国部队战时的 7 500 多个高频网络、1 200 多个甚高频网络和 7 000 多个特高频网络的有效运行，美军调配了 30 000 多个频率供其使用。然而，到了阿富汗战争和伊拉克战争时期，美军所使用的电磁频谱资源已是海湾战争时期的 10 倍以上。近些年，美军之所以不断谋求在电磁空间的绝对优势，重要原因之一，就是在近几场局部战争中出现过电磁频谱资源短缺状况。例如，美军曾在阿富汗的军事行动中因为没有充足可用的电磁频谱，不得不限制了对无人机的使用数量和次数。

为了最大限度地保障己方武器装备信息系统的频谱接入并最大限度地限制和破坏敌方的频谱使用，世界军事强国对电磁脉冲武器进行了深入研发，并已经开始走向实用化阶段。电磁脉冲武器被称为"第二原子弹"，是利用电磁波产生的高能量对抗目标，是专门针对敌方雷达、通信和电子信息设备开展攻击的武器，对电子信息系统及指挥控制系统等构成极大威胁。电磁脉冲武器可对武器装备、指挥系统实施大范围远距离的干扰和压制，直接损伤或毁瘫目标区电子信息设备的关键组件，能够在瞬间内对一定地区或目标周围空间造成强大破坏力，具有对电子系统实施光速打击、毁灭性打击、攻击不留痕迹的突出优势，值得引起高度关注。[①]

（三）空间态势对指挥决策的影响

电磁场以辐射源为源点，通过电磁波向各个方向传播，各种辐射源信息充斥于整个电磁空间，形成了空间态势。空间态势分为环境态势和作战态势。环境态势属于基础类，主要包括地理、气象、水文等；作战态势属于需求类，主要包括敌我辐射情况、对抗关系和武器装备的效能范围。电磁空间作战建立在对空间态势有效感知的基础之上，能否获取电磁控制权优势，不仅依赖于作战武器装备的功能性能，也

---

① 余道杰、柴梦娟，《重视电磁脉冲"冲击"》，解放军报，2020 年 5 月 8 日。

要取决于作战指挥人员的准确判断。空间态势的主要作用在于辅助作战，提供准确、实时、高效、直观的战场信息，使得作战人员能够准确地分析战场情势，在最佳节点作出合理判断。这种判断直接影响着作战行动效果、武器装备效能发挥，是作战指挥决策以及与友邻部队协同的重要支撑。

传统的电子战主要以辐射源作为感知对象，例如各类传感器、武器装备、作战平台等，需要依据所侦获辐射源的属性，选择性地进行防御和进攻。但是在战场上，各类用频装备种类繁多且使用次数频繁，态势信息始终处于"无序"呈现状态，空间环境极为复杂且瞬息万变，很难做到对辐射源的精确识别和定位，仅仅针对辐射源本身制定作战策略、进行决策指挥是远远不够的；而且，如果电磁环境中的电磁信息未被充分利用，也可能导致战场目标和电磁环境相对独立，无法提供立体空间态势。为此，必须对环境态势和作战态势各个相对独立的环节进行综合分析，依据分析结果进行科学部署，依据相应变化进行快速调整，以避免用频计划失效和指挥决策失误。在这个过程中，若能实现电磁空间态势的有效可视化，让指挥员和作战单元能够获得及时、全面、动态、直观的态势信息，将能极大地帮助其提升分析判断能力、指挥决策水平，为更加合理地使用进攻和防御力量、指导进攻和防御行动等提供更多可靠依据。

三、实施非对称制衡的重要手段

在当代战争实践中，美军的战争实践最为丰富，并首先提出了"非对称作战"。1991年11月，在美军颁布的参联会第1号出版物《美国武装部队联合作战》中，首次提出了"非对称作战"概念，指出"同敌方兵力的相互作用表现为对称作战和非对称作战""这些相互作用的综合即是联合作战的合力"。[①]1993年又在《联合作战纲要》中做了进一步的具体论述，认为与敌军相互作用的对称与非对称作战，是"联

---

① 国防大学科研部，《军事变革中的新概念》，解放军出版社，2004。

合部队指挥官在陆海空各个方向实现兵力集中的另外一种方式。"① 电磁空间领域作战具备"交战双方使用不同类型作战力量进行的作战行动,亦称不对等作战或非对等作战"的明显特性。美国战略司令部副司令查尔斯·理查德在"老乌鸦"协会第 53 届国际研讨会的开幕式发言中明确表示,保持电磁频谱中的非对称优势有"持久的战略价值",保证电磁频谱的自由接入和有效机动是具备联合作战行动非对称优势的前提条件。

(一)确保体系对抗的效能发挥

信息化战争是大体系作战,战略、战役、战术行动高度融合,作战力量、作战单元趋向多元融合且信息交互频繁,强调的是各作战要素之间相互配合、密切协同,发挥整体威力。电磁空间打破了传统作战空间和时间维度限制,以电子信息系统为基础,集成侦察情报、指挥控制、精确打击、支援保障等,利用信息技术的联通性和渗透性,实现陆海空天多维空间传感设备、指挥系统和武器平台的有机交链。② 电磁空间作为战场信息获取、传输的重要通道,战场上的通信联络、指挥控制、情报侦察、预警探测等功能的实现,无不以电磁空间为基础,电磁空间作战直接影响、制约和主导着体系对抗整体效能的发挥。

现代联合作战是体系与体系的对抗。美军早已将"非对称作战"思想延伸至电磁空间,通过对这个关键要素的攻击和制约,实现对敌方联合作战体系的破坏和瘫痪。在海湾战争中,美军实施了代号为"白雪"的电子战行动,利用电子战飞机结合地面的大功率电子干扰系统,对伊拉克纵深的雷达网、通信网实施了全面的压制性干扰,瘫痪了伊军的防空防御系统、军事通信与 C^3I 系统等。雷达致盲、通信中断、武器失控、指挥失灵,伊军的防空体系完全崩溃,无法掌握敌军的飞机活动、空袭活动和通信活动。

---

① 邢国平、刘英久等,《现代作战理论概要》,国防大学出版社,2006。
② 余志锋,《把准网电作战力量建设发展的生命脉动现代作战理论概要》,解放军报,2017 年 12 月 19 日。

2018年1月，美国空军为了确保在联合作战体系中的电磁频谱优势，成立了"电子战/电磁频谱优势体系能力协同小组（Enterprise Capability Collaboration Team，ECCT）"。据相关专家透露，美国兰德公司曾在2018年发布了《体系对抗和体系破击战——中国人民解放军如何进行现代作战》研究报告，该研究由美军太平洋司令部发起，对我军联合作战理论进行了研究，认为我军联合作战是以"体系破击"为基础，目的是瘫痪、摧毁敌方作战体系的关键作战要素。

（二）形成协同制胜的作战理念

协同论认为整个环境中的各个系统间存在着相互影响而又相互合作的关系。20世纪60年代美国战略管理学家伊戈尔·安索夫将协同理念引入企业管理领域，成为企业家采取多元化战略的理论基础和重要依据，多元化公司存在的唯一理由就是获取协同效应。而信息化战争和智能化战争，改变了传统单一作战要素主宰战场的作战理念，取而代之的，是基于体系对抗的整体协同制胜理念。[①]联合作战体系中的各个作战要素相互依存、相互制约，当其中的某一种关键要素发生变化，也会让相邻的作战要素产生相应改变，甚至能对整个联合作战体系产生"牵一发而动全身"的影响。

协同关系像纽带一样把电磁空间的各个作战要素联结起来，以作战任务、作战目标为牵引，密切协作配合，发挥共同作用，达成作战目的。从电磁空间布局上看，各作战力量、作战单元是分散式布局，但是却通过信息网络形成了一个紧密联系的体系。在信息网络的支撑下，各作战要素形成共同的态势感知，共享各类信息资源，为相互配合、同步作战创造了条件。电磁空间战场分布于各维空间，隶属于各个作战要素，服务于整个作战过程，如果不能实现有力管控，极可能造成大范围的频率堵塞、信息中断、装备失灵等，这些"致命伤"将严重影响联合作战整体行动效能。各作战要素需要依托互通互联、无

---

① 傅国，《联合作战体系构建如何去"中心化"》，解放军报，2018年4月24日。

缝链接的一体化信息网络，以同步协作理念达成共识，在统一的目标指引下自主协同作战、减少指控环节、密切同步行动、提高整体效益。

（三）谋求技术优势的有力支撑

20世纪90年代以后，科学技术革命进入成熟期和质变期，发展成为全方位、深层次的新军事革命，涉及战争和军队建设的所有领域，直接影响着国家的军事实力和综合国力，关乎战略主动权。正如恩格斯所说，技术上的进步一旦可以用于军事目的，并且已经用于军事目的，它们便立刻几乎强制地，而且往往是违反指挥员意志地引起作战方式改变甚至变革。新军事技术推动战争形态演变的逻辑主线，通常是按照"新军事技术—新型武器装备—新型作战力量—新的作战行动—新的作战样式—新的军事理论—新的战争形态—新的战争观"的顺序渐次出现并产生影响。①

电磁空间领域是充满科学技术的世界。科学技术引领时代发展，物化的科学技术引领战争形态的变革，作战的发展变化又促进科学技术的进步和物化。当技术创新及其向现实生产力、战斗力转化的时效性增强，现有技术及装备更新换代速度加快，稍有怠慢就可能造成技术和装备的代差。技术创新的实力和效率成为造就军事竞争优势的关键性因素。例如，颠覆性技术的突破，助力了太空战、网络战、深海战、电磁战等作战概念成功实现，尤其是高超声速、量子信息、类脑芯片等技术，支撑了远程隐形快速作战、无人作战、分布式作战等新型作战样式。

美军是世界上对技术依赖程度最高的军队，也是对新技术潜在军事能力最敏感的军队，十分善于利用技术优势造就战略优势。第一次"抵消战略"是以核制胜，第二次"抵消战略"是以信息制胜，第三次"抵消战略"则是以创新驱动为核心，集技术创新、概念创新、组织创

---

① 吴瑞，《捕捉军事变革的"奇点"》，解放军报，2018年1月2日。

新为一体，更加强调以新制旧、以快制慢。美军以"获得和保持电磁优势为前提"大力发展电磁空间相关技术，注重强化排他性优势、精准性对冲，电磁空间领域相关技术成为支撑其"第三次抵消战略"实施的重要基础。2020年4月，美国陆军研究人员称，他们研制出了一款新型量子传感器，可以帮助士兵探测整个无线电频谱——从0到100 GHz的通信信号。

第三章 电磁空间领域创新发展的需求分析

军事需求起源于维护国家安全需要,民用需求起源于满足人们生产和生活需要,这两种需求分别是各自系统发展的牵引力,二者之间既相对独立,又紧密联系。电磁空间领域创新发展的需求分析是指按照构建军民一体化的国家战略体系和能力总要求,面向电磁空间技术、电磁空间安全和电磁空间作战能力等内容,论证分析其相应需求的一系列抽象研究活动。注重电磁空间领域创新发展的需求生成并以此为牵引进行分析研究,为未来可能面临的技术突破、安全威胁和矛盾问题提供有益参考。

第一节 电磁空间技术创新发展需求分析

"当前,新一轮科技革命和产业变革加速演变,更加凸显了加快提高我国科技创新能力的紧迫性。"①科技是国家强盛之基,创新是民族

---

① 习近平在安徽合肥主持召开扎实推进长三角一体化发展座谈会上的讲话,2020年8月20日。

进步之魂,电磁空间技术的创新活跃度极高、应用广泛性超强、辐射带动作用巨大,已然成为全球科技创新的热争高地,成为以技术进步谋求竞争优势的重要领域。电磁空间技术创新发展需求分析主要是围绕电磁空间领域的相关核心技术,如雷达技术、网络与通信技术、人工智能技术、电磁环境效应技术等,分析论证其相应需求的一系列抽象研究活动。

一、电磁空间核心技术范畴

"实现高质量发展,必须要实现依靠创新驱动的内涵型增长。我们更要大力提升自主创新能力,尽快突破关键核心技术。这是关系我国发展全局的重大问题,也是形成以国内大循环为主体的关键。"[①]电磁空间领域作为科技创新发展的高地,正在经历着信息技术驱动的信息革命。雷达技术、信息与通信技术、大数据与人工智能技术及电磁环境效应技术等作为电磁空间的核心技术,是各个国家的优先发展重点、战略必争领域。

(一)雷达技术

雷达技术通过利用电磁波进行目标探测和空间感知,是电磁空间领域最为核心的技术之一。1887年,赫兹在证实电磁波的存在时,就已发现电磁波在传播的过程中遇到金属物会被反射回来——这实质上就是雷达的工作原理。但是,赫兹当时却并没有将此想法付诸实践。1922年,美国科学家根据波波夫的设想,在海上航道两侧安装了电磁波发射机和接收机,通过电磁波可以探测到经过的船只——不过这种装置仍然不能算是严格意义上的雷达。1935年2月26日,英国物理学家、国家物理研究所无线电研究室主任沃森·瓦特发明了一种既能发射无线电波,又能接收反射波的米波防空雷达,它的探测距离能够达到80公里——这是世界上第一台实用雷达。

---

① 习近平在经济社会领域专家座谈会上的讲话,2020年8月24日。

雷达的诞生与战争无关，但其发展的主要动力来源于军事需求。1936年，德国首先在一艘战舰上装备了舰载雷达，之后雷达开始广泛应用于船舶探测目标、定位、导航和避碰；1937年，英国人在一架双发动机的"安桑"式飞机上安装了第一部机载雷达。之后，雷达技术呈现多样化迅速发展，涌现出脉冲多普勒雷达、合成孔径雷达、微波固态相控阵雷达等多种制式。这对雷达技术的发展起到了划时代作用。为了应对日益复杂的目标环境、电磁环境、地理环境，充分发挥雷达的最大探测效能，满足多样化任务需要，现代雷达系统正在向网络化、数字化、智能化、多功能一体化等方向飞速发展。

现代雷达系统作为一种将数字技术和阵列技术相结合的探测系统，已经演进为全新概念的数字阵列雷达（如图3-1所示）。它在发射和接收模式下均以数字波束形成取代传统模拟波束形成，具有低副瓣、大动态、波束形成灵活等特点，对复杂环境下的隐身目标、弹道导弹及巡航导弹等非常规威胁目标有好的探测能力。[1]英国著名雷达专家Chris Tarran 指出"有源电扫相控阵雷达技术成就了现代先进雷达"。在现代战争环境下，相控阵雷达系统可根据战术需要，面向不同目标类型和环境，有针对性地设计多种典型工作模式，充分利用波束控制的灵活性高、覆盖空域大等优点，使雷达的作战效能提高，真正实现"以一当十"。随着雷达采用数字阵列模块，并与通用性、灵活性和可

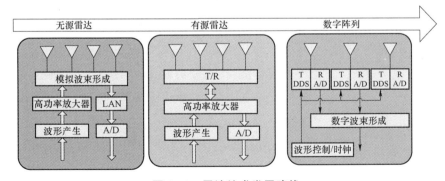

图3-1 雷达技术发展路线

---

[1] 刘宏伟，《新一代雷达发展趋势》，先进雷达探测技术，2015（1）。

扩展性的软件模块相结合，在复杂电磁环境下，雷达可以实现多目标探测、跟踪、拦截。

雷达系统与载荷平台一体化是雷达系统发展的又一突出特点。其主要目的是减少雷达系统设计过程中载荷与平台之间的相互制约，充分利用平台的载重、功耗和空间资源，发挥载荷的最大性能。例如，美军对雷达系统进行一体化设计，先后开展了 DD（X）计划和先进多功能射频系统计划，综合多种功能，实现阵面与平台共形，提高系统的综合作战效能（其首舰 DDG1000 已经下水）。此外，还将载荷一体化技术也应用于无人机领域和浮空飞艇领域。

雷达系统在军事领域的应用正在朝着分布式、无人化、网络化的方向发展。美国空军研究实验室启动了"编群战术空间"计划，研究了无人机之间的协同作战，包括搜查与跟踪、电子战、心理战、对地打击、战术牵制等；美国海军研究实验室开展了"低成本无人机群技术"项目，完成了 40 秒内在海上连续发射 30 架无人机及无人机群的编组和机动飞行试验。雷达系统作战平台的小型化、无人化是未来装备发展的重要特征，可重构的电子系统架构可以有效支撑在线编程、功能重构——"破坏者"项目便是小型无人机平台和多功能综合射频结合应用的典型代表。

（二）网络与通信技术

网络与通信技术，从技术与应用的角度可以划分为移动通信、数据通信、光纤通信三大核心技术范畴，以及移动互联网、物联网两大应用服务范畴。网络与通信技术的发展将万物互联，从地面的平面互联发展到空间的三维互联甚至是外太空和星际互联，将具有超乎想象的信息感知、传输、处理和存储能力。进一步加快网络与通信技术发展，是打造科技强国、重塑国际竞争力和国际战略格局的迫切需要。[1]

---

[1] 中国科学院，《科技发展新态势与面向 2020 年的战略选择》，科学出版社，2013。

移动通信历经 1G、2G、3G、4G、5G 到 6G，跨越了模拟、数字、多媒体、移动超宽带多个阶段。已经商用的 5G 移动通信，具有更高速率、更低时延，具备更高的可靠性，成为人与人、人与物、物与物的基础通信方式。[①] 5G 移动通信技术的关键能力支持增强超带宽、超高可靠低时延通信和大规模机器类通信三大应用场景，并确定了速率、连接密度等 6 大性能指标，其核心网采用统一的互联网/移动网架构和分布式控制，并支持基站、接入点 AP 的即插即用及扁平化网络。

数据通信经历了分组交换、互联网和移动互联三个阶段。互联网目前面临的主要挑战，来自可扩展性、安全性、高性能、移动性、实时性和可管理性。为了解决网络结构僵化、部署低效等问题，人们提出了 SDN/NFV 技术，不断取得突破，标准与开源并重成为重要发展模式。美国 NSF 在 2014 年启动 FIA-NP 计划，重点聚焦于云计算、移动性和网络基础架构等方向。数据通信着力向以软件为中心重构、按需服务网络、泛在移动等方向发展。

光纤通信经历了时分复用、波分复用和统计复用等应用阶段。现阶段地面通信网均建立在光传送网基础上，移动通信网除了接入段也都是基于光传送网络，光网络技术已经成为衡量一个国家综合实力和国际竞争力的重要标志。SDN 和 NFV 技术对光通信的影响日渐显现，光网络的智能化水平提升，光通信产品的 SDN/NFV 演进取得进展，并在标准组织、设备商和运营商的参与推进下呈现快速发展的态势。硅光子集成技术不断发展，无源光器件集成得到广泛应用，有源集成光调制器/探测器取得突破，使得光纤通信仍然生机勃勃。

移动互联网发展至今，已成为现阶段新兴产业的动力源和孵化器。移动互联网的主要特征表现为以受众为中心，传播模式从小众向着大众转变。当前，移动互联网技术和业务模式不断推陈出新，产业和产品都面临变革和机遇。我国移动互联模式已经实现全球领先，如手机支付、在线购物等；并出现了一批以技术创新为核心竞争力的移动互

---

① IMT—2020（5G）推进组，《5G 愿景与需求》，2014 年 5 月。

联网企业,如阿里巴巴、腾讯、京东等。移动互联技术的深入推进及发展应用,改变了人们的生活模式、生产模式和消费模式,深刻影响着社会治理方式和军事领域变革。

物联网将深度学习、智能分析和处理、智能感知、安全防护等技术相结合,以智能化、虚拟化、软件定义方式实现各行各业各技术的系统性融合,使得万物入网、万物互联,并由此催生出新概念、新模式、新生态和新平台。我国已初步建立了针对物联网标识异构性的国家物联网标识管理公共服务平台,有助于实现不同标识解析体系之间的互联互通。

(三)大数据及人工智能技术

大数据通过人工智能技术来完成数据价值化的过程,二者联系密切,是未来信息技术取得群发性突破和颠覆性变革的关键,是我国构建未来竞争优势的重要技术领域。大数据将基础设施、生产要素、战略资源、科技产业等数据资源相结合,通过对数据资源的超前利用、充分利用,从而获得变革先机,实现事半功倍。1980 年,著名未来学家阿尔文·托夫勒预言 40 年后将是大数据的时代:"如果说 IBM 的主机拉开了信息化革命的大幕,那么大数据则是第三次浪潮的华彩乐章。"如今预言成真,大数据把大量数据联系起来,通过挖掘、预测、诊断和应用,将海量、动态、多样的数据进行有效集成,为各行各业的创新发展提供强大信息基础。大数据在商业、军事、教育、医疗等各个领域发挥着不可替代的作用,其"精、准、严、细"的特点,为决策者提供重要数据基础和决策支撑,有利于降低决策偏差概率、提高决策精准程度。

人工智能技术是计算机科学中涉及研究、设计和应用智能机器的一个分支,其目标在于用机器来模仿和执行人脑的某些智力能力。与基于规则和概率统计的传统人工智能技术相比较,基于大数据分析挖掘的新一代人工智能技术注重"理解"非结构化数据、人机交互和自然语言,具备了明显的自适应、自学习的特征,也更加强调人类专家在整个计算过程中的作用,出现了"人在回路"的新特征。这些新的技术发展趋势,使得人工智能日益具备对数据和知识进行认知的能力。①以人工智能为代表的新一代技术的快速发展,将会对电磁空间领域产生革命性影响,从而进一步释放电磁空间领域在推动人类社会发展过程中的巨大潜力。

深度学习是人工智能技术的关键技术。深度学习通过无监督训练和有监督微调的有机结合,构建多层网络学习隐含在数据内部的关系,学习得到具有更强、更泛化表达能力的特征,从而实现端到端方式的特征学习。大规模的数据实验已经表明:通过深度学习得到的特征标识,在自然语言处理、知识图谱构建、图像分类、语音识别和视频识别等领域表现出了良好性能。此外,深度学习大量引入仿生机制,如对抗网络、长短时记忆模型和模仿大脑中抑制神经元的选择机理等。

类脑智能是人工智能技术的高级阶段。类脑智能通常指用软件和硬件去模仿大脑生物神经系统的结构和工作原理,实现可计算的智能能力。人工智能技术虽然取得很大进步,并在许多特定领域得到应用,但距离人类智能水平依然遥远,亟待理论和方法上的新突破。而类脑智能基于记忆和计算紧密结合的工作机理进行建模,有别于传统计算机体系结构中的内存与计算分离的特点,以异步事件驱动的方式进行工作,能够实现更高层次的智能,为未来创造出更高效、更智能的计算系统提供了新思路。

混合智能是以生物智能和机器智能的深度融合为目标,通过相互连接通道,建立兼具生物智能体的环境感知、记忆、推理、学习能力和机器智能体的信息整合、搜索、计算能力的新型智能系统。混合智能技术的发展,可追溯到 20 世纪 90 年代末兴起的脑机接口研究。近半个世纪的人工智能研究表明,机器在搜索、计算、存储、优化等方面具有人类无法比拟的优势,然而在感知、推理、归纳和学习等方面尚无法与人类匹敌。鉴于人类智能和机器智能的互补性,混合智能技

---

① 吴朝晖、潘纲,《类脑计算》,中国计算机学会通讯,2015(10)。

术将智能拓展到生物智能与机器智能的互联互通，融合各自所长，创造出性能更强的智能形态。

（四）电磁环境效应技术

电磁空间中的电磁环境效应是指构成电磁环境的某种因素或总体对电子系统、设备和易挥发材料及生物体的相互作用效果。[①]提升电磁环境效应的研究和应用水平是提高电磁运用能力的重要支撑，主要包括电磁环境治理、电磁防护仿生新技术和电磁防护材料技术等。

电磁波在通信、雷达、导航、广播等领域应用广泛的同时，也不可避免地产生了电磁环境污染，其中，经济越发达地区的电磁环境污染相对越严重。电磁污染通过发出的电磁波，给人类身体健康带来威胁、对电子设备造成干扰。尤其是随着技术的快速发展和用频的急剧增加，无线电规则制定与无线电技术发展之间出现了不平衡，加速电磁环境日益恶化并导致电磁干扰加剧，威胁电磁频谱的可用性和业务的生存与发展。在此方面很多国家都曾有过极为深刻的教训。

电磁防护仿生是一种通过探索生物体电磁信息传递的抗扰机理，将生物抗扰机制引入电子设计领域的一种技术。该技术为电子设备提供有别于传统的设计思想、工作原理和体系结构，以提高其在复杂电磁环境下的可靠性与适应性，为解决电磁干扰与毁伤问题提供了全新的技术支撑。作为一个全新的研究方向，该技术具有学科交叉特色，基础性与探索性强，需要将电磁生物效应、生物建模与仿真、仿生电路设计及电磁防护等领域中稳定、成熟的理论成果和实践方法相互渗透、结合。

传统电磁防护材料持续改进，在环境耐受性、场强防护等方面，在石墨烯、碳纳米管、人工电磁合成材料等方面均取得新突破。俄罗斯研制出的新型铁氧体纤维材料，可在电子战中保护装甲车、防空导弹和飞机电子仪表并阻碍敌方探测；美国研制出耐受温度在 2 000 ℃ 以

---

① 姚富强，《天地一体化生态电磁环境的构建》，中兴通信技术，2016（4）。

上的吸波材料，用来满足军用飞机的隐身需求。美军的F-35隐身攻击机、E2空中预警机采用基于超材料的电磁防护技术，其石墨烯材料制备的伪装涂层实现了近红外波段的隐身伪装。①

二、电磁空间技术创新发展现状分析

发展现状分析是对电磁空间技术创新发展环境、核心技术发展现状和产业发展现状等方面进行客观分析，为进一步深入理解电磁空间技术创新发展提供有益启示。

（一）技术创新发展环境分析

良好的环境能够为电磁空间技术创新发展保驾护航，是实现电磁空间技术快速进步提升的重要动力和基础支撑。近年来，我国通过科学谋划合理布局、推进体制机制改革、注重创新应用并行和发挥市场引导作用等不断优化完善电磁空间技术创新发展环境。

科学谋划合理布局，为创新发展提供战略支撑。2016年以来，我国相继出台了《"十三五"国家信息化规划》《国家信息化发展战略纲要》《国家创新驱动发展战略纲要》《关于积极推进"互联网+"行动的指导意见》等，为电磁空间技术创新发展提供了战略支撑（如表3-1所示）。国家发展和改革委员会、工业和信息化部等部门相继出台了《"推进互联网+政务服务"开展信息惠民试点实施方案》《"互联网+"人工智能三年行动实施方案》《关于组织"新一代宽带无线移动通信网"国家科技重大专项》《关于同意在部分区域推进国家大数据综合实验区建设的函》等多项政策规划，进行了重大工程、试点示范、创新平台的规划建设。总体上，已经基本形成了从顶层规划到落地实施、从专项规划到全局发展、从试点示范到全面推广的创新发展政策环境体系。

---

① 于相龙等，《智能超材料研究与进展》，材料工程，2016（7）。

表 3-1　电磁空间技术创新发展的战略支撑

文件名称	发布机构
《国家信息化发展战略纲要》	中共中央办公厅
《国家创新驱动发展战略纲要》	中共中央、国务院
《"十三五"国家信息规划》	国务院
《"十三五"国家战略性新兴产业发展规划》	国务院
《关于积极推进"互联网+"行动的指导意见》	国务院
《国家网络空间安全战略》	国家互联网信息办公室

落地配套政策措施，为创新发展破除体制障碍。"体制机制变革释放出的活力和创造力，科技进步造就的新产业和新产品，是历次重大危机后世界经济走出困境、实现复苏的根本。"①针对我国科技创新发展面临的体制机制障碍，国务院和相关部门先后出台了《深化科技体制改革实施方案》《关于改进加强中央财政科研项目和资金管理的若干意见》等配套政策，以问题为导向全面改革完善科技创新体制机制，更好推动相关战略的落地实施，营造良好的创新发展环境。通过完善普惠政策、保护知识产权、要素价格改革、构建创新服务平台等措施，强化企业的技术创新主体地位，致力改善企业创新动力不足、创新能力不强等问题。

注重创新应用并行，为创新发展提供双轮驱动。"要以重大科技创新为引领，加快科技创新成果向现实生产力转化，加快构建产业新体系，做到人有我有、人有我强、人强我优，增强我国经济整体素质和国际竞争力。"②近年来，我国在电磁空间部分领域已经实现了技术领跑，为进一步突破核心技术提供了新动能。包括充分利用现有条件，

---

① 习近平在二十国集团领导人第十次峰会第一阶段会议上关于世界经济形势的发言，2015 年 11 月 15 日。

② 习近平在省部级主要领导干部学习贯彻十八届五中全会精神专题研讨班开班式上的讲话，2016 年 1 月 18 日。

大力推动科技成果落地,尤其是大数据、人工智能、区块链等的现实应用;推动研究机构、企业技术团队与社会投资方的合作,加快科研成果产业化,以创新推动应用、以应用促进创新;推进科技与区域经济融合,强化先进技术示范推广,加快相关产品尤其是核心零部件的研发生产,保证市场占有率、保持市场竞争力,等等。

发挥市场引导作用,为创新产业打造发展空间。"要抓住产业数字化、数字产业化赋予的机遇,加快5G网络、数据中心等新型基础设施建设,抓紧布局数字经济、生命健康、新材料等战略性新兴产业、未来产业,大力推进科技创新,着力壮大新增长点、形成发展新动能。"[1]以产业政策为引导不断优化产业环境,注重相关产业的协同发展,针对我国战略性新兴产业发展对高端芯片的需求,在前期产业链布局的基础上,突出产业链上下游的资源整合与协同创新。以市场发展为主体,打造一体化发展环境,不断推进政府、企业、科研院所、高校、中介服务机构等各部门之间的横向合作,并围绕核心部门组建"政产学研用"联盟,引导技术资源深度整合,实现市场需求和技术供给侧的有效衔接。

(二)核心技术发展现状分析

核心技术发展现状分析主要是对雷达技术、网络与通信技术、大数据及人工智能技术和电磁环境效应技术等电磁空间核心技术的发展现状进行分析。

雷达技术。随着雷达目标识别技术、软件化雷达技术和认知雷达探测技术等关键技术飞速发展,高速DSP芯片技术不断取得突破,宽禁带半导体功率器开始逐步应用,未来高效高速器件、微系统等技术的发展也将为雷达技术发展带来新机遇。总体来看,我国的雷达技术发展与国际上基本同步,国内外技术水平相当,有些甚至正在逐渐赶超国际先进水平。

---

[1] 习近平在二十国集团领导人第十五次峰会第一阶段会议上的讲话,2020年11月21日。

当前，复杂的电磁环境、地理环境、目标环境等对雷达系统效能提出了更高的要求，为了有效应对电磁频谱战的威胁，雷达系统正朝向具备优越的电磁对抗性能、具备更强的目标分类识别能力等方向发展。其中，目标识别是作战中的关键环节，西方军事强国尤其是美国高度重视目标识别，对相关技术的研发也起步较早。空中移动目标所处背景简单，识别也相对较为简单，该领域的技术已经较为成熟。而地面目标由于所处环境复杂多变、容易伪装，目标识别较为困难，一直是该领域的研究重点。为了应对严重的地（海）杂波影响，美军将空时自适应处理技术应用到"高级鹰眼 E-2D"机载预警机中。认知雷达作为一种智能雷达，是雷达技术领域现在及未来的发展方向，主要依托数字阵列雷达硬件平台，利用雷达闭环系统，采用智能技术全方面提高雷达性能。

网络与通信技术。近年来，我国网络与通信技术加快了由跟随模仿向自主创新转变的速度，关键技术研究不断冲击国际先进水平，取得了一批有较大影响力的创新成果，初步实现了由跟跑到少量领跑的突破。当前，我国移动通信领域的技术研究与西方国家并驾齐驱，产业影响力显著增强。尤其是在 5G 新型网络架构研究方面取得重要成果，攻克了 5G 无线传输的核心技术，主导了诸多国际组织的 5G 需求和网络架构制定，5G 正式进入商用阶段，并启动了 6G 移动通信研究。①

数据通信领域紧跟全球未来互联网体系架构研究的最新进展，自主提出多个未来网络的体系架构和系统理论，并在 IPv4/IPv6 互通、网络安全、路由协议、SDN/NFV、试验网络基础设施等领域作出了独特贡献。光纤通信领域逐步打破美、日、欧等国家和地区对基础原创性技术的知识产权垄断，超高速超大容量超长距离光传输试验多次接近甚至达到世界领先水平，量子密钥分发传输基础研究及应用示范走在当今世界前列。然而，尽管我国通信设备和系统关键技术已整体步入

---

① IMT-2020（5G）推进组，《5G 愿景与需求》，2014 年 5 月。

国际先进行列，但是在战略性的超前研究、基础理论、系统和概念创新、操作系统、核心器件、关键材料和工艺制备等方面仍相对薄弱，还需要通过更加深入、更进一步的创新发展，才能让核心技术受制于人的局面得到根本性、彻底性的改变。

大数据及人工智能技术。人工智能技术突飞猛进，很大程度上得益于各类感应器和数据采集技术的发展。建立在集群技术之上的大数据技术，为人工智能提供了强大的存储能力和计算能力。我国的大数据产业正处于高速发展时期，拥有丰富的数据资源、广阔的市场空间，同时具备一定的技术和产业基础。但同时，也不同程度地存在一些制约发展的问题。例如，有价值的公共信息资源和商业数据开放程度较低，有些数据资源质量不高并缺乏标准规范，以及技术安全防范和管理能力有待提高，等等。

近年来，我国在人工智能技术的基础研究、创新应用和产业布局等方面取得了显著进步。在基础理论方面，高校和科研院所紧跟国际前沿，在模式识别、机器学习和计算视距等领域取得了一系列研究成果，我国在人工智能领域的发明专利已经位居世界第二位；在创新应用方面，涌现了一批较为先进的产品和系统，如无人驾驶、高铁线路智能感知与异物自动识别系统、"潜龙一号""潜龙二号"自主水下机器人等；在产业布局方面，我国人工智能产业虽然处于起步阶段，但我国互联网基础设施较为完善、网络用户庞大，这为人工智能产业迅速发展积累了较强的计算能力和海量的数据资源。工业和信息化深度融合快速推进，我国的大型企业大都在持续规划投入实施人工智能项目，未来在产业发展方面也将会更加注重培养人工智能领军企业。

电磁环境效应技术。我国电磁环境效应技术正处于从跟跑向自主创新转变的过程之中，且应用水平也在不断提高。主要表现为：电磁功能器件和材料自给能力大幅提升，防电磁信息泄露技术、强电磁脉冲抗毁技术、目标电磁隐身技术、抗电磁干扰技术所需电磁功能器件和材料生产研发有了长足进步，提出了能量选择表面原理和设计，研制了强电磁脉冲防护新材料，兼顾信道传输和电磁防护；电磁防护新概念、新原理和新技术有所突破，提出了电磁防护仿生技术，创新了神经系统的简并性和复杂度计算方法，有望将生物系统抗扰与自修复的机制引入电磁防护领域，提升电子系统的主动防护水平；创新了电磁干扰要素理论，并在部分重要装备上成功应用，为复杂电磁环境效应设计提供了新方法；短波电磁环境治理取得进展，提出了国际上首个合作竞争与共享短波和谐电磁环境的原理和方法提案，获得国际电信联盟的采纳和批准。总体来看，电磁环境效应技术创新逐渐突破，但由于相关技术基础相对薄弱，尤其是电磁环境效应基础数据积累不够，在仿真预测软件、新材料开发、标准体系、大型试验装置等方面，与国外先进水平相比还存在一定距离。

（三）产业发展现状分析

产业发展现状分析主要包括电子信息产业集聚形成区域发展新格局、互联网成为构筑经济社会新形态核心要素和创新融合催生新业态提供经济发展新动能等。

电子信息产业集聚形成区域发展新格局。为推进电子信息产业集聚，全国各省市积极贯彻落实政策引导，通过实施电子信息产业链链长制、强化电子信息产业领域"双强双招"、组建电子信息产业链技术专家智库等，以工业园区、产业基地等为载体，形成了多个各具特点的产业集聚区。例如，环渤海区域形成了以京津冀为核心的电子信息技术装备、软件平台、应用服务等产业集聚区；长三角区域形成了云计算基础设施、移动电子商务为代表的产业集聚区；珠三角区域形成了物联网创新活力强劲的产业集聚区；自西部大开发政策实施以来，发展产业集群成为西部各省市区发展地方经济、提升区域竞争力的重要举措，部分西部省市区积极推进电子信息产业的谋篇布局，在成都、重庆、西安等地形成了信息化应用、元器件制造及研发的产业集聚区。总体来看，电子信息产业集聚效应明显，发展势头强劲，具备再上新台阶的扎实基础。

互联网成为构筑经济社会新形态核心要素。我国先后出台了《中国制造 2025》《国务院关于积极推进"互联网＋"行动的指导意见》《国务院关于深化制造业与互联网融合发展的指导意见》等战略规划，明确提出了要以加快新一代信息技术与制造业深度融合为主线，以推进智能制造为主攻方向，加快构建互联网体系。"互联网＋"对传统产业形成了基本的服务支持，并与传统产业共同发展，已经深入渗透、融合到经济社会发展的各个领域，网上医疗、手机打车、智能制造、电子商务等基于互联网的新业态和商业模式不断涌现，成为推动我国经济增长的新动力。"互联网＋"创新生产流通方式、改善生产经营模式，推动产业协同的纵深发展、推动产业融合的横向扩展，形成网络化、智能化、服务化、协同化的产业发展新形态。

创新融合催生新业态提供经济发展新动能。信息技术领域硬件、软件、内容和服务的创新步伐不断加快，融合化、智能化、应用化特征更加明显。基于共性技术开发的创新融合，模糊了原有的产业边界，使得产业之间的互通性、交叉性显著增强。价值链的拓宽和创业模式的演变推动了产业融合发展，如工业互联网、能源互联、车联网等。基于信息技术的服务业，使得服务向信息化、个性化、定制化方向发展，并衍生出多种生产和生活服务业态，如移动支付、移动视频、移动电子商务等模式。我国经济发展进入新常态，新产业和新业态成为我国经济行稳致远的重要力量，以新一代信息技术为代表的战略新兴产业更是为经济增长提供了新动能。

三、电磁空间技术创新发展需求展望

需求是一切经济活动的逻辑起点，而科学技术则是实现需求的第一生产力。"网络信息技术是全球研发投入最集中、创新最活跃、应用最广泛、辐射带动作用最大的技术创新领域，是全球技术创新的竞争高地。"[①] "我们要充分发挥我国社会主义制度能够集中力量办大事的

---

① 习近平在网络安全和信息化工作座谈会上的讲话，2016 年 4 月 19 日。

显著优势，打好关键核心技术攻坚战。"①对电磁空间技术的发展需求进行展望，主要是明确技术创新发展的思路、重点和举措。

（一）技术创新发展的思路

电磁空间技术创新发展必须坚持创新、协调、绿色、开放、共享的发展理念，坚持自主创新、重点跨越、支撑发展、引领未来的指导方针，把自主创新摆在电磁空间领域创新发展的核心位置。着力进行科技开放合作、着力增强自主创新能力、着力奠定科技发展基础，以支撑国家重大需求为战略任务、以加速创新赶超引领为发展要点、以科技创新深化改革为强大动力、以全球视野开放合作为重要方式。

以支撑国家重大需求为战略任务。"要面向世界科技前沿、面向国家重大需求、面向国民经济主战场，精心设计和大力推进改革，让机构、人才、装置、资金、项目都充分活跃起来，形成推进科技创新发展的强大合力。要围绕使企业成为创新主体、加快推进产学研深度融合来谋划和推进。"②我国科技发展面临的国内外环境发生深刻复杂变化，"十四五"时期以及更长时期的发展对加快电磁空间领域核心技术创新提出了更为迫切的要求：将支撑国家重大需求作为战略任务，聚焦电磁空间领域创新发展的重大需求，明确主攻方向和突破口；加强关键核心共性技术研发和转化应用；充分发挥科技创新在培育发展战略性新兴产业、促进经济提质增效升级、塑造引领型发展和维护国家安全中的重要作用。

以加速创新赶超引领为发展要点。"要跟踪全球科技发展方向，努力赶超，力争缩小关键领域差距，形成比较优势。要坚持问题导向，从国情出发确定跟进和突破策略，按照主动跟进、精心选择、有所为有所不为的方针，明确我国科技创新主攻方向和突破口。"③把握世界科技前沿发展态势，在关系长远发展的基础前沿领域，超前规划布局，

---

① 习近平在经济社会领域专家座谈会上的讲话，2020年8月24日。
② 习近平在中央财经领导小组第七次会议上的讲话，2014年8月18日。
③ 同②。

实施非对称战略，强化原始创新，加强基础研究，在独创独有上下功夫，全面增强自主创新能力，在重要技术领域实现跨越发展，跟上甚至引领世界科技发展新方向，牢牢掌握新一轮全球科技竞争的战略主动。

以科技创新深化改革为强大动力。"我们要主动应变、化危为机，深化结构性改革，以科技创新和数字化变革催生新的发展动能。我们要为数字经济营造有利发展环境，加强数据安全合作，加强数字基础设施建设，为各国科技企业创造公平竞争环境。"[1]坚持科技体制改革和经济社会领域改革同步发力，充分发挥市场配置创新资源的决定性作用和更好发挥政府作用，强化核心技术创新的市场导向机制，破除科技与经济深度融合的体制机制障碍，激励原创突破和成果转化，切实提高科技投入转化效率，形成充满活力的科技管理和运行机制，为创新发展提供持续动力。

以全球视野开放合作为重要方式。"加强国际合作，更加主动融入全球创新网络，在开放合作中提升自身科技创新能力。"[2]新时代的科技创新需要大格局、大维度、大空间的国际开放合作，自主创新并不等同于自己创新，统筹、整合和综合运用全球创新资源的能力，同样也是国家科技创新能力的一部分。将国际科技合作与开放创新有效衔接，在全球范围内优化配置创新资源，把核心技术创新发展与国家外交战略相结合，推动建立广泛的创新发展共同体，在更高层次、更高水平上开展技术创新合作，力争成为若干重要领域的引领者和重要规则的贡献者，提升在全球技术创新治理中的话语权。

（二）技术创新发展的重点

技术创新发展的重点主要包括：扩展雷达性能和功能，提升体系对抗能力；探索网络新技术体系，实现前沿技术突破；加快认知技术的研发，推进人工智能应用；突破方法和材料研制，增强电磁环境防护。

---

[1] 习近平在二十国集团领导人第十五次峰会第一阶段会议上的讲话，2020年11月21日。
[2] 习近平在科学家座谈会上的讲话，2020年9月11日。

扩展雷达性能和功能，提升体系对抗能力。雷达相控阵技术已经成熟，数字阵列雷达技术也逐渐完善，数字信号处理、自适应处理方法等广泛应用。通过新体制和新技术的应用，实现雷达性能的提升和功能的扩展，需要深化多传感器组网、信息融合技术研究，增强体系对抗能力；开展以雷达为核心的综合信息感知系统技术研究，提高信息利用能力；推进雷达软件化的进程，以满足节点化、可重构的战术需求；加速识别技术和认知技术的应用，实现雷达的智能化、多功能化。雷达对抗技术方面，以网络化、自适应、灵活捷变、多功能、小型化为未来发展方向，降低造价昂贵的多用途有人空中平台在强对抗战场环境下承担的风险，降低作战使用成本、提高作战使用灵活性。信号处理技术方面，瞄准新目标的应对和在新环境中的应用，开展精细化信号处理技术研究、认知发射技术研究、智能抗干扰技术研究，提升雷达探测性能。

探索网络新技术体系，实现前沿技术突破。立足"网络强国"和"制造强国"，不断提升创新驱动能力，向 6G 移动通信网、物联网、P 比特超高速光网络和量子通信等方向发展，形成多平台互联、多通道互联、人机交互、天地一体的网络空间。移动通信领域，探索新一代无线通信理论，探寻 6G 革命性技术和网络架构，开发太赫兹、可见光等新的频谱资源利用；数据通信领域，强化未来网络技术创新，加快国家未来网络大规模实验，实现核心数据通信专用芯片的自主创新；光通信领域，开展 P 比特传输、空分/模分复用、光网络、量子通信等新技术研究，探索制备光纤的新型材料和工艺，突破光子集成等前沿技术。

加快认知技术的研发，推进人工智能应用。根据认知技术发展的趋势，特别是"人在回路"计算模式的快速发展，人工智能技术需要在计算范式和基础平台、人机协同理论和关键技术等方面进行重点研发。探索概率统计、逻辑推理、深度学习等人工智能范式融合的基础理论和关键技术，重点研究"人在回路"计算模式中人机协同的基础理论和关键技术，如认知增强的可视分析、混合智能等，力求机器的强大计算能力与人类专家的创造性思维相结合，发展全新的人工智能技术和应用模式。研发基于新型人工智能范式、支持"人在回路"计算模式的认知计算基础平台，继续打造具有国际影响力的开源社区，开发满足我国社会经济发展过程中各类需求的人工智能创新应用。

突破方法和材料研制，增强电磁环境防护。在电磁环境效应机理与应用方面，研究突破电磁耦合与电磁敏感要素机理，形成以要素为基础的电磁环境效应分析、预测和设计方法体系，研制高效的系统电磁环境效应设计工具和软件平台；进一步加大电磁环境效应试验方法的研究，突破基于响应等效的场强电磁环境效应试验方法和核心试验装置，突破千倍以上波长的电磁计算核心算法，开发可大规模并行运算的自主知识产权仿真平台；在电磁材料方面，需要拓展频带，研制兼具高透光率的高效电磁屏蔽材料，研制防护一体的轻质电磁屏蔽材料；在电磁防护器件方面，研制快响应、高通流的电磁防护器件，基于大型基础设施的体系化防护需求，重点研究要害区域、银行、能源电力系统、通信系统、交通系统的防护设计和防护手段，研制针对基础设施电磁防护考核的大型试验装置。

（三）技术创新发展的举措

技术创新发展的举措主要包括：把握先机提前布局，重视前沿技术研究突破；聚焦电磁空间安全，实现核心技术自主创新；深化信息产业融合，尽快构建全产业链生态。

把握先机提前布局，重视前沿技术研究突破。在大数据创新和应用热潮的推动下，海量数据的产生、流转和应用成为常态，电磁空间拥有海量大数据资源优势的红利将进一步释放，大数据对技术和经济发展的驱动愈发明显。在技术创新上，不断突破大数据采集、存储和分析等技术；在应用创新上，着力开发大数据应用的新产品和新模式，积极布局人工智能理论研究和技术研发，突破核心技术；加强深度学习、类脑智能基础理论的研究，为人工智能的发展奠定理论基础；加强芯片、传感器、关键网络设备等人工智能共享技术研究，突破技术发展瓶颈；进一步探索生物特征识别、新型人机交互、智能决策控制等技术的研究，推动人工智能应用在技术上的创新突破；加快人工智能技术的产业化进程，推动各个领域开展试点，实现技术和产业与国际同步发展。

聚焦电磁空间安全，实现核心技术自主创新。以确保电磁空间安全为目标，瞄准重点领域和核心技术，实现基础元器件、关键电子材料、核心基础设施、专业装备等核心技术自主创新的系统性突破；实现部分领域关键核心技术自主可控，加速先进计算、人工智能、智能感知等关键技术的自主创新；推进前沿技术的创新突破，加强对石墨烯、碳纳米管等新型材料，以及生物传感器、硅光子集成、光电显示等新型器件的创新研发；重视软件安全，加快安全可信产品的推广和应用，推动国产自主密码算法及相关产品在重要领域的应用；突破计算机系统、云计算、大数据、工业控制所需关键软硬件技术和产品的开发和应用，加强关键信息基础领域核心技术设备的防御能力建设。

深化信息产业融合，尽快构建全产业链生态。集成电路进入"后摩尔时代"，计算机进入"后 PC 时代"，"Wintel"联盟逐步瓦解，人工智能处于探索发展阶段，数据驱动作用愈发明显，应用创新取代器件设备逐步成为主导产业未来发展的核心力量。网络化和智能化是新一代信息技术产业的重点，以新一代信息技术为引领，持续向泛在、融合、智能、绿色方向发展，多样性、开放性及跨领域的技术创新和应用不断涌现，推动各个行业的价值创造和持续发展。产业链竞争逐渐成为主流，基于软件、服务、网络、终端和内容的产业链整合重构能力成为抢占话语权和主导权的关键所在。从经营产品到经营产业链，企业对关键环节的控制，可以有效重塑核心竞争力，抢占产业竞争制高点。依托产业链合作形成的产业示范区能更好地提升信息产业集聚效应，让创新驱动逐渐成为产业集群竞争的核心优势。

第二节　电磁空间安全创新发展需求分析

电磁空间安全关系国家安全，必须依据总体国家安全观，既重视传统安全，又重视非传统安全，既重视自身安全，又重视共同安全。电磁空间安全属于"非传统安全"，电磁空间安全创新发展需求分析是针对各类电磁波应用活动能够正常进行、国家秘密频谱信息和重要目标信息能够得到安全保护，分析论证其相应需求的一系列抽象研究活动。

一、电磁空间安全基本特征

电磁空间领域属于国家疆域，却无法通过领空、领海、领土等有形的空间界线加以区分。它既具有开放共享的特性，不受行政区域、国家边界的限制，但同时也具备复杂多样、易攻难防、高技术密集和多域共存的独特个性。

（一）电磁空间安全的复杂多样性

冷战结束之后，信息安全在国家安全中的地位开始凸现，军用领域与民用领域对信息技术的需求都越来越强烈。随着全球信息化建设的深入推进，频谱资源稀缺问题日益突出，维护电磁空间安全的难度不断增大，电磁空间安全呈现出前所未有的复杂面貌。美国斯坦福大学社会和政治学家罗兰·贝内迪克特曾这样描写电磁空间安全的重要性："网络电磁战可能导致所有计算机网络崩溃，铁路、电源和水源被切断，银行、证券交易停止，道路红绿灯失灵，电台、电视中断，人们得不到任何信息，整个国家陷入瘫痪，其产生的效果与核弹相似。"

在社会领域，电磁泄漏、黑客入侵、病毒袭扰、网络金融犯罪等电磁空间安全隐患越来越多。当前，破坏势力获取电磁频谱参数的水平越来越高，信息网络基础设施和数据信息、电磁频谱等随时面临被非法侵犯的威胁，加速健全电磁空间安全防范机制、积极推进电磁空间安全防范技术手段建设、切实增强电磁空间安全意识成为当务之急。另外，受经济利益的驱使，国家之间、军民之间、行业之间等多方争夺频谱资源的态势也已形成。

在军事领域，军用卫星、雷达、信息系统技术和传感器、无人空中系统或无人航天器及其地面配套设备、无人值守地面系统、空中遥测、卫星移动业务等面临着大量的频谱需求，军用频谱需求急剧增长。另外，由于电磁空间军民界限、平战界限模糊，电磁空间安全不仅面临来自敌方的电子侦察、窃取、欺骗和干扰、反辐射摧毁和定向能毁伤的威胁，而且还面临着来自非法组织甚至某些个人，对国家、军队信息系统和电子目标进行恶意破坏的威胁。[①]当前，虽然面临传统大规模军事入侵的可能性不大，但在电磁空间里的敌我较量却一刻也未曾停息，必须要严密防范电磁空间"珍珠港事件"发生。

（二）电磁空间安全的易攻难防性

电磁空间的渗透性、开放性等特点，使得电磁空间安全易攻难防。在电子战诞生的最初阶段，仅仅是对敌方的无线电通信进行简单的测向、定位，或者用通信电台本身发射欺骗信号和通信信号，来实施欺骗、扰乱或干扰。1905年5月，日俄海战中，无线电报的侦察成功使得日军大获全胜。1944年6月，英德之间展开了一场激烈的无线电导航对抗，雷达从此投入使用。之后，电子欺骗用于战场，与通信、侦察、导航等手段一起在电磁空间进行着敌我较量。阿富汗战争中，除了战前动用各种侦察卫星、各种侦察平台实施连续多方位的情报侦察，以及每轮空袭前进行强大的电子干扰和远程精确打击外，美国还在地面战中使用了便携式GPS定位系统、激光指示器、卫星通信设备和便携式电脑，随时把掌握的"基地"组织和塔利班部队的情况报告给战

---

① 吴世忠，《用总体安全观统领和指导网络空间的发展》，中国信息安全，2014（5）。

场指挥员,并引导作战飞机或远程攻击武器实施打击。随着新技术的不断涌现,电磁空间内的攻防愈演愈烈。

过去几十年间,计算技术发展迅速,使得无源传感器性能获得空前提升,采用无源侦察手段成为掌控电磁空间优势、提升自身装备隐蔽性的有效手段。无源侦察手段可以利用的信号类型包括敌方目标本身辐射信号、机会辐射源信号(民用广播、电视信号)、己方其他地点发射的信号等,可以通过在不同地点从不同角度接收目标发射或反射的信号估计目标位置,但前提是,要预先对特定环境中已知的各类型辐射源信号进行采集整理,用于需要之时对侦获信号进行鉴别与计算,并建立精确的环境模型用于评估分析。美军着力于配备大量探测敌辐射源信号的无源传感器,将分布于不同地点的传感器组网,以大幅提高侦察获情概率,并有助于实现目标信号交汇定位。另外,分布式无源侦察也可提升装备自身隐蔽能力与抗打击能力,当前已经存在此类对抗手段。例如,无源的 AN/ALQ-49"橡皮鸭"诱饵、AAQ-24(V)定向红外对抗系统和 AN/ALQ-165 射频自卫干扰机等。

在电磁空间对抗中,未来装备必然具备网络化、灵活性、多功能、小型化、适应性等特点。美军曾创新性地提出"低功率至零功率"作战理念,通过使用低功率电子对抗系统、低截获率/低检测率传感器与通信系统,尽可能降低己方辐射信号能量,即在未来战场中尽量少或不使用电磁信号发射系统,确保己方装备不暴露于敌方电子信号侦察设备之下,保证己方装备及人员的安全。"低功率至零功率"能力十分有利于在电磁空间对抗中获得信息优势,使用低功率至零功率、低截获率/低检测率装备的一方将拥有更强的战场生存能力和适应能力,更容易获得非对称优势。

(三)电磁空间安全的高技术密集性

新的战场环境必然会产生新的战争制胜规律。海洋成为主要战场产生了制海权,天空成为主要战场产生了制空权,当电磁空间成为敌我双方争夺"信息优势"的主要战场,制电磁权自然成为战争制胜的新高地。1902 年,英国海军在地中海进行的无线电干扰演习,是无线电对抗首次应用于军事目的；1904—1905年，日俄双方均在战争中使用无线电进行通信并实施干扰，首开了人类电子战先河。从此以后，电磁空间战斗成为一种重要的作战行动，并伴随着高科技的密集运用，对战争进程和结局的影响越来越大。

电磁空间是一个科技密集性极强的领域，其作战理论、作战行动概念以及作战方法的演变，与电子技术、信息技术、数字技术、通信技术、计算机技术和网络技术的进步紧密相关，并随着高技术的不断发展逐步深化提升。高技术是信息化战争中夺取制电磁权的重要条件和手段，它让电磁空间作战从战争舞台的幕后走上前台，并发挥出了其他作战手段无法比拟的作战效应。1982年，以色列运用高技术手段致盲、诱击叙利亚军队防空雷达系统，摧毁了叙利亚军队部署在贝卡谷地价值20亿美元的导弹和飞机；2007年，以色列再次对叙利亚防空雷达系统实施网络电磁攻击，为以军空袭计划的顺利实施提供了保证。

在21世纪的数字化战场上，敌我双方均有大量高科技装备投入作战应用，从信息的产生、获取，直至信息的传输、处理、存储和利用等全过程均离不开高技术的应用。随着未来战争向无人化、智能化、一体化方向发展，无人潜航器、电子战无人机集群、智能作战云、基于无线注入的赛博战装备等高技术装备，都可能广泛应用于电磁空间领域。

（四）电磁空间安全的多域共存性

电磁频谱资源作为国家所有的战略资源，由于其传播不受行政区域的限制，既无省界也无国界，更没有专业领域限制，存在于事关国家安全的多个领域。国民安全、领土安全、主权安全、政治安全、军事安全、经济安全、文化安全、科技安全、生态安全、信息安全和核安全等，都与电磁空间有着或多或少的联系。也可以说，无论是国家安全的哪一个部分，都不同程度地存在电磁空间安全问题。

电磁空间所蕴含的巨大的经济价值，是国家经济和社会发展的重要物质基础，直接或间接地拉动了国民经济增长。电磁频谱资源的利用，有力地推进了民航、铁路、气象、水利、渔业、科技等众多行业的信息化建设，但在促进这些行业生产效率和管理水平提升的同时，安全问题也成为最值得关注的问题——电磁波在开放的时空中自由传播，电磁环境易被污染和易被干扰，使得安全隐患始终存在。电台广播、电视传播、移动通信、雷达导航、卫星测控等重大业务，如果因电磁波应用活动受到干扰破坏或欺骗，给国家的经济和社会生活造成的严重损失和影响将无法估量。除此之外，在境外的公海及上空、太空、南极地区，甚至经许可进入的他国主权电磁空间内，也应得到电磁波应用的安全保障。

二、电磁空间安全创新发展现状分析

电磁空间电磁态势感知、大数据、可信计算、拟态防御、量子密钥分发、同态加密、区块链技术等多种技术的创新发展，使电磁空间安全自动化与智能化的程度越来越高，并由此产生了一系列新变化。总体来看，电磁空间安全态势感知呈现出多维度、体系化发展趋势，电磁空间安全的管控防御已经逐渐向一体化、智能化的方向发展，而电磁空间安全创新发展所亟需的相关颠覆性技术当前也已经取得了突破性进展。

（一）电磁空间安全态势感知呈体系化发展

电磁态势感知的重要手段是电子侦察，电子侦察的目的主要是获取战略、战役和战术情报，为指挥控制提供战场态势分析所需的情报支援，是实施电子攻击和电子防护的基础和前提，包含信号情报、威胁告警和测向定位三个部分。当前，美军已具备陆、海、空、天多维度、体系化的电子侦察手段。例如，空军的 RC-135 电子侦察机和 U-2 高空战略侦察机、海军的 EP-3 电子侦察机和 P-3 型反潜巡逻机、陆军的 RC-12 "护栏"通用传感器飞机及 RC-7 机载低频侦察系统飞机，具有侦察监视距离远、覆盖地域广、机动能力强和反应速度快等显著特点，能够实时发现截获分析处理、测向定位、实时显示、记录和存储雷达及通信装备的电磁信息。而且，美军的电子侦察卫星可以不受地域或天气条件的限制，大范围、连续性地长期监视和跟踪敌方雷达、通信系统的传输信号和武器试验的遥测信号，从而及时获得敌方电子系统的性质、位置和活动情况以及新武器试验和装备信息。电磁空间安全态势感知呈现多维度并逐步向体系化方向发展已经成为必然趋势。

（二）电磁空间安全管控防御向智能化发展

安全管控防御的自动化和智能化技术，在安全部署、安全配置、安全分析、安全调查等环节，能够迅速获得更强的预测、检测与响应能力。安全管控防御自动化与智能化技术，主要包括联网设备搜索技术在内的安全环境感知技术、基于 DPI 的应用感知技术、恶意代码自动化分析的沙箱技术、安全策略自动编排技术、大数据安全分析技术、安全联动技术和云安全技术等。

近几年，云安全自动化和智能化程度得到进一步重视与提高，逐渐呈现管控防御一体化趋势，其中云端访问代理、远程浏览器、安全策略自动编排成为重要研究方向。尤其是在防御协同方面，在空间维度上需要从单点防御向综合防御发展，在时间维度上需要从某些关键时间点的防护向全时间轴发展。这些现实需求使终端、网络与云端之间的配合越来越紧密，呈现云管端一体化、协同化趋势。此外，抗 DDoS 技术的云化也是安全协同的一个重要演进趋势。DDoS 攻击正在向全球化、大流量发展，管道拥塞频发，通过各类资源的云化、池化，再基于流量牵引智能调度的技术，能够在攻击发生时，自动集中优势资源，实现智能清洗，确保业务连续性。

主动防御是电磁空间安全管控防御最重要的方式之一。当前大部分电磁空间网络安全主要是由防火墙、入侵检测和病毒防范等组成，但由于人们对 IT 的认知逻辑的局限性，让人为的、刻意的攻击有机可乘，"封、堵、查、杀"已经难以应对利用逻辑缺陷专门发起的攻击。主动防御必须从逻辑正确验证、计算体系结构和计算模式等科学技术出发，解决逻辑缺陷"不被攻击者所利用"的问题，确保完成计算任务的逻辑组合不被篡改和破坏，才能有效抵御安全攻击。随着管控防御的自动化与智能化程度越来越高，电磁空间安全管控防御必然从被动防御向主动防御转变。

（三）电磁空间安全颠覆性技术取得突破性进展

近年来，我国紧跟全球电磁空间安全发展趋势，在电磁态势感知、主动防御、安全自动化与安全智能、大数据安全等方面取得了突破性进展，逐渐缩小了与国际先进水平的差距，并在量子通信技术等部分颠覆性技术的创新发展方面，走在了世界前列。量子通信技术是利用量子纠缠效应进行信息传递的一种新型通信方式，涉及量子密码技术和量子隐形传态技术，长期以来始终都是世界范围内的研究热点，经过30多年的发展，已经从理论研究走向实用阶段。

当前，量子通信技术在量子密钥分发方面，已经取得了突破性进展，相关技术也得到一定程度的发展应用。我国"墨子号"量子卫星的发射，使得量子通信从实验网络走向实用网络，从平面网络走向空间网络，并呈现出快速发展态势。同态加密目前处在快速发展时期，然而同态加密方案的安全性大都只能达到 IND-CPA 层级，如何设计更高安全级别的同态加密方案需要进一步研究，基于代数系统的全同态加密方案和同态加密技术支撑的密态数据计算是未来研究的重点。

除了量子通信技术，区块链技术在电磁空间安全领域也具有很多潜在的应用前景。区块链技术是随着比特币等数字加密货币的日益普及而逐渐兴起的一种全新的去中心化基础架构与分布式计算范式，核心优势是使用纯数学方法实现去中心化，解决中心化机构普遍存在的高成本、低效率和数据存储不安全的问题。区块链被认为是大型机、个人电脑、互联网、移动网络之后计算范式的第五次颠覆性创新，是人类信用进化史上继血亲信用、贵金属信用、央行纸币信用之后的第四个里程碑。

三、电磁空间安全创新发展需求展望

电磁空间安全与陆地安全、海洋安全和太空安全同等重要。充分认识新形势下国家电磁空间安全面临的严峻挑战,以"勇于改变机械化战争的思维定式,树立信息化战争的思想观念;改变维护传统安全的思维定式,树立维护国家综合安全和战略利益拓展的思想观念"为指引,正确定位电磁空间安全创新发展思路、创新发展重点和创新发展举措。

(一)电磁空间安全创新发展思路

树立"无形有界"的电磁空间新疆域观念,大力加强电磁空间安全能力建设,以坚持重点突破与全面发展相结合、坚持自主创新与技术引进相结合、坚持联合攻关与成果转换相结合的创新发展思路,全力提升电磁空间安全系数,尽力化解电磁空间安全威胁。

坚持重点突破与全面发展相结合。电磁空间领域是科技竞争的高地,必须要强化电磁空间安全发展布局,加快抢占数字时代发展先机,形成"硬实力"和"软实力"的完美结合。整体推进电磁空间安全协调发展,进行统一谋划、统一部署、统一推进、统一实施,以重点突破牵引全面发展,以全面发展助力重点突破,尤其是在有限时间内、重要领域内实现技术上的重点突破。把电磁空间安全技术纳入国家中长期科技发展战略纲要,大力推进电磁空间安全法律法规体系建设,通过法律明确规定不同层级电磁空间安全产品的强制使用;建立健全电磁空间人才培养体系和岗位分类体系,培养可持续的电磁空间安全技术人才梯队;构建大规模、开放式、共享式、增长式电磁空间安全防护平台,实施国家电磁空间威胁态势感知平台建设,实现全天候全方位的电磁空间态势感知能力。

坚持自主创新与技术引进相结合。技术引进和技术转移是获得发达国家先进技术的有效手段,尤其是电磁空间领域的信息技术,其通用性特质跨越了国家、地区和行业之间的障碍,进行借鉴和引入更容易获得收益。但是，走自主创新之路是提升国家安全产品性能的必然选择，尤其是在世界电磁空间安全的角逐中，自主创新技术是保证电磁空间安全的根本基础。前几年中兴通讯被美国"休克式"的禁售，不仅让中兴通讯体会到了切肤之痛，同时也给我国所有企业敲响了警钟。2018年4月26日，习近平总书记在武汉考察时就指出，有自主知识产权的核心技术是企业的"命门"所在。技术自主创新与电磁空间安全是"一体两翼"，能否更好地维护电磁空间安全、主权、利益，都与拥有关键核心技术的自主创新能力密切相关，为此，科学把握处理好自主创新与技术引进之间的关系尤为重要。

坚持联合攻关与成果转换相结合。电磁空间安全技术具备公共物品的属性，其科研成果转化能够快速带动相关行业的技术水平跃升。推动军地强强联合，进行协同技术攻关，将已经实现技术攻关的技术资本进行成果转换，让技术资本转换成为电磁空间安全产品生产的技术基础。疏通"民转军""军转民"产品的双向流通渠道，把电磁空间安全的科技优势转换成产业优势，将攻关成功的研究成果进行转化和产业化，实现创造新的"生产要素"或形成新的"要素组合"，为电磁空间安全持续提供源源不断的内生动力。创新的本质特征在于革故鼎新，积极培育新的"品牌"产品，创新机制体制，优化资源配置，延伸产业链、价值链，形成产业集聚效应，经过跨组织的合作获得创新收益，大力推动产业之间的融合，打造电磁空间安全整体竞争优势。

（二）电磁空间安全创新发展重点

电磁空间安全创新发展重点主要包括加强主动防御能力、提升云安全能力、深化大数据安全防护能力和推进量子通信研究等。

加强主动防御能力。主动防御是基于行为的自主分析，对入侵行为在产生系统影响之前提供精确预警、构建实时弹性防御，以达到避免、转移、降低系统风险的实时防护能力。主动防御具有监控与检测并具、自动多重防护、虚拟化防御等特点。美国国土安全部资助的安全防护计划，通过检测设备和安全专家支撑政府机构，从传统的漏洞检测提升到实时定位；IBM 发布其基于高级感知分析技术的 QRadar Security Intelligence Platform，实现网络用户和攻击者活动的自动识别；Sophos 发布了基于根源数据链的 Intercept X，实现了信息安全防御的自适应和自演进。总体来看，主动防御重点集中在电磁空间态势感知、可信计算、拟态防御、大数据分析等几个方面，需要加快构建以主动免疫防御技术为支撑的网络空间安全防御体系，推进大数据分析、安全态势感知走向实用化，提升拟态防御的管理和实时处理能力。

　　提升云安全能力。云安全包括三个部分：一是提供云化的安全服务；二是云平台本身的安全；三是云平台上用户数据的安全。云安全融合了并行处理、网格计算、未知行为判断等新技术，是传统网络安全概念在云计算时代的延伸。但由于云服务商数据中心的规模化和集中化，数据中心、网络链路等物理设施一旦遭遇破坏和故障，影响巨大。2015 年爆出的 KVM/XEN 虚拟机的"毒液（VENOM）"漏洞，攻击者越过虚拟化技术的限制，实现虚拟机逃逸，侵入甚至控制其他用户的虚拟机，给服务商的虚拟主机带来了极大的安全隐患，影响了全球数以百万的平台主机。2019 年上半年，数字化转型的浪潮席卷全球，越来越多的企业都开始应用云计算技术。腾讯安全和互联网新媒体 FreeBut 联合出品的《2019 年上半年云安全趋势报告》显示，云情报、机器学习等人工智能预测技术成为安全防护的重点；云上客户遭受 DDoS 攻击呈现次数多、强度高、手法新、来源广等特点；爆破攻击的来源 IP 在不断增加，境外的攻击大多来自欧洲，其中以瑞典、乌克兰地区居多，国内上榜的有郑州、南京、福州等地区。

　　近几年，我国相关部门开始不断推进云安全标准制定，并密集出台了相关法律法规和标准，明确了几大方向：安全合规、数据保障、可信计算和加密算法。华为发布了其云数据中心 SDN 安全解决方案，并在大数据安全分析方面，做到了全网络态势感知；Morgan Stanley 实现了在 CASB 中集成基于机器学习算法的行为知识能力，用于检测云端的未知威胁。电磁空间云安全能力的重点将以 CAS、NIST 等框架，结合面向工程化实施的技术框架，细化落实可执行的云安全防护方案，加强云安全领域的标准开发与规范引导，获取并整合海量的安全相关数据，以大数据分析为核心构建安全关联分析能力，提升对已知和未知威胁的防护水平。

深化大数据安全防护能力。大数据安全具有可扩展性强、威胁特征智能学习、预测安全威胁等特点。大数据技术在高级持续威胁检测领域形成产业化应用，国内涌现出华为 CIS 系统与"FireHunter"、奇安信"天眼"、东巽"铁穹"等高级持续威胁预警系统，提升了 APT 威胁检测能力。电磁空间大数据安全防护能力是基于大数据技术，构建安全防御的分析检测能力、威胁情报能力和态势感知能力。重点集中在恶意软件样本识别与分类、威胁情报构建、大数据安全分析、用户与实体行为分析等几个方面。深化大数据安全防护能力的主要举措包括：建立基于大数据的恶意软件样本和漏洞分析平台，使用机器学习和深度学习进行处理，利于改进现有杀毒基于代码特征值进行病毒查杀的体制；基于现网攻击事件、蜜网、爬虫、恶意文件分析结果等数据构建威胁情报，建立国家、企业、研究机构之间的威胁情报交换共享机制；建立完善大数据安全分析技术体系，结合威胁行为建模、用户和实体行为分析、认知计算学习系统等技术，实现威胁的检测和响应能力，等等。

推进量子通信研究。量子通信是指利用量子力学原理进行信息传递的一种新型通信方式，主要涉及量子密码技术和量子隐形传态技术。前者狭义上也被称为量子密钥分发技术，用于为远程通信双方提供无条件安全的密钥协商手段；后者则是一种传递量子状态的重要通信方式。量子通信具有无条件安全、通信效率高、信噪比低、抗干扰能力强、传输能力强等众多优点，这些特点使得量子通信具有广泛的应用前景，对保证电磁空间安全有重要作用。2016 年 8 月，中国发射了世界上第一颗量子科学试验卫星，标志我国率先实现了空地量子密钥分发技术以及广域量子密钥分发技术。构建空地一体化的量子通信网络体系，是解决电磁空间安全问题的关键举措，全球第一条远距离量子保密通信干线"京沪干线"的建成，标志着光纤量子通信网初步成形。量子通信技术作为电磁空间安全的关键技术，量子密码技术和量子隐形传态技术都是发展重点，需要加强核心器件自主研发、深入进行技术攻关，进行相关标准制定、加强与经典网络融合，等等。

（三）电磁空间安全创新发展举措

电磁空间安全创新发展举措主要包括提升国家电磁空间安全的战略地位、建立科学可行有力支撑的长效机制、培养储备高水平高战力的新锐人才、正确运用规则维持良好的电磁环境和具备快速集结调用的国防动员能力等。

提升国家电磁空间安全的战略地位。充分认识新形势下国家电磁空间安全面临的严峻挑战，依据国家安全战略新内涵以及国家安全观新变化，把电磁空间安全放在与海洋安全、太空安全同等重要的位置；深刻分析当前电磁空间安全形势，统一思想认识，将电磁空间安全作为信息安全的支柱、非传统安全的基石、文化安全的屏护；充分了解国家电磁空间安全对国家综合国力和军事、政治、经济和文化等的重要作用，对当前世界范围内的电磁空间安全发展趋势、竞争重点、前沿技术进行及时全面的跟踪了解和重点研究；科学制定电磁空间安全发展战略规划，根据新时期军事战略方针，确定电磁空间安全力量的建设原则、指导方针，明确发展目标和实现路径，等等。

建立科学可行有力支撑的长效机制。制度具有全局性、稳定性，是管根本的、管长远的，电磁空间安全创新发展必须全面加强制度建设，通过制度建设推动国家电磁空间安全各项工作走上制度化规范化轨道。国家电磁空间安全在不同的层次体现出不同的特性，要针对电磁空间安全的多层次性，依据不同安全层次的需要，设计不同的安全政策制度，建立权威的长效管理机制。对军队专用的电磁空间领域，应重点抓好信息保密及基础设备保障，并根据不同发展阶段制定具有战略性、全局性和系统性的电磁空间安全政策制度；对关系国计民生的电磁空间领域，应重点针对电磁频谱资源的稀缺性搞好顶层设计，并建立有效的安全监督、安全评估和危机应对机制，制定完整的安全应急预案，能够有效应对电磁空间的各类突发事件，确保重要信息及设备的安全。

培养储备高水平高战力的新锐人才。电磁空间领域人才资源不同于一般的社会人才群体,其特殊性在于一旦发生紧急状况,这些人才资源要能够作为国防动员的中坚力量,第一时间交流到电磁空间领域的行动任务中去。要根据电磁空间领域人才资源的素质结构、专业特长等,充分掌握在理论研究、技术创新、运营管理等方面具备特长的人才底数,有计划地遴选一部分高层次人才,建立战略级的军地人才资源储备库,对电磁空间领域创新发展的政策性、结构性、方向性的重要问题提供咨询建议、进行建言献策。同时,军队和地方各级部门也要建立层次明晰、信息完备的人才资源信息库,由专门机构组织进行人才资源信息的维护、更新和推送,并利用智能化技术,结合人才资源的知识背景、工作经历和身份属性等,向电磁空间领域各类重大合作项目或重要工作岗位推荐合适的人才,最大限度地发挥人才资源在电磁空间领域创新发展中的倍增效应。

正确运用规则维持良好的电磁环境。 为实现电磁频谱的共享和有序使用,国际社会已经设立了专门的管理机构,并形成了一些被普遍接受的规则,来分配、规范和协调全球范围内电磁频谱资源的使用。科学借鉴、研究和运用国际规则,在国际范围内开展活动,熟悉电磁频谱资源分配机制、申请程序,并积极参与国际合作,提高我国的国际话语权。建立健全领导组织机构和协调咨询机构,充分发挥其职能作用,协调好国际与国内、军队与地方的电磁频谱资源使用,构建军地一体的电磁空间安全组织领导体系,依据现代战争的特点科学规划军民频谱占用比例,搞好军民电磁频谱使用协调,最大限度地维护好电磁环境,避免军地互相干扰。

具备快速集结调用的国防动员能力。 电磁空间安全影响因素多、突发性较强,进攻与防御的军地界线不清、军民界线模糊,必须重视国防动员不可替代的作用,确保具备调动一切积极力量和能够快速集结调用的国防动员能力。明确和规范国家和地方相关部门、军队相关部门的各级各类机构职能,以及电磁空间安全军地一体化的联合领导、组织、协调与保障,确保在进行国防动员时能够快速、高效、有序地运行。组建过得硬的电磁力量分队,按照信息化战争需要,打破行业和部门分割，把担负不同电磁支援保障任务的电磁力量分队，依据属性和类别区分成相应单元，实施集团式、模块式编成和储备。战时则按相应任务实际需求随机调度、组合和链接，能够最大限度地积蓄并释放电磁力量快速动员集结和遂行电磁空间安全任务的能力。

第三节 电磁空间作战能力创新发展需求分析

电磁空间作战能力创新发展需求分析，是根据未来电磁空间作战的任务要求，面向联合作战能力建设，研究电磁空间态势感知能力、指挥控制能力、电磁攻击能力、信息防御能力等各方面内容，分析电磁空间新一代作战能力需求。图3-2给出了陆、海、空、天及电磁空间五维度联合作战视图。

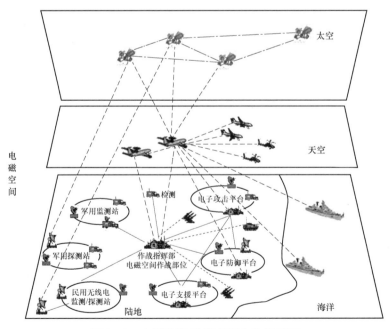

图3-2 电磁空间五维度联合作战视图

一、态势感知能力创新发展需求分析

电磁空间态势感知能力是指对能够引起电磁空间态势发生变化的所有环境要素进行获取、理解、评估、预测其发展趋势的能力。电磁空间所有电子设备和信息系统的运行状况、装备行为及作战行动等因素构成的整体安全状态和变化趋势,通过电磁空间多传感器以多手段协同侦察的方式实现。

(一)态势感知内涵

电磁空间态势感知主要借助由频谱监测网、频谱探测网、电子侦察网、气象环境探测网等电磁感知系统组成的陆海空天多域立体化电磁态势感知网,测量收集电磁环境基础数据及电磁信号数据,借助电磁态势信息获取系统,从电磁态势数据库中提取融合频谱资源数据、台站数据、作战数据等,生成电磁环境态势、装备用频态势、敌方威胁态势,为电磁频谱应用、电磁频谱管控、电磁频谱攻防等活动提供电磁态势信息服务,是电磁空间作战基础性、支撑性的重要活动之一。

电磁空间态势是战场态势的一部分。战场态势指战场中兵力分布及战场环境的当前状态和变化趋势,不同的战场态势包含不同的态势要素。电磁空间是战场空间的一个维度,以电子设备和电磁频谱等物理基础为依托。战场电磁频谱呈现动态、多变、密集、复杂等特征,基于可重构射频和软件定义接收机等先进技术的雷达、通信系统,其信号波形呈现数字化、可编程、敏捷性、网络化、自适应等特点。

电磁空间态势是三种态势的有机融合。电磁空间态势是网络战态势、电子战态势和空间态势的有机融合。电磁空间作战行动范围涉及基于电磁信息系统的网络战、电子战和空间对抗等领域,电磁空间态势感知以天基、空基、陆基、海基中的敌我双方的电子信息系统为对象,主要通过多传感器、雷达、航天遥感的侦察监视系统获取数据,进行信息融合、处理,形成电磁空间中的各种情报信息。

电磁空间态势感知是确保制电磁权优势的重要手段。制电磁权优势是指能在阻止敌方自由利用频谱资源和用频装备的同时，拥有占据优势的电磁空间信息收集、处理、分发和利用能力，包括全维度战场覆盖、快速目标识别和战场感知控制等。随着电磁空间技术的不断进步，电磁空间中的所有发射或接收信号的平台、装备或有效载荷都可能对电磁空间作战产生消极或积极影响。当前，电磁功率的发射由大功率向低功率、零功率和机动式方向发展，使电磁空间态势感知发生了新的变化。

零功率电磁频谱感知主要是指利用无源传感器接收目标系统，同时发射有效载荷诱骗敌方有源探测系统以达到隐藏自身的目的，其通过接收处理敌方目标辐射或反射电磁信息，识别、定位敌方目标，并提取其目标特征参数信息。零功率电磁频谱感知的主要实现方式有两种：一种是利用单基或多基无源传感器感知电磁目标，另一种是利用诱饵辅助无源传感器感知敌方有源探测系统。

低功率电磁频谱感知主要是指在电磁频谱域内利用低功率、低截获概率、低检测概率有源传感器或者发射设备，配合无源传感器来跟踪、测量、识别、定位敌方陆海空目标，收集敌方陆海空目标信息。低功率、低截获概率、低检测概率探测技术，因为能通过控制功率、方向、波束宽度或分析复杂度等，有效降低己方有源传感器被敌方反探测、反利用的风险，得到了迅速的发展及应用。低功率电磁频谱感知的主要实现方式有三种：一种是利用低截获/低检测单基有源传感器，独立探测敌方目标；另一种是利用低截获/低检测多基有源传感器，协作探测敌方目标；再一种是利用多个低截获/低检测单基有源传感器，组网探测敌方目标。

机动式电磁频谱感知主要是指利用认知电子传感器、多功能传感器或多种类传感器来感知敌方目标态势信息。机动式电磁频谱感知主要是通过多功能传感器不同功能模式的频繁切换、不同传感手段的协同更替等方式来收集敌方目标信息，同时利用先进信号处理技术来跟踪、定位和识别敌方目标系统，提取敌方目标系统技术参数，从而降低被敌方反感知的风险、提高目标态势感知准确度。机动式电磁频谱感知的主要实现方式有两种：一种是利用多功能传感系统感知目标态势，另一种是利用多传感系统组网感知目标态势。

（二）模型流程分析

1995 年，美国 Endsley 博士提出了态势感知的三层模型：态势感知、态势理解和态势预测。后来，由于态势感知的结果要予以呈现，所以态势感知系统又演变为四层：态势要素提取、态势理解、态势预测和态势可视化。按照电磁空间态势感知等级和过程，可划分为电磁空间信息获取传输、电磁空间态势信息融合、电磁空间态势信息理解和电磁空间态势预测四个部分（如图 3-3 所示）。

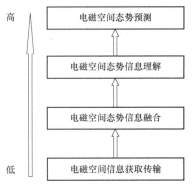

图 3-3　电磁空间态势感知系统模型视图

电磁空间态势感知系统以通信网络为纽带，以信息理解为核心，将电磁空间的侦察监视网络系统、信息处理系统等各感知要素组成一个有机的整体，实现全维度信息获取、实时信息传输和智能信息处理。信息获取、信息传输和信息处理三者实时互动、有机连接，形成一体化的信息支撑能力。电磁空间态势感知系统的运行过程包括信息获取环节、信息融合环节、信息理解环节和信息共享环节。

信息获取环节。主要利用技术侦察装备和电子对抗侦察装备，对电磁空间中有意或无意辐射的电磁信号进行搜索、截获、定位和识别，从而获得电磁信号的技术参数、通联规律等电磁态势信息，以及网络节点的装备类型、数量、部署、位置和变化等信息。

信息融合环节。主要利用先进的数据融合处理技术，如大数据分析技术等，对来自侦察监视的各种原始态势信息及其他渠道的情报信息，经过判定、分类、鉴别、分析、融合、印证等一系列处理，将杂乱无章的原始感知信息，整理为准确、可靠、有用的情报信息，如实时目标的精确位置、威胁等级以及属性等。

信息理解环节。信息理解是信息感知活动的核心环节，包括量化感知层和态势评估层。量化感知层主要是提取感知信息中对电磁空间影响最大和最关键的因素，或提取对电磁空间影响最大的特征子集。采用量化感知技术，将提取的信息映射为威胁态势，通过抽象能力构建完整的态势演化，完善推理过程，真正感知电磁空间可能存在的威胁隐患和正在发生的攻击行为，为电磁空间作战行动提供依据；态势评估层主要是衡量态势系统的误差程度，其中包括对信息探测获取的融合判决能力、轨迹重构能力和量化感知能力的评估。综合衡量信息获取与量化感知过程中的误差，设置评估指标阈值，以作为是否需要反馈的判定依据，进而调整和优化信息获取、信息融合处理中的量化感知的相关参数。

信息共享环节。信息共享是电磁空间态势感知的主要目的。是将融合和理解后的情报等信息，按照预先设定的使用权限和使用需求，对口分发给各个作战单元用户，让他们及时了解掌握各类信息，做到知彼知己，进而能够进行及时、正确的指挥决策。

（三）发展需求展望

电磁空间态势感知要为指挥体系提供全面、高效的电磁空间态势信息。主要包括侦察和监视电磁空间内的所有目标和攻击源，进行探测、跟踪、定位及特性功能评估，对信息流的内容、目的和危险程度等进行评估，寻找敌方的漏洞，判断敌方的威胁程度和作战意图，预测下一步的行动和效果等。

电磁空间态势感知能力是直接获取电磁空间态势信息的重要基础（如图3-4所示），包括具有感知目标周围的电磁信号数据的能力，能够通过把得到的数据经过处理、分析，了解掌握周围的电磁环境状态，预测合理时间和范围内的变化趋势等。通常的电磁态势感知侧重于电磁频谱的占用率和效率的分析，对电磁干扰攻击的研究较少，随着大数据与人工智能技术的应用，电磁空间态势能力的发展需求更加侧重于电磁信息获取能力、电磁态势评估能力、电磁态势预测能力和电磁环境可视化能力等。

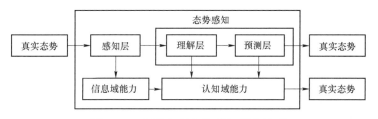

图 3-4　电磁空间态势感知能力构成

电磁信息获取能力。电磁空间态势感知应具有应对复杂多变、随机性大、电磁信息种类繁多的感知能力。能够通过电磁态势监测和电子侦察手段来应对不同条件下的复杂环境，在电磁空间中及时、有效、全面地获取各类态势信息，为准确掌握电磁空间态势发挥基础性作用。

电磁态势评估能力。电磁空间态势感知应具有在电磁态势信息获取基础之上的态势评估能力。能够对整个电磁空间态势进行综合评价以及评估等，为指挥机构和指挥人员全面掌握电磁空间态势、合理分配资源提供有益的参考依据。

电磁态势预测能力。电磁空间态势感知应具有对电磁空间态势变化进行预测的能力。在通信对抗中，通过分析、对比敌我双方的通信电台和通信干扰机的性能参数，能够列出由不同接收方式和干扰方式组合的受益矩阵，可以从矩阵中看出最有利的干扰方式，预测敌方可能采取的攻击方式，为有针对性的加强防御提供可靠参数。

电磁环境可视化能力。电磁空间态势感知应具有依托可视化技术将抽象数据转化为图像的能力。可视化技术把数据转换为图形，能够给予人们深刻与意想不到的洞察力，应成为电磁空间态势最重要的表现手段和核心技术。通过可视化技术让"无形态势"变成"肉眼可见"，将为指挥人员下达决策指令等带来极大益处。

二、指挥控制能力创新发展需求分析

指挥控制论早在 100 多年前就被提出，并被运用于战争之中。20 世纪四五十年代，以美国和苏联为首的多个国家的科学家就提出了指挥控制理论体系的原型及体系结构。电磁空间指挥控制能力是电磁空间作战指挥活动的核心组成部分，主要由筹划组织能力、组织协调能力和指挥对抗能力等组成。在电磁空间作战行动中，指挥控制对于决策效能、作战方式、装备使用等有着极大的影响，甚至直接关系作战行动成败。正确理解电磁空间指挥控制的内涵，合理划分指挥控制的类型，全面熟悉指挥控制的流程，娴熟掌握指挥控制的方法，是快速准确作出决策、提升作战行动效果的重要基础。

（一）指挥控制内涵

电磁空间指挥控制是指挥机构和指挥员对电磁空间作战力量的组织、筹备和部署，以及在作战过程中为适应对手、环境、作战节奏和进程变化而实施的调整和控制。电磁空间指挥控制依托于互连互通的指挥信息系统，既具有一般指挥控制的普遍属性，又具有区别于传统指挥控制的特殊属性。

信息程度高度融合。指挥机构中通常设立功能完备的信息中心，统一处理传感器和电子侦察获取的电磁空间作战信息，经过分析处理后融合生成电磁空间态势，向各级指挥员提供电磁空间内敌对双方的态势信息，形成态势图。

指挥控制分布交互。由于电磁空间的宽广性，指挥控制分布交互式的特征非常明显，包括异地同步组织、整体交互信息和横向协作交流。分布交互式的指挥控制在对作战目的、作战规模、作战时机、作战手段、兵力武器运用等进行决策时，指挥机构和指挥员必须要进行全盘考量、整体权衡、互相协商、联合控制。

自主协调动态控制。各级指挥机构和指挥员在协同过程中，充分发挥主观能动性，依据客观情况信息链和协同规则，自主协调作战行动、动态控制作战力量，协调一致地完成计划规定的任务。电磁空间作战能够实现信息网、态势感知网和武器打击网三网合一，指挥机构和指挥员除了指挥部队作战，还可以直接控制使用武器装备。

（二）运行流程分析

指挥控制是一个系统的逻辑分析与综合判断的过程，分为情报活动阶段、统计活动阶段、选择活动阶段和实施活动阶段。指挥控制的基本程序分为确定目标、收集和研究决策信息、拟制方案、评估优选方案、控制执行五个步骤，这些步骤依次衔接、互相联系、不可或缺。信息获取、传输能力、数据运算速度、量化分析、仿真模拟和动态评估等能力，使得指挥控制能够实现"智能联动"，不同指挥层次可以对电磁空间信息同步感知、联动判断、实时评估，呈现出实时化、高效化、精确化的特征。电磁空间指挥控制运行流程包括同步进行态势分析判断、并行拟制作战指挥方案、模拟评估作战指挥方案、交互确定作战决心方案和动态组织作战行动协同等。

同步进行态势分析判断。电磁空间的态势感知系统能够为用户提供交互、可控、共享的海量信息，并以动态更新的方式实时提供给各级指挥机构、指挥员和作战力量，能够共享电磁空间信息，共同了解掌握和同步分析判断信息态势，有效缩短指令决策时间，提高作战行动速度。

并行拟制作战指挥方案。电磁空间信息的分发共享，实现了各级共同感知电磁空间态势，从而使各级指挥机构和指挥员能够利用指挥信息系统网络，异地同步组织作战活动。除特殊情况和特殊要求外，不需要等上级完成决策后再组织进行本级决策，可以实现各级指挥机构并行拟制指挥方案。

模拟评估作战指挥方案。可以运用系统工程的观点和运筹学的方法，采用计算机仿真技术，模拟作战行动方案的执行过程，对方案进行评估、修正、比较和选优等。通过进行敌我对抗方案的对抗模拟，对方案进行动态评估、筛选和修正,相比于按指标或规则的静态评估,具有更强的真实感和周密性,可以更有效地提高方案的科学性、合理性和可行性。

交互确定作战决心方案。各级指挥机构依托分布式指挥信息系统网络,实时共享态势信息,直观了解实时情况。通过指挥信息系统,下级指挥员及时接受上级的指示命令,正确领会行动意图,迅速贯彻决心方案,并通过该系统将各类情况准确地呈报上级批准,上下级之间可以同时、及时了解掌握战场情况,并依据战场情况随时进行意见交换,及时交互决心方案。

动态组织作战行动协同。实时共享电磁空间信息和及时进行战场情况反馈等能力的实现,缩短了将意图转化为作战行动所需要的时间,不仅能够及时进行决心方案的调整,同时也提升了指挥控制同步行动的能力。前面四个流程为动态组织作战行动协同提供了必要条件,担负作战行动任务的相关平行单位可以进行横向协作交流,动态实施协同决策和协调行动。

(三)发展需求展望

在整个指挥控制过程中,电磁空间感知信息支持始终贯穿其中,为指挥机构和指挥员提供"即要即可得"的信息支持。电磁空间感知信息可以分为两类:静态信息和动态信息。静态信息主要包括敌我用频装备信息、电磁空间环境信息、敌我编制信息等;动态信息主要包括敌我双方电磁空间作战力量、部署变化情况、目标受损情况等。另外,在电磁空间指挥控制过程中含有较多的定性推理,如对敌情的判断、对目标威胁的估计、对作战任务的分析和对保障目标重要程度的分析等,这些都将随着人工智能和机器学习技术的不断发展而发展,继而实现更加科学、合理、精准的判定。

总体来看,电磁空间指挥控制过程主要分为分析判断、定下决心和行动筹划三个步骤,且每个步骤都需要相应的能力支撑(如图 3-5 所示)。分析判断主要是对我情、敌情以及电磁空间态势等的分析判断;

定下决心主要是对作战企图、作战部署、作战行动以及作战保障和协同定下决心；行动筹划主要是对作战行动计划、作战保障计划进行筹划。

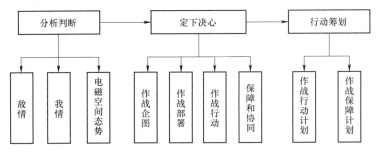

图3-5 电磁空间指挥控制过程与内容

在电磁空间指挥控制过程中，由指挥机构和指挥员主导筹划方向、把握筹划进程，全程对谋局、开局、控局、收局等一系列重大问题进行思考，必须具备分析判断能力、定下决心能力和行动筹划能力等。

分析判断能力。电磁空间指挥控制应具有对电磁空间态势进行观察、筛选、分辨和判定的能力。分析判断能力的需求，主要是电磁空间态势信息收集的完备性、对电磁空间力量判断的准确性和对电磁空间态势判断的正确性。

定下决心能力。电磁空间指挥控制应具有依据上级意图和本级有关情况，对作战中的重大问题作出决定的能力。定下决心能力的需求，主要是确保作战企图、作战部署、作战行动和保障协同四个方面的合理性。

行动筹划能力。电磁空间指挥控制应具有依据战略意图以及战场客观情况，把决心变成计划、把计划变成行动的能力。行动筹划能力的需求，主要是作战行动计划和作战保障计划的可行性、周密性，尤其是用频装备保障方案的科学性、完备性。

三、电磁攻击能力创新发展需求分析

电磁攻击是一种旨在削弱、压制或摧毁敌方战斗能力的行动,为此,电磁攻击被认为是一种火力形式。在电磁空间作战中,电磁攻击能力是作战能力的最直接体现——通过辐射、反射、散射、折射或吸收电磁波等手段,降低或破坏敌方信息系统作战效能正常发挥的能力。电磁攻击能力在夺取制电磁权过程中发挥着至关重要的作用。

(一)电磁攻击内涵

电磁攻击是以电磁频谱为媒介,通过运用电磁能、定向能或反辐射武器等攻击敌方人员、机构、设施和装备的专门行动,采用的手段包括电磁干扰、电磁欺骗和使用电磁能武器及定向电磁能武器等,其中,电磁干扰是主要攻击手段。电磁空间中所有发射或接收信号的平台、装备或有效载荷都可能对未来电磁空间作战产生消极或积极影响。

随着技术的不断发展,在电磁空间领域内的作战活动逐步具备网络化、分布式、智能化、灵活性和多功能等特征。为了有效应对敌方利用有源或无源传感器,以及低截获/低检测概率传感器和通信设备进行对抗而产生的威胁,电磁攻击的主要样式向低功率电磁攻击、零功率电磁攻击和机动式电磁攻击方向发展。攻击的目标涵盖公共信息网络、工业控制网络及军事应用网络,包括破坏传感器、控制数据流、破坏指挥控制系统、降低武器系统性能等。[1]

低功率电磁攻击。低功率电磁攻击是指利用低功率、低截获、低检测概率技术来破坏或扰乱敌方使用的电磁频谱的秩序,从而获取电磁频谱使用优势,其目的是降低电磁频谱进攻行动被敌方发现及反制的风险。

低功率电磁攻击的主要实现方式有两种:一种是利用分布式干扰技术实施抵近式低功率干扰;另一种是利用电磁信号自身及传输特征实施精确式低功率干扰。

---

[1] Joint chiefs of staff, "JDN 3-16: Joint Electromagnetic Spectrum Operations", 2016.

零功率电磁攻击。零功率电磁攻击是指利用无源对抗措施或设备来破坏电磁波传递方向，扰乱、破坏和干扰敌方的电磁行动。零功率电磁攻击使用设备相对简单、研制周期相对较短、使用操作灵活方便，可同时干扰不同方向、不同频率、不同类型的多个电磁目标。零功率电磁攻击的干扰方式多样，通用性较强，对任何无线电装置都有干扰作用，能应对频率捷变、单脉冲、压缩脉冲、连续波和脉冲多普勒雷达、密集雷达环境、电子雷达和光学雷达综合应用等雷达抗干扰技术，以及反辐射源导弹等，将成为电磁频谱战的主要发展方向之一。

零功率电磁攻击的主要实现方式有两种：一种是利用无源设备破坏敌电磁攻击行动；另一种是利用无源设备干扰敌电磁信号传输。

机动式电磁攻击。机动式电磁攻击是指针对部分新出现或者未知的具有认知能力的电磁目标系统，利用在功能、模式、参数等方面具有机动能力的电磁攻击系统，破坏或扰乱敌方正常使用电磁频谱的秩序，从而获取电磁频谱使用优势的一种作战样式。

机动式电磁攻击的主要实现方式有两种：一种是利用资源调度技术来实现"固定式"干扰机的机动应用；另一种是利用综合智能干扰技术来实现快速灵巧有效的电磁攻击。

（二）运行流程分析

电磁攻击全过程通常包括信号截获、信号识别、判定核对、跟踪引导、压制干扰，其运行流程与之相对应（如图3-6所示）。

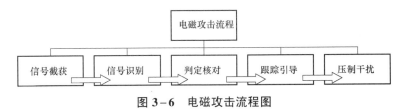

图 3-6　电磁攻击流程图

信号截获。在实施电磁攻击之前，电子侦察系统进行信号搜索截获，为了快速发现目标，灵活运用搜索方法，恰当选用工作天线和频率扫描方式，搜索截获电磁信号。

信号识别。电子侦察系统进行信号识别,信号的目标参数主要有频段、方位和仰角等,要做到迅速、及时、准确地识别上报。

判定核对。这是将电子侦察系统发现目标与实际目标相互"对号"的过程,也是实施干扰前最关键的环节之一,只有判定核对准确,才能防止错压和漏压情况发生。

跟踪引导。这是实施压制前的又一重要环节,是对目标连续监视进行频率瞄准的过程,也是干扰站做好准备、寻找时机的阶段,对于提高干扰瞄准精度,充分发挥装备性能具有重要意义。

压制干扰。对目标压制干扰可以采用大功率干扰,也可以采用零功率干扰、低功率干扰和机动式干扰等方式。

(三)发展需求展望

电磁空间作战的目标是干扰、破坏甚至瘫痪敌方的信息网络系统,以及敌方的信息获取、传递、处理和利用能力,夺取和保持电磁空间的制电磁权,并支援其他作战行动。实现这一目标,离不开电磁攻击能力。电磁攻击能力包括雷达干扰能力、通信干扰能力、光电干扰能力和太空信息进攻能力等。

雷达干扰能力。电磁空间作战中,雷达干扰应当能够具备扰乱、压制、欺骗敌方雷达,使其得不到正确情报的能力。雷达干扰能力一般包括:一是有源雷达干扰能力,是指使用雷达干扰设备辐射或转发干扰电磁波的能力;二是无源雷达干扰能力,是利用反射、散射或吸收敌方雷达辐射的电磁波,降低敌方雷达对真目标的探测、跟踪或产生错误的能力;三是压制性雷达干扰能力,是利用强烈的干扰信号遮盖或淹没回波信号,或者使得雷达信号处理器饱和工作的能力;四是欺骗性雷达干扰能力,是通过模拟目标回波特性,使得雷达得到虚假目标信息的能力。

通信干扰能力。电磁空间作战中,通信干扰应当能够具备运用干扰设备发射适当的干扰信号,破坏和扰乱敌方通信的能力。通信干扰能力一般包括:一是压制性通信干扰能力,即使用功率足够大的通信干扰设备发射足够强的干扰信号的能力；二是欺骗性通信干扰能力，即模拟敌方通信电台的信号特征的能力；三是瞄准式通信干扰能力，是针对某一个电台的工作频率进行瞄准后施放干扰的能力；四是阻塞式通信干扰能力，是在一个频段内针对敌方通信的若干信道实施干扰的能力。

光电干扰能力。电磁空间作战中，光电干扰应具备利用光电干扰设备和光电无源干扰器材，通过发射、反射、散射和吸收光波能量的方法，使得敌方光电设备和光电制导武器不能正常探测和跟踪目标的能力。光电干扰能力一般包括：一是有源光电干扰能力，即采用强光束或干扰信号，直接进入敌方光电传感设备的能力；二是无源光电干扰能力，即反射或吸收敌方光电信号来达到干扰敌方光电系统的能力；三是压制性光电干扰能力，即通过发射大功率光电信号使得敌方光电系统性能下降的能力；四是欺骗性光电干扰能力，即扰乱、欺骗敌方的光电设备的能力。

太空信息进攻能力。电磁空间作战中，太空信息进攻应具备依托太空信息进攻武器系统对太空信息目标进行攻击的能力。太空信息进攻能力一般包括：一是硬杀伤攻击能力，主要包括定向能武器、动能武器、太空雷、未来载人太空攻击系统等的硬杀伤能力；二是软杀伤攻击能力，与通常的电子战干扰能力相类似，能够干扰卫星和导弹的控制系统，干扰卫星发射的遥控和通信信号，干扰卫星发射的遥感信号以及全球定位系统信号等。

四、信息防御能力创新发展需求分析

电磁空间模糊了地域和空间的边界概念，使电磁攻击更加具有隐蔽性和不易察觉性；电磁空间作战向网络化、分布式、智能化、灵活性和多功能等方向发展，使电磁攻击更加难以预测和控制。应对随时可能发生的电磁攻击，必须更加重视电磁空间信息防御能力建设，全面提升电磁空间信息防御能力水平。

（一）信息防御内涵

电磁空间信息防御是指采用积极可靠的安全方法，来保护关键信息和设备不被攻击者破坏。电磁空间信息防御既包含对电子设备的防御，也包含对电子信息的防御。其中，电子设备的防御包含网络防御和电子防御，电子信息的防御主要是为保护信息安全而采取的相关措施。总体来看，电磁空间作战中的信息防御包括探测刺探、态势感知、防御机制、指挥控制等，需要将这些要素融合在一起保护关键信息和设备的安全，一旦发现被攻击，就可以立即采取技战术措施进行防御和反击。

信息防御覆盖多个领域。信息防御与态势感知、电磁攻击等行动紧密相关，都是电磁空间作战行动的重要组成部分，呈现作战行动的多维性，覆盖电磁空间作战的多个领域，包括物理域、信息域、认知域和社会域等。

信息防御协同关系复杂。信息防御既要实现信息防御内部力量的组合和运用一体化，又要实现信息防御力量与外部相关力量的组合和运用相结合，这让信息防御的协同关系表现得极其复杂。

信息防御具有高技术性。信息防御包括攻击威慑、攻击缓解、抗毁能力、攻击源跟踪、脆弱性监测与响应、数据与电子系统防护、电磁和基础设施防护等，技术水平和装备水平直接决定了信息防御的效果和方式，使得信息防御的高技术特性更加突出。

随着信息技术的发展，为了有效应对敌方利用有源或无源传感器以及低截获/低检测概率传感器和通信设备进行攻击而产生的威胁，电磁空间信息防御的样式有了进一步发展，出现了零功率电磁频谱防御、低功率电磁频谱防御、机动式电磁频谱防御等。

零功率电磁频谱防御主要是指利用无源设备或运用战术来保护己方电磁频谱使用，主要是为确保己方现有平台系统正常使用电磁频谱、降低己方目标信息泄露风险而采取的一种主动式辅助手段。零功率电磁频谱防御的主要实现方式有两种：一种是利用行政手段及战术运用规避敌方侦察行动；另一种是利用目标隐身技术隐藏非电磁目标系统。

低功率电磁频谱防御主要是指利用低功率、低截获/低检测概率传输技术来传递信息，或采用隐身技术减少目标平台反射电磁波，从而减少己方目标平台或电磁信号被敌方感知或利用的概率、减少己方系统电磁互扰概率。目的是提高电磁频谱可用安全和保密安全。低功率电磁频谱防御主要实现方式有两种：一种是利用低截获/低检测概率传输技术传递电磁信息；另一种是采用隐身技术减少目标平台反射电磁波。

机动式电磁频谱防御主要是指利用具有认知能力及灵活用频能力的用频武器装备在时域、空域、频域、码域和能域内的灵活性和适应性，来保护己方正常安全用频。机动式电磁频谱防御的主要实现方式有两种：一种是利用灵活用频技术实施盲目式主动防御；另一种是利用认知与综合集成技术实施针对性主动防御。

（二）运行流程分析

电磁空间信息防御的一般防御行为包括确认攻击、对抗攻击、补救和预防（如图 3-7 所示）。在这个过程中，信息防御系统即使在平时状态下也要一直保持警惕，尽量收集各种与攻击有关的行为信息，并不间断地进行分析判定。作为防御方，必须尽可能地早发现、早确定攻击行为和攻击者，信息防御系统一旦确定攻击行为的发生，无论攻击结果是否具有严重的破坏性，信息防御系统都要立即果断地采取行动阻断攻击，然后再依据相关情况决定是否进行反击以及进行反击的方式。

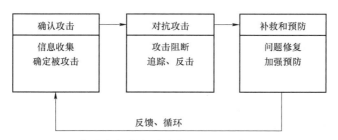

图 3-7 电磁空间信息防御的一般防御行为运行流程

确认攻击。第一阶段确认攻击是电磁空间信息防御的首要环节。敌方的攻击行为一般会产生异常现象,可根据系统的异常现象发现攻击行为。结合信息网络中日志访问、网络流量、服务进程、系统文件或用户数据等出现的异常,分析攻击的行为特征,核实攻击入侵的时间步骤,并分析具体手段和真实目的。

对抗攻击。第二阶段对抗攻击是电磁空间信息防御达成目的的重要环节。在第一阶段的基础上,根据攻击手段方式,采用相应预防和应对措施避免扩大攻击影响程度,还可以采用以攻代守的策略,对攻击来源实施反击。

补救和预防。第三阶段补救和预防是电磁空间信息防御过程中分析总结存在问题的关键环节,同时也是提升信息防御能力的重要环节。及时修补遭受攻击后暴露出来的漏洞和缺陷,及时修复由于遭受攻击而造成的损伤和损害,深入查找原因,继而采取相应技战术措施加强防御。

电磁空间信息防御主要包括四个环节:技战术性能检查、漏洞和弱点防御、攻击检测和对抗实施(如图3-8所示)。

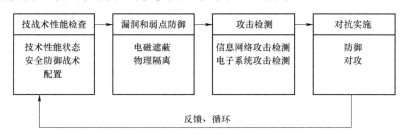

图3-8 电磁空间信息防御的主要环节

技战术性能检查。主要针对电磁空间作战信息系统的技术性能状态和安全防御战术配置进行检查,运用电磁遮蔽、物理隔离和综合防护等措施进行预防。

漏洞和弱点防御。主要采用电磁遮蔽、物理隔离等有效技术和战术手段,并综合运用反空间信息侦察、激光干扰和致盲、军事目标伪装、光电假目标、光电隐身、卫星抗干扰及电磁防护等信息防御技术，减少电磁辐射强度，改变辐射规律，分散、不规则地配置网络各要素，对电子信息系统存在的电磁泄漏、信息网络泄漏和弱点进行防御。

攻击检测。主要包括对信息网络和电子系统的攻击检测。信息网络的攻击检测运用网络入侵检测、防病毒等技术对信息网络进行预警，电子系统则是通过自身的工作状态对电磁干扰进行预警。

对抗实施。主要是指针对敌方采取的攻击方法手段，采用相应的措施进行防御和对攻。电子对抗系统可以与雷达通信系统进行协同，对敌方侦察采取的技战术措施进行反侦察，对敌方干扰采取抗干扰措施，信息网络采取构建防火墙、蜜罐、数据加密等方法加强防御。

（三）发展需求展望

无论采取哪种积极的方式进行信息防御，其目的都是保护电子信息和电子设备不被攻击者破坏，这就要求信息防御能力必须具备保护己方电磁空间信息和各类系统免遭敌方攻击破坏的能力。总体来看，电磁空间信息防御应具备电子信息系统防御能力、无线传输安全防护能力、保障信息交换安全能力和信息系统安全性能分析评估能力等。

电子信息系统防御能力。需要充分考虑信息传输安全和信息交换安全的防护能力。电子信息的传输安全，应考虑有线和无线信道的物理层和链路层的安全防护，包括信息加密，传输信号的抗截获、抗侦察，传输线路的侦听、非法接入等攻击检测和防护等技术能力。

无线传输安全防护能力。需要充分考虑在作战过程中有可能出现己方电子侦察设备、雷达、通信信道、信息系统被电子干扰或通信干扰压制的情况，并具备电子反侦察能力、电子反欺骗能力和电子反干扰能力。

保障信息交换安全能力。需要对信息安全可靠的寻址、选路和交换提供保护，应具备信令实体的身份认证、路由表访问控制、地址欺骗防护、信令协议攻击防护等技术能力。

信息系统安全性能分析评估能力。能够通过渗透性检测和安全脆弱性分析对网络安全策略、电子信息系统给出理论和仿真分析，能够运用定性和定量结合的分析手段，进行威胁和风险评估等。

第四章 电磁空间领域创新发展的总体指导

党的十八大以来,习近平总书记在治国理政新的实践中,以一系列富有创见的新思想新观点新方法,升华了我们党对国家发展和经济社会建设规律的认识,创新发展理念的提出就是其中一个蕴含着哲学智慧和理论自信的亮点。"纵观人类发展历史,创新始终是推动一个国家、一个民族向前发展的重要力量,也是推动整个人类社会向前发展的重要力量。"电磁空间领域创新发展的总体指导既是根本依据也是行动指南,主要包括科学的指导思想、清晰的基本原则和明确的目标要求等。

第一节 电磁空间领域创新发展的指导思想

电磁空间领域创新发展应坚持以习近平新时代中国特色社会主义思想为指导,全面贯彻习近平强军思想,落实总体国家安全观和新时代军事战略方针,坚持富国和强军相统一、国防建设与经济建设相协调，构建一体化的国家战略体系和能力，为实现中国梦强军梦提供强大动力和战略支撑。电磁空间领域创新发展的指导思想是对电磁空间领域创新发展规律最本质、最集中的反映，主要包括树立科学发展理念、突出备战打仗要求、注重整体质量效益和强调资源统筹共享等。

一、树立科学发展理念

"创新、协调、绿色、开放、共享"的新发展理念，集中体现了以习近平同志为核心的党中央对我国发展规律的新认识，极大丰富了马克思主义发展观，对于破解发展难题、增强发展动力、厚植发展优势具有重大指导意义。实施电磁空间领域创新发展必须要树立科学发展理念，这既是客观要求也是必然选择。

（一）用科学发展理念统筹调控制定规划

树立科学发展理念就是要坚持科学的思想路线和思想方法，用发展的、联系的、全面的观点看待电磁空间领域方方面面的建设，从国家发展全局出发，正确处理内部与外部的关系和矛盾，抓住主要矛盾和次要矛盾的主要方面进行统筹规划、系统建设，把电磁空间领域创新发展各项内容融入国防建设与经济社会建设体系之中。制定电磁空间领域创新发展长远发展规划，要认真考虑并切实落实电磁空间领域的国防需求和经济社会需求，通盘谋划国防建设和经济社会发展，把社会主义制度能够集中力量办大事的优势和市场在资源配置中的基础性作用结合起来，充分利用经济社会发展成果和国防建设需要推动电磁空间领域创新发展。筹划电磁空间领域创新发展，要着眼国家安全需要和国家发展大局，根据国防建设需求和经济社会发展提供的条件，在各项建设中最大限度地发挥和利用好各类资源，实现电磁空间领域跨越式发展。

（二）用科学发展理念分析情况解决问题

电磁空间领域创新发展是一个复杂的系统工程，在推进过程中既要着眼国防建设需要，又要着眼经济社会条件；既要着眼电磁空间领域创新发展的实际需求，又要科学分析和深刻把握我国的基本国情和发展的阶段性特征；既要科学分析和深刻把握我国电磁空间领域创新发展面临的新情况新问题，又要科学分析和深刻把握当今世界电磁空间领域发展变化的条件和基础。在推动电磁空间领域创新发展的具体过程中，综合运用政治、经济、军事、外交、法律和行政等多种手段，切实解决各种冲突和矛盾，正确处理好各种复杂关系，进而提高电磁空间领域创新发展的实际效能。

二、突出备战打仗要求

"要扭住能打仗、打胜仗这个强军之要，坚持一切建设和工作向能打胜仗聚焦"的重要指示，反映了军队的根本职能和国防建设的根本指向，同样也指引着电磁空间领域创新发展。

（一）坚持用作战需求来牵引

"提高军队建设实战水平，关键是要强化作战需求牵引。"电磁空间领域创新发展要突出作战需求牵引和备战打仗的鲜明导向，要从国防和军队现代化建设、从未来作战的实际需求出发，把在电磁空间领域内打什么仗、跟谁打仗、怎么打仗的相关问题研究透彻，把电磁空间领域内的战争形态、作战方式、作战机理的发展变化研究清楚。将电磁空间领域创新发展结合未来、结合战场、结合部队，用真打实备的态度定规划、谋发展，以作战需求为牵引统筹规划电磁空间领域创新发展的规模结构和功能要素，避免发展的盲目性，降低决策的失误率。

（二）坚持用战斗力标准来衡量

战斗力标准是衡量国防和军队建设唯一的根本的标准，电磁空间领域创新发展也要坚持战斗力这个唯一的根本的标准。要牢固树立战斗力标准思想,坚持用是否有利于生成和提高部队战斗力来衡量检验电磁空间领域工作的成效,坚决纠正同实战要求不符的一切思想和行为,确保电磁空间领域创新发展经得起实战的检验、经得起历史的检验。要以能打仗、打胜仗为核心,以增强电磁空间领域战斗力为目标筹划电磁空间领域发展,着眼抢占未来军事竞争战略制高点,培育电磁空间领域战斗力提升的新增长点。

(三)坚持用应急应战心理来准备

电磁空间是"看不见"的战场,攻防对抗随时可能发生,与传统的作战有天壤之别。当今世界正面临百年未有之大变局,国际战略形势和我国安全环境发生复杂深刻变化,各种可以预料和难以预料的风险挑战明显增多,战争和亚战争危险现实存在。电磁空间领域创新发展必须要强化忧患意识、危机意识、打仗意识,做好随时应急应战的充分准备,保持随时应急应战的积极状态,一旦发生状况,能顶上去、打得赢,发挥好关键作用。确保平战一体、军民一体,能够完成重大任务、能够处理紧急情况、能够应对突发事变。

三、注重整体效益质量

"更加注重效益质量"是国家主席习近平 2015 年 11 月 18 日在马尼拉出席亚太经合组织工商领导人峰会上提出的"五个更加注重"中的一个。更加注重效益质量,就是从规模扩张转向结构优化,从要素驱动转向创新驱动,坚定不移地走投入较少、效益较高的建设路子。电磁空间领域创新发展涉及军队与地方、现役部队与预备役部队,关乎社会经济效益和军事效益,必须统筹推进经济建设和国防建设,以科学决策、科学管理、科学培养相结合来实现效益质量的全面提升。

（一）靠科学决策出效益

科学决策具有程序性、创造性、择优性和指导性。在科学的理论指导下以科学的思维方式，结合适用于电磁空间领域的各种科学分析手段与方法，按照发现问题、确定目标、调查研究、拟订方案、分析评估、选优决断、试验反馈、修正追踪等步骤进行。科学决策系统中的各子系统，应当既相对独立又能够密切配合。参与科学决策的主体包括决策领导、决策助手、决策专家、学科专家、实际工作者和广大群众，这些决策主体共同构成科学决策运行的动态系统。科学决策是决策主体互动的过程，集中群众智慧、倾听专家意见，在反复研究论证的过程中形成合理高效的决策意见。科学决策的核心是择优选择，需要立足当前现状、瞄准未来发展，在多个方案的对比中寻求获取最大效益的行动方案。

（二）向科学管理要效益

电磁空间领域创新发展是一个漫长的过程，要树立科学的效益观，不能依靠高消费、高损耗的模式追求效益，要依靠科学管理、强调精打细算，以提高投入与产出的费效比来加快推进速度和实现效益提升。科学管理的核心目的之一是提高劳动生产率，但科学管理并非固定不变的，必须要结合不同发展阶段和不同发展情况来量身定做。要积极探索具有中国特色的科学管理模式，不断优化领导管理方式，提高战略管理能力，实现宏观监督和有效调控。加强电磁空间领域管理知识的学习，掌握电磁空间领域管理科学的理论方法，逐步更新管理观念、提高管理能力。转变传统管理思维，在电磁空间各个领域积极引入先进适用的管理方法、技术和手段，向科学管理要保障能力，向科学管理要整体效益。

（三）用科技人才增效益

科技人才具有专门的知识、技能和较高的创造力，是电磁空间领域创新发展中最活跃的因素，具有较大的流动性、代谢性和变化性。

电磁空间领域的高技术密集性，决定了科技人才是推进创新发展不可替代的重要基础，也是实现创新发展效益倍增的根本条件。牢固树立以科技人才提升电磁空间领域创新发展效益的理念，通过联合培养、共同训练、互相学习等方式，保持科技人才知识常新、思维常新、意识常新，大幅度提高科技人才的质量水平。在科技人才的劳动中，存在着单个科技人才的"个体劳动"和多个科技人才的"集体协作"，无论哪一种都是电磁空间领域创新发展的战略性资源。发挥科技人才的优势互补，注重知识、能力、年龄、性格等多边互补，合理搭配科技人才并优化组合为能够发挥最大效益的人才团体。

四、强调资源统筹共享

"对科技创新来说，科技资源优化配置至关重要。"[①]电磁空间领域本身就是一个军民共性极强的领域，最大限度地统筹好电磁空间资源在军、民两大领域中的科学配置，使电磁空间资源在建设信息化国家和信息化军队两大战略目标之间形成良性互动。

（一）以国家层面为主导

当前，国家正在致力于科技强国、建设信息化国家，军队正在致力于科技强军、建设信息化军队。电磁频谱资源具有显著经济价值和军事价值，现代经济社会发展以及国防和军队建设都对电磁频谱资源有着巨大需求。虽然我们对电磁频谱资源的开发和利用水平有了很大提升，从理论上来讲电磁频谱资源也是无限的，但是受到当前技术水平制约，能够开发和利用的电磁频谱资源仍然有限，无法完全满足军地双方需求。为此，必须要从整个国家层面优化资源配置，把合理配置和有效利用电磁空间资源作为一项战略任务，通过组织、制度等纽带把军民的电磁空间资源进行优化整合、结为有机整体，科学分配、合理使用军地资源，实现资源的统筹规划、资源共享。

---

① 习近平在科学家座谈会上的讲话，2020年9月11日。

（二）以军民协同为抓手

市场经济条件下，军民协同是电磁空间领域创新发展的必然选择。军民协同发展不仅仅是军民双方达成的一种简单的买卖关系，也不仅仅是简单的供应与被供应关系和契约关系，而是集军民双方在信息、资源、管理、使用和服务等诸方面的共同投入、共同运作和共同受益，实现从一种简单合作配合关系的"形似"的初级表现特征，到凝聚着双方人力、物力和财力的"神形合一"的高级表现特征。这就要求军民双方在基础设施、科技创新、服务保障、装备制造和人才培养等方面的发展和建设过程中，要充分考虑到各类资源的共用问题。让有限的资源充分发挥出最大效益，能够有效避免重复建设、分散建设的现象，有利于解决军民双方资源使用及分配的矛盾，最大限度地实现资源优化使用。

（三）以互利共赢为目的

电磁空间领域创新发展的根本目的是实现国家的共同利益、人民的共同利益、社会的共同利益以及国防和军队建设的共同利益。为此，实现利益共享也是电磁空间领域创新发展的重要基础和原始动力。科学合理配置资源，集约高效使用力量，综合释放系统功能，实现电磁空间领域人才共育、技术共研、设施共用、信息共享、力量共建、物资共储等，形成国家经济建设与国防建设相互促进、协调发展的良性循环，为国防和军队现代化建设提供更为充足的物质基础，提高社会经济与军事经济的共赢指数。

第二节　电磁空间领域创新发展的基本原则

电磁空间领域创新发展必须以习近平新时代中国特色社会主义思想为指导，确立创新引领地位，紧扣创新发展脉搏，顺应创新发展大势,追随创新发展脚步,实现全面跨越式发展。电磁空间领域创新发展的基本原则主要包括坚持创新引领、紧扣发展,坚持科学规划、周密组织,坚持以战为主、平战结合,坚持分步推进、突出重点,等等。

一、坚持创新引领、紧扣发展

在南非约翰内斯堡举行的金砖国家工商论坛上,国家主席习近平把握世界发展大势、着眼金砖合作未来,明确提出了"坚持创新引领,把握发展机遇"的主张,深刻回答了面对什么样的机遇、怎样抓住机遇的重大课题。"坚持创新引领,把握发展机遇"不仅为金砖五国乃至世界应对经济转型新挑战、抢抓创新发展新机遇、挖掘经济增长新动力提供了中国智慧,同时也为我国电磁空间领域创新发展提供了科学引领。

坚持创新引领,就是要将创新居于国家发展全局的核心位置,将创新作为引领发展的第一动力,"核心位置"与"第一动力"相辅相成、交相辉映。同时,创新作为引领电磁空间领域发展的第一动力,决定了电磁空间领域的发展思路、发展方向和发展速度,以及能否具备赶超世界先进科技水平的能力和实力。找准电磁空间领域创新发展的时代方位、在整个国家发展历史进程中的位置、在军队现代化建设进程中的位置,以此为引领描绘电磁空间领域创新发展蓝图,制定电磁空间领域创新发展战略规划。

坚持紧扣发展,就是要适应国家经济建设的大环境、适应军队信息化建设的大环境,紧扣国家与军队整体建设与发展并融入其中。在创新的方针策略上,适应从跟踪模仿向创新引领的根本性转变;在科技创新水平上,在新的起点上发力,加速实现创新水平的更大跨越;在自主创新能力上,集中力量办大事,形成推动创新发展的强大合力;在创新体系上,打通隔断打破壁垒,实现科技创新资源的有机集成和高度融通;在创新环境上,打造更加高效、更有活力的创新生态系统。①

---

① 潘教峰,《新时代我国科技创新发展战略思考和建议》,政策瞭望,2019(7)。

二、坚持科学规划、周密组织

科学不仅是知识和技能，更是文化和精神。我国电磁空间领域创新发展，是电磁空间领域系统与经济社会系统在体制机制、实体力量、科学技术、知识信息、思想观念等各个方面的深层次渗透与全方位重构，必须秉持科学态度、尊重科学规律、坚守科学认知、实施科学举措。从国家和电磁空间领域发展战略高度，对电磁空间领域全面发展进行整体的科学规划，确定科学合理的阶段性发展目标，制定切实可行的实施计划，突出重点、扎实有效地全面推进。

坚持科学规划，就是要将电磁空间领域创新发展作为一个系统建设和长期持续的过程，从国家经济发展和电磁空间领域发展全局进行谋划，进行电磁空间领域设施建设军民联合规划，实现电磁空间领域发展与经济社会发展对接融合。面向世界科技前沿、面向国家重大需求、面向国民经济主战场，立足实现建设创新型国家的战略目标、立足在重点领域抢占全球新一轮科技革命制高点、立足全面提升我国科技创新供给能力，及时调整确定电磁空间领域创新发展的方向和路径。合理确定近、中、远期目标，科学规划进程与布局，按照既定方向稳步向前，避免由于计划不周、组织不力、临时决策等而陷入被动。在整体科学规划的基础上，因地制宜、因时制宜，拿出具体可行、操作性强的实施方案，有计划、分阶段执行，待条件成熟后，再向更高层次、更深程度跃升，确保顺利稳妥地推进创新发展。

坚持周密组织，就是要进行事先周密计划和充足准备，为有效快速地推进电磁空间领域创新发展打牢基础，立足最困难、最复杂的情况，拟定多种方案、进行多手准备，在方案制定、具体实施、管理评估等各个环节进行周全计划与严密组织。组建精干高效的领导机构，从决策层面到运行层面，逐级设立结构简单、人员精干、职责清晰的专门机构，形成系统、流畅的指导和监督体系，确保组织领导工作切实具有针对性与权威性。在发展战略、宏观管理、科技研发、成果转化、知识产权保护等多个方面，建立制度化的协调机制，完善相应的监管机制、激励机制、奖惩机制和资源使用协调制度等，形成相互促进、和谐发展、深度融合的良好局面。

三、坚持以战为主、平战结合

当今世界，虽然维护和平的力量上升，制约战争的因素增多，总体和平态势可望保持，但仍然需要主动作为、未雨绸缪。信息化战争是以信息为主导的体系对抗，不仅各种作战力量一体化、作战力量与保障力量一体化，而且呈现出军民一体、前后方一体的显著特性。坚持以战为主、平战结合，秉承人民军队在长期革命战争实践中形成的积极防御战略思想，为应对随时可能发生的信息化战争做好扎实准备。

坚持以战为主，就是要以提高电磁空间作战保障能力为核心，突出电磁空间领域"备战打仗"的主体和中心地位。电磁空间领域创新发展既要注重平时建设，更要注重战时运用，要针对不同环境条件和各个发展阶段的重点，科学把握平时建设与战时保障的特点规律，保证战斗力和保障力的快速持续释放。在衡量某一领域、某一项目是否具有创新发展价值时，将是否能够有效提高作战保障能力作为重要的评判标准和判断依据，保证目标和方向始终不偏离以战为主。

坚持平战结合，就是要把平时与战时有机地统一起来，处理好建设管理与作战保障的密切关系。充分借助地方的各项资源优势，抓住电磁空间领域基础设施军民兼容性强等特点，避免重复建设、分散建设现象，促进国防设施与民用设施的相互融合和优化配置。按照"平时应急、战时应战"原则，保持平时和战时的高度一致性，提高平战转换效率，保证能够随时随地将国防潜力迅速地转化为作战保障能力。

四、坚持分步推进、突出重点

电磁空间领域创新发展需要国家、军队和地方政府各级、各部门的紧密配合与协调一致,任何一个环节出现问题,都会对整体进程产生影响。应准确把握电磁空间领域创新发展的特点规律,制定切实可行的实施步骤,进行整体动态调控,分步推进全面建设。需要客观地认识到,电磁空间领域创新发展牵涉面宽、整体性强、任务艰巨、困难重重,必须将整体推进和重点突破有机结合起来,抓住重点关键环节,统筹运用各种资源,及时化解矛盾问题,确保各个阶段目标的如期实现,确保整体创新发展的有序推进。

坚持分步推进,就是要依据国家和军队发展"三步走"战略,综合考虑当前和今后一段时期的国情军情,将电磁空间领域创新发展分解为若干具体实施阶段,确定各阶段的推进策略与方法。根据阶段性特征确定创新发展的目标与重点,采取先易后难、先慢后快的做法,选取条件较好、易于进入的突破口作为试点,培育成熟之后再根据实际情况向其他领域推广。处理好当前与长远的关系,实现短期目标与长期目标的统一,以高度的紧迫感、责任感推进创新发展的步伐,同时也要兼顾客观条件的限制,避免盲目求快、急于求成,在巩固阶段性成果的基础上平稳推进、有序展开。

坚持突出重点,就是要抓住电磁空间领域创新发展的主要矛盾,集中人力、物力、财力在重点难点问题上求突破。紧紧围绕发展目标与任务,紧盯最紧迫、最薄弱、最亟需的方面,扭住制约电磁空间领域创新发展的瓶颈,并以建立和完善与创新发展相配套的政策法规、体制机制、标准规范等为基础,加快重点项目建设。但是,电磁空间领域创新发展的重点并非一成不变,需要用动态的、发展的眼光结合创新发展的实际情况进行科学把握。例如,当某一时期制约创新发展的主要矛盾得到解决后,其他矛盾会随之凸显,重点也会相应发生转移。应根据实际情况的变化,动态分析主要矛盾,抓住不同时期、不同条件下的关键问题,做到有的放矢,在突出重点的基础上有步骤、有计划地推进创新发展。

第三节 电磁空间领域创新发展的目标要求

电磁空间领域创新发展是一个持续渐进的过程，是一项长期艰巨的任务，势必引起电磁空间领域的深刻变革。进入新时代，电磁空间领域创新发展目标要求的确立，需要站在国家安全和发展战略全局的高度，致力于聚合国家整体战略资源，把电磁空间领域创新发展融入国家经济社会发展体系，以构建一体化的国家战略体系和能力为最终指向。主要包括创新格局整体形成、军民一体协同发展、作战能力大幅提升和支撑环境更加优化等。

一、创新格局整体形成

电磁空间领域创新发展作为国家创新发展的组成部分，必须融入国家创新发展体系，适应国家创新发展大局需要，利用国家创新发展成果为电磁空间领域创新发展服务，形成与经济社会发展水平相适应、与国防和军队现代化建设进程相适应、与新时代人民对美好生活向往相适应的格局。

（一）形成与经济社会发展水平相适应的格局

充分利用国家经济社会发展的有利条件，寓电磁空间领域的建设发展于国家经济建设发展之中，寓电磁空间领域作战保障能力于地方和民众之中。在重点领域，能纳入经济社会发展体系的尽量采用"纳入式"发展，不再另起炉灶；在进行部署产业结构调整、确定重大建设项目时，充分考虑电磁空间领域现实需求，切实使电磁空间领域创新发展植根于经济社会发展全局之中。

（二）形成与国防和军队现代化建设进程相适应的格局

建设巩固国防和强大军队是中国现代化建设的战略任务，是国家和平发展的安全保障。贯彻新时代军事战略方针，加紧推进电磁空间军事力量转型，重塑电磁空间军事力量体系，切实转变电磁空间战斗力保障力生成模式，适应军事技术和战争形态的革命性变化，确保电磁空间领域创新发展进程与国防和军队现代化建设进程相适应。

（三）形成与新时代人民对美好生活向往相适应的格局

人民美好生活需要是国家凝聚力形成的源泉，人民美好生活只有纳入国家发展目标，才能成为国家凝聚力形成的源泉。[①]电磁空间领域与人民生活息息相关，包含着广泛的人民对美好生活的需要，这些需要都是国家凝聚力形成的源泉。电磁空间领域创新发展必须要具备与之相适应的能力和水平，满足人民不断产生的新的多样化的可持续性需要，保证国家凝聚力形成源泉的稳定性。

二、军民一体协同发展

按照"军民一体、优势互补，顶层设计、整体推进"的思路，制定军民一体创新发展战略规划、加强军民一体创新发展体制机制建设、建立行之有效的管理机构和健全完善的组织领导，形成军与民的一体化协同发展态势。

（一）制定电磁空间领域军民一体创新发展战略规划

电磁空间领域是国家安全顶层设计的重点建设领域，制定配套的军民一体创新发展战略规划是构建一体化的国家战略能力的必然要求，电磁空间领域创新发展必须要与国家、军队和行业发展规划紧密结合。我国无线电管理行业基础设施扎实、体系架构完整、专业水准较高，依托军民一体创新发展战略规划进行全面建设，发挥举国体制优势，深入挖掘电磁空间军民队伍潜在的国防实力，更好地解决当前军事斗争准备急需，最大限度地维护电磁空间利益，为未来在军事对抗新战场上获得主动权提供强有力的支撑。

---

① 人民论坛网，《满足人民美好生活需要是国家凝聚力的源动力》，2020年10月27日。

（二）加强电磁空间领域军民一体创新发展体制机制建设

在国家层面建立推动电磁空间领域军民一体创新发展的统一领导、军地协调、需求对接和资源共享的体制机制；在各地相关部门和企事业单位之间建立专门机构（部门、区域）及协调机制，形成上下联动、业务归口、分工明确的军民一体创新发展的运行机制。定期召开军地协调会议，采取联席会议、情况简报、专线通报和指定联络员等方式，军队定期与公安、国安、航空、海事、电信等部门会商；签订电磁空间领域军地资源共享合作框架协议，协调解决矛盾问题，切实提高管控效益，实现由"地援军"向"军地互援"转变，由"战时应战"向"急时应急、战时应战"转变，由军地分散行动向联合行动转变等。

（三）建立行之有效的管理机构和健全完善的组织领导

按照党中央、国务院、中央军委的决策部署，以利于指挥保障、避免重复建设、提升整体效能为目标指向，编强编实电磁空间领域机构和力量，形成以上至下、运行顺畅、及时高效的组织领导管理体系，实现电磁空间领域创新发展军地一体协调统管。加强电磁空间领域创新发展的归口管理，理顺新设机构与已有协调机构之间的关系，制定各分领域创新发展规划和相关重大工程、项目及军民协同产业发展的管理和组织实施，并对各分领域创新发展进行监督检查和评估等。

三、作战能力大幅提升

伴随着世界新军事革命深入发展和战争形态加速演变，电磁空间成为各方战略竞争的新高点，电磁空间作战能力在联合作战中也将逐渐由技术支持性能转变为核心战斗力。提升电磁空间作战能力关键是要扭住联合作战需求，融合优化电磁空间新型作战力量，加速提升军地联合应急应战能力，固化形成新型作战力量发展模式。

（一）融合优化电磁空间新型作战力量

凝聚军地优势，加强军队与地方的协调、现役与预备役的联动，建立动员预案，明确职责分工，简化程序步骤，使各种力量相互融合、互创战机、形成合力；推动军队与地方力量在联合作战行动中的军民一体化，实现电磁空间领域行动统一协调、高效联动、实时同步；加强军队与地方力量的信息共享，明确信息交互的权限范围，打通信息共享渠道，促进军地信息融合；整合军队与地方现有电磁空间作战保障力量，合理确定其编配规模、结构、编成和指挥，逐步形成军地一体化作战力量体系。

（二）加速提升军地联合应急应战能力

按照"全要素设置、分时段联动、全频域监测、全业务验证、全过程评估"的思路，模拟未来作战背景下电磁空间作战行动，采取统一指挥、军地联动的方式进行实战化演练，组织军地力量开展联合筹划、电磁环境监测、联合用频服务、战场电磁频谱管制、联合干扰查处等行动，用实战环境来检验军地力量组织指挥机制、训练水平、联动能力及综合运用效益。并组织演练复盘，对照联合作战不同阶段军地联合管理重点，查找问题隐患及薄弱环节，组织针对性训练和集智攻关，不断积累电磁空间军地力量联合开展实战化的经验，全面提升联合作战军地力量共融共保的能力水平。

（三）固化形成新型作战力量发展模式

积极探索电磁空间新型作战力量加速发展、一体发展的现实规律，深入研究如何具备既能独立遂行作战任务、又能支援军事斗争的实战能力，形成能够固化和推广的电磁空间新型作战力量的发展模式。

战斗力生成模式——瞄准国家电磁空间安全新威胁，将预备役电磁频谱部队纳入联合作战体系，融入作战指挥链，以作战需求为牵引，坚持成系统吸纳优质资源、成建制形成新质战斗力。

思想教育模式——电磁空间新型作战力量肩负着特殊使命、战斗在特殊战场，具有"技术＋政治"的鲜明特点，必须把思想政治建设抓得紧而又紧，坚持进行主题性教育、针对性教育和经常性教育。

力量编组模式——拓展职能任务，吸纳军地优质资源，形成适应联合作战需求的电磁空间新型作战力量编组模式。

装备建设模式——将军队电磁频谱装备建设需求纳入国家无线电管理装备建设总体规划，力求实现一份投入双份产出，坚持军队提需求、国家投资建、军民共同用。

实战用兵模式——着眼实战需要，提高实战能力，打造机动分队配属用、固定台站支援用、联合现役统一用、军地力量融合用的实战用兵模式。

融合训练模式——按照未来作战运用方式组织进行联合训练，打造全员全装全时可训的融合训练模式，通过专业技能在岗训、军事科目集中训、实战能力演练训等，缩短由潜力到能力、从实力到战斗力的转化过程。

全域作战模式——充分发挥不经动员集结、不经临战训练即能迅速将无线电管理行业动员潜力转化为国防实力的先天优势，实现装备属地化、人员全域化、社会保障化。

遂行保障模式——以任务保障需求为目标规范保障模式,制定各类经费的使用办法和执行细则，按照遂行任务的地域、时间等制定科学的经费保障制度并实行军地统一的补助标准。

四、支撑环境更加优化

着眼平战结合、军地兼容、军地共享、双向共赢，树立"大协调观"，按照军地协同、灵敏高效的要求，在理论创新、法规制度、管理体系、转换机制、指挥协同和人才培养等方面提供良好的支撑环境，确保电磁空间领域创新发展长期稳定、高效有序地进行。

（一）开展理论创新实践

电磁空间领域理论创新既要立足当前，又要追踪前沿。坚持理论联系实际，针对当前发展中面临的盘根错节的复杂问题、年代久远的遗留问题、长期形成的惯性问题等进行理论探索，在研究分析、破解矛盾中形成思路举措。以严肃认真的科学态度，在理论创新的基础上进行实践论证，推动建设发展。尤其是要对未来战争的特点规律、演进趋势进行"前瞻性"研究，力争理论研究取得新进步、填补新空白。

（二）依靠法规制度保障

随着电磁空间对经济、科技、社会等领域的影响越来越深入，其创新发展的组织实施也变得更加复杂，影响范围更广，协调难度更大。这进一步增强了电磁空间领域创新发展对法治化的依赖性。特别是在社会主义市场经济条件下，经济主体多元，企业自主权扩大，更需依法依规实施。健全完善法律法规制度，让电磁空间领域创新发展有法可依、有法必依；严格落实法律法规制度，让电磁空间领域创新发展始终行走在法治化轨道。

（三）形成高效管理体系

牢固树立信息主导、体系建设的思想，军队要以对作战体系的贡献率为标准推进各项建设。打造并贯通电磁空间领域创新发展垂直管理链路，建立与打赢信息化、智能化战争相匹配的支撑保障体系。根据关于完善国防动员体系的精神，不断推进管理创新，努力形成统一领导、军地协调、顺畅高效的组织管理体系，实现科学决策、全程监管、精细评估、精准调控，提高建设精准度和效费比。

（四）健全平战转换机制

实现快速平战转换是电磁空间领域创新发展的内在要求，也是军队战斗力和保障力高效生成与聚集的客观需要，必须有一整套健全完善的机制为保障。在国家和电磁空间领域应急应战动员体系的基础上，进一步加强和完善军地力量的平战转换机制，从组织领导机构、协调工作机制、动员法律法规、信息支持系统和技术手段措施等各方面，保证电磁空间领域军地力量从平时建设向战时保障快速转换。

（五）确保联动指挥协同

贯彻"平战结合、以战时为主，军民一体、以军用优先"的原则，通过电磁空间领域军地资源管理优化组合，统一调配、合理使用军地的作战力量、保障力量以及各类资源。通过组织联合管理、指挥协同等演练，重点练指挥、练协同、练保障，检验从平时到战时的快速平稳过渡能力，检验军地联合指挥机制应对突发事件的能力，检验军地联合指挥机制及军地协同关系的科学性和可行性。

（六）培养专业人才队伍

充分利用军地现有资源，通过专业技能联训，培养电磁空间领域专业人才队伍。定期组织军地人员进行集训，共同学习国家现行的电磁空间领域法规政策和管理办法，设备设台审批、型号核准等环节的制度规范，以及台站设备的验收、年检、参数检测的方法手段。开展电磁空间领域的技术训练，掌握军地装备和设备的操作使用技能、典型任务组织实施和关键要点，全面提高军地人员的综合能力素质，培养造就一批懂管理、精指挥、会操作、能维护的军民共用型电磁空间领域专业人才。

第五章 电磁空间领域创新发展的建设重点

电磁空间领域创新发展是一个有机整体,涉及范围广、涵盖面积大,从建设重点入手实现全域突破、以局部建设带动整体发展,能更好地为整体创新发展奠定坚实基础并提供有力支撑。电磁空间领域创新发展的建设重点以客观规律为依据,并伴随着政治经济形势、发展建设需要和科学技术进步等产生变化。当前,电磁空间领域创新发展的建设重点主要包括理论体系建设、系统装备建设、法规制度建设和人才队伍建设等。

第一节 理论体系建设

电磁空间领域创新发展理论体系建设,是对电磁空间领域基础理论建设、应用理论建设和技术理论建设等所做出系统阐释的知识体系,由系列性的概念、判断和推理等组成,为电磁空间领域创新发展提供稳固的理论基础、为各种实践活动提供具体指导、为实践所需提供各种技术手段支撑。实践是检验科学理论真理的唯一标准，也是科学理论产生发展的源泉和动力，电磁空间领域创新发展理论体系建设也不例外，其成果必须经过实践的检验。电磁空间领域创新发展理论体系建设主要包括基础理论建设、应用理论建设和技术理论建设等（如图5-1所示）。

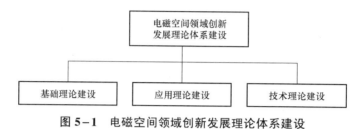

图5-1　电磁空间领域创新发展理论体系建设

一、基础理论建设

基础理论是从总体和宏观的角度出发，对电磁空间领域创新发展实践进行抽象概括和归纳总结所得到的规律。相对于应用理论、技术理论而言，它对电磁空间领域创新发展各类活动和各项分支理论研究具有普遍指导作用和借鉴意义。其根本价值在于探索电磁空间领域内物质的本质联系，揭示客观规律、把握内在机理，使电磁空间领域创新发展具有稳固的理论基础，为长远发展奠定理论支撑。

基础理论的研究内容主要包括：电磁空间领域创新发展的基本问题，包括电磁空间领域创新发展的基本概念、研究对象与研究范畴、基本原则、规律和矛盾等；电磁空间领域创新发展的历史，包括电磁空间领域的历史发展沿革及其蕴含的史观理论、思想发展变化和活动规律，即不同时期电磁空间领域创新发展思想的形成、特点及变化规律，不同国家在特定的政治、经济、军事、科技等环境下形成的创新发展思想及其产生的影响等。

二、应用理论建设

应用理论是指运用基础理论研究成果，对个别部分或者重点部分进行具体研究，从不同角度对电磁空间领域创新发展活动所抽象和概括出来的特殊规律，具有方向性和可操作性的能够指导实践的理论。应用理论作为基础理论的延伸和具体化，能够对各种实践活动产生直接的、实际的影响作用。

应用理论的研究内容主要包括：电磁空间领域创新发展的重大现实问题研究，包括电磁空间领域创新发展的建设、保障、管理的重点难点问题研究，以及具有前瞻性、方向性、全局性、关注度高的热点问题研究等；西方国家和军队对电磁空间领域创新发展的研究，包括电磁空间领域创新发展的基础理论和实践研究等。

三、技术理论建设

技术理论是根据电磁空间领域专业技术区分，分别设置相应的分支学科理论，是电磁空间领域相关技术在创新发展中运用而形成的理论。技术是理论物化的表现，理论指导着技术不断发现新的可能。电磁空间领域创新发展技术理论建设，推动着电磁空间领域创新发展形式、方式方法的变革和深入，不断加强技术理论建设，掌握创新发展实践所需的各种技术手段和技能方法，指导各种专业技术实践活动的科学开展。

技术理论的研究内容主要包括：基础技术理论的研究，包括电磁兼容技术、电磁频谱监测技术、电磁频谱探测技术和现代信号处理技术等理论；前沿技术理论的研究，包括5G技术、量子通信技术、大数据技术、主动感知技术及技术融合等理论；材料技术理论的研究，包括屏蔽材料技术、电磁超材料技术等理论。

第二节　系统装备建设

电磁空间领域系统装备是电磁空间领域创新发展的物质基础，是电磁空间领域人才发挥作用的重要依托。电磁空间领域系统装备建设至关重要，要贯彻体系设计、兼容配套、层次衔接的思路理念，同步推进系统装备主体工程和配套建设，使其在效能质量上实现创新突破，在功能水平上实现创新提升。要充分调动潜在的国防实力、利用前沿成熟的技术成果，按照信息系统集成化、武器系统信息化、火力打击精确化、综合保障一体化的要求，实现电磁空间领域系统装备建设军地之间的优势互补和协调运转。电磁空间领域创新发展系统装备建设主要包括指挥系统建设、感知网系建设和用频装备检测系统建设等（如图5-2所示）。

图5-2 电磁空间领域创新发展系统装备建设

一、指挥系统建设

指挥系统是指综合运用电子信息技术、现代管理科学、指挥控制理论等现代科学，集军队、地方电磁空间领域活动于一体的，实现电磁空间领域信息获取、传递、交换、处理的一体化和指挥决策的科学化，支持指挥机构（管理机构）和指挥员（管理者）对电磁空间领域相关活动实施高效指挥控制与管理的信息系统。[①]指挥系统主要包括指挥信息系统和无线电管理一体化平台等。

（一）指挥信息系统建设

指挥信息系统作为电磁空间领域作战模块的基础支撑，主要由硬件平台和软件平台两部分组成。硬件平台主要包括服务器、计算机终

---

① 李军、王梦麟，《战场电磁频谱管理》，通信指挥学院，2008年5月。

端、安全保密设备、数据通信设备、配属设备、接口、系统外设等，分为机动型硬件平台和固定型硬件平台；软件平台主要包括数据库管理系统和操作系统等通用软件系统、地理信息系统和文电处理系统等通用支撑软件系统、电磁频谱管理资源数据库和电磁频谱管理控制软件等应用软件系统。

指挥信息系统的主要功能包括：电磁频谱管理的一体化联合指挥作业，战场电磁态势分析与显示，电磁频谱管理信息的传输、交换、处理和分发，电磁频谱管理网系和部队（分队）作战行动的指挥控制等。①

（二）无线电管理一体化平台建设

无线电管理一体化是指以标准规范体系为基础，以业务需求为入口，以信息化技术为手段，以行业整合为目标，实现无线电管理全方位（频谱、台站、监测、检测和综合办公等）高效管理、科学决策、流程连续与数据共享的长远管理。无线电管理一体化平台是以"平台+应用"为核心思想，以面向服务体系的技术架构和先进信息化技术搭建的通用软件平台为支撑，涉及无线电管理全部业务和职能部门，是实现无线电管理行业的整合，落实无线管理一体化战略的有力抓手。②

前些年，国家无线电监测中心提出建立无线电管理一体化平台，主要是为了解决无线电管理存在的诸多问题。例如，无线电信息系统缺乏全局规划、存在重复建设、应用系统之间相互孤立、业务流程中断以及数据分散等。《国家无线电管理"十二五"规划》首次提出了无线电管理一体化的建设目标——建立无线电管理信息一体化系统，完善网络管理和信息安全保障系统，完善频率、台站、监测、设备以及地理环境等各类基础数据库，实现数据的规范化和标准化，确保数据的完整性、实时性和准确性，逐步实现数据共享。构建国家和省（自治区、直辖市）级无线电管理指挥调度平台，建设完善地（市、州、

---

① 陈东，《军事电磁频谱管理概论》，解放军出版社，2007。
② 蒲星，《图解"一体化"》，中国无线电管理网，2017年9月4日。

盟）级无线电管理监控中心等，以满足日益提高的应急调度功能要求。

二、感知网系建设

感知网系主要用于对电磁环境监测、无线电信号测向定位、实时探测电离层变化情况，以及为短波频率的预报、管理和最佳短波频率的选用提供技术支持等。加强感知网系建设，实现感知手段的"网系融合、数据融合、服务融合"，对维护电磁空间安全十分重要。感知网系主要包括监测网系和探测网系等。

（一）监测网系建设

监测网系是对空中电磁信号频谱特征参数进行测量、分析，对信号源进行定位的网络，由监测控制中心、监测站（车）、便携监测设备等组成，主要任务是电磁环境和无线电频谱的监测、无线电信号的测向定位。[①]监测网系建设应统筹考虑电磁频谱监测资源的布局规划，将电磁频谱监测网融合纳入基础设施和系统建设规划中，促进监测网系融合，节约监测资源。在用频设备不断增加、频率资源日益紧张、电磁环境更加复杂的情况下，结合监测网体系结构的整体性和开放性特点，着力构建设计新型的电磁频谱监测网，为实现多源感知、海量数据融合、精确分析数据、一体化辅助决策支持、安全防护等功能奠定良好基础。建立适合军地通用的监测网系的技术标准，根据监测设备功能、性能指标体系等统一设备标准，打牢监测网系的融合基础，确保监测信息协同高效更好地落地实现。

（二）探测网系建设

探测网系的主体是短波频率探测网，主要由固定探测网、机动探测网、探测网管理控制中心、空间电磁环境与频率预报信息发布中心等组成。探测网系主要用于实时探测电离层变化情况，为短波频率的

---

① 陈东，《军事电磁频谱管理概论》，解放军出版社，2007。

预报、管理和最佳短波频率的选用提供技术支持，实现短波频率的实时探测、预报和管理等。当前，军地探测网系在网络结构、数据格式等方面存在着较大差异，在用网、组网方式上也有所不同，对控制平台、探测数据点等方面的关注点也不同，再加上其他一些差异，多方面原因导致军地之间产生了技术障碍。为此，探测网系建设要以"地方铺面、军队走点"为思路，牢牢把握住网系融合建设的关键节点，解决好可能在信道使用、接口改造、数据转换等细节方面遇到的问题，为全面推进探测网系建设打牢基础。

三、用频装备检测系统建设

用频装备检测系统是指测定用频装备各项技术指标的场地、仪器、仪表、设备等的总和，即电磁兼容性测试系统，主要用于对用频装备进行电磁频谱技术参数的检测，是辅助电磁频谱管理人员实施用频装备频率管理的工具。用频装备检测系统主要包括固定用频装备检测系统和机动用频装备检测系统等。[1]

（一）固定用频装备检测系统建设

固定用频装备检测系统通常需要使用专门的检测场地，也称作电磁兼容实验室，对不同的检测场地有不同的要求。2008年国家质量监督检验检疫总局和国家标准化管理委员会联合发布的《信息技术设备的无线电骚扰限值和测量方法》（GB 9524—2008）中，在辐射限值和测量方法方面，增加了1～6 GHz的辐射限值，并对其辐射骚扰测量提出了强制性要求，使得进行该项试验的电磁兼容实验室需要达到更高的要求标准。电磁兼容方面的国家军用标准有《军用设备和分系统电磁发射和敏感度要求和测量》（GJB 151B—2013）、《系统电磁兼容性要求》（GJB 1389A—2005）等。另外，国防系统电磁兼容实验室在满足

---

[1] 沈树章、王应泉，《军事电磁频谱概论》，通信指挥学院，2009年12月。

国家标准的同时，还要经过国家军用标准的检验。需要进一步强化军地统一标准，尤其在军用实验室建设上应当广泛采用国际通用标准，在严格制定军用标准使用的条件和范围的同时，扩大民用标准使用范围，对于国家已经明确规定并且能够满足军用要求的，不再另行制定军用标准，避免重复工作。

（二）机动用频装备检测系统建设

在设备配置方面，机动用频装备检测系统与固定用频装备检测系统基本相同，但机动用频装备检测系统并不需要专门的检测场地，只需要具备机动承载能力的工具，如车辆、舰船等就可以满足要求。机动用频装备检测系统建设，应不断探索如何高效实施机动用频装备检测系统的军民分建合用和军民合建共用，积极推进"建用互动、以用促建"的模式，最大限度实现军地成果转化共享，努力提升经济效益、社会效益和军事效益。

第三节 法规制度建设

电磁空间领域创新发展法规制度建设是指享有立法权的国家权力机关、国家行政机关和军事领导机关，依照有关法定的职权和程序，对电磁空间领域创新发展的法律、法规和规章进行的制定、修改或废止活动的总称。加强法规制度建设，持续推动电磁空间领域创新发展走上法治化、规范化、程序化轨道，为军地各级相关部门提供实施创新发展的根本依据。电磁空间领域创新发展法规制度建设主要包括法律法规建设、政策制度建设和技术标准建设等（如图 5-3 所示）。

图 5-3 电磁空间领域创新发展法规制度建设

一、法律法规建设

电磁空间领域创新发展涉及多个利益主体,强化法治保障,明确各相关利益主体的权利、责任和义务,充分发挥法律法规对实践活动的规范、引导和保障作用,才能不偏离法治轨道,发展得更稳更快更远。电磁空间领域创新发展法律法规建设主要包括相关法律、相关法规和相关规章等。

(一)相关法律

相关法律是指由全国人民代表大会及其常务委员会,按照法定程序制定和颁发,在全国范围内或全国一定范围内适用的有关电磁空间领域创新发展方面的法律规范,是法规体系的核心和基础,属于电磁空间领域创新发展法规体系的第一层次。主要包括两类:第一类是国家法律中涉及电磁空间活动的法律规范,例如《中华人民共和国国家安全法》《中华人民共和国国防法》《中华人民共和国国防动员法》《中华人民共和国刑法》等;第二类是由国家权力机关按照立法程序,为规范电磁空间领域涉及的重大问题而制定和颁发的单行法律。

法律建设作为解决电磁空间领域创新发展过程中矛盾问题的"金钥匙",对于保障电磁空间领域创新发展具有根本性、长远性和可靠性作用,通过法律建设来规范电磁空间领域的各项活动是世界各国的普遍做法,我国涉及电磁空间领域的一般性法律也有不少。例如,《中华人民共和国宪法》《中华人民共和国治安管理处罚法》《中华人民共和国行政许可法》等均有涉及无线电管理的条款;《中华人民共和国刑法》

《中华人民共和国治安管理处罚法》等对违反无线电管理相关规定的行为列出了具体处罚措施；2021年1月1日起施行的《中华人民共和国民法典》明确规定了无线电频谱资源属于国家所有；《中华人民共和国行政许可法》中也规范了无线电管理相关的行政许可权设立和实施等。

（二）相关法规

相关法规是指由国务院、中央军事委员会依据宪法和有关法律，按照一定法律程序单独或联合制定和颁发的，在全国、全军适用的有关电磁空间领域的各项法规。其效力低于相关法律，属于电磁空间领域创新发展法规体系的第二层次。主要包括三类：第一类是国务院、中央军事委员会联合制定和颁发的，属于调整国家、地方、军队之间在电磁空间领域中的社会关系的行政法规。例如，国务院、中央军事委员会2010年公布的《中华人民共和国无线电管制规定》，2016年修订后联合颁发的《中华人民共和国无线电管理条例》等；第二类是由国务院制定颁发的涉及电磁空间领域有关活动的行政法规。例如，2016年修订后公布的《中华人民共和国电信条例》等；第三类是中央军事委员会单独颁发的关于军队系统电磁空间领域的军事法规。例如，《中国人民解放军电磁频谱管理条例》和其他工作条例等，这类法规具有在全军或全军一定范围内遵行的法律效力。

2016年11月11日，中央军委主席习近平、国务院总理李克强签署命令，公布新修订的《中华人民共和国无线电管理条例》，自2016年12月1日起施行。修订后的条例完善了有效开发利用无线电频率的管理制度，减少并规范了无线电行政审批，强化事中事后监管，加大对利用"伪基站"等开展电信诈骗等违法犯罪活动的惩戒力度，为推动无线电管理各项工作，促进无线电事业持续、健康发展和依法管理提供了有力的法律保障。除此之外，随着我国电磁空间领域法制建设不断完善，国家无线电管理机构发布的规章制度、地方性法规等，也都成为《中华人民共和国无线电管理条例》的重要补充。

（三）相关规章

相关规章是指由国务院有关部（委）、军委各部门、军兵种、战区，依据有关法律和法规，按照一定的法律程序单独或联合制定和颁发的，在国家和军队适用的有关电磁空间领域的一系列规定和实施细则等。它与电磁空间领域相关法律、相关法规一致，其法律效力最低，属于法规体系的第三层次。主要包括四类：第一类是国务院有关部（委）、军委主管部门联合制定和颁发的属于调整国家有关部门、地方政府和军队之间在电磁空间领域活动中的社会关系的规定、办法、标准等法律规范文件。例如，无线电管理委员会1992年发布的《军地无线电管理协调规定》、原信息产业部和原中国人民解放军总参谋部2002年联合发布的《军地无线电管理联席会议制度暂行办法》等。第二类是军委有关部门联合或单独制定和颁发的涉及电磁空间领域的规定、规则、办法、细则、标准等规章。例如，中国人民解放军无线电管理委员会2000年发布施行的《研制、生产军用无线电发射设备频率管理暂行规定》《进口军用无线电发射设备频率管理暂行规定》，原中国人民解放军总参谋部2002年发布施行的《中国人民解放军无线电频率划分使用规定》等。第三类是国务院有关部（委）制定和颁发的与电磁空间领域活动有关的规定、办法、标准等行政规章，这些规章具有在全国一定范围内遵行的法律效力。例如，工业和信息化部2009年公布的《无线电台站执照管理规定》、2012年公布的《业余无线电台管理办法》、2017年公布的《中华人民共和国无线电频率划分规定》《无线电频率使用许可管理办法》等。第四类是军兵种、战区根据电磁空间领域相关法律、相关法规等制定和颁发的具有执行性、补充性、区域性的规定、办法、细则等规章，这些规章仅在本军兵种、本战区范围具有法律效力。例如，原广州军区制定的《广州军区军地联合电磁频谱管控行动规范（草案）》，原沈阳军区、北京军区与相关省市共同制定的《东北地区军地电磁频谱管理协调暂行办法》《华北五省区市军地电磁频谱管理协调暂行办法》等。

总体而言，法律法规建设应加紧推进综合性法律立法工作。尽快对创新发展的方针原则、组织架构、运行体制机制、法律责任义务、配套保障等方面的内容予以明确，充分发挥法律法规的规范、引导、保障作用。同时，将监督检查法律法规的执行情况，与制定完善法律法规放在同等重要的地位来对待，建立严密的法治监督体系。注重对不合时宜的法律法规修正工作，及时修改废除已经严重滞后的法律法规，对不同法律法规之间存在的立法冲突，应做到及时进行甄别处理并补充完善存在的空白漏洞，保证法律的有效实施。重视电磁空间领域创新发展法律法规知识的普及教育，将其作为国防教育和法制教育的重要内容，利用电视、广播、互联网等媒介手段，广泛开展各种形式的宣传，增强全体民众的法制观念和重视程度。

二、政策制度建设

电磁空间领域创新发展必须遵循历史规律，在充分总结借鉴以往电磁空间领域活动实践经验的基础上，构建导向鲜明、覆盖全面、结构严密、内在协调的政策制度体系。

（一）政策制度设计

政策制度设计应依据国家发展的总目标进行规划，以国家经济政策制度为基础，通过制度移植和制度创新，借鉴国内外政策制度建设与创新的经验，推进电磁空间领域政策协调和制度优化与国家经济政策制度、国防政策制度有机融合。扩大现有政策制度覆盖范围，研究制定促进电磁空间领域创新发展的财政、金融等扶持政策，充分发挥政策制度的鼓励和引导作用，优化营商环境，鼓励更多符合条件的民营企业、中小企业的人才、技术、资本、服务等参与到电磁空间领域创新发展之中。注重军地沟通协商，国家有关部门在制定出台重大政策制度时，要与军队相关部门进行对接，为国家重大政策制度与军队相关政策制度的衔接预留接口。

（二）政策制度落实

政策制度在于"一分部署，九分落实"。对电磁空间领域相关政策制度进行全面清理和完善，果断废除那些修修补补也已无济于事、严重滞后的政策制度，对于针对性可操作性不强、内容不充实、表述模糊的政策制度，重点进行解决并加紧修订更新。一是明确职责分工。按照制度规定划分各部门的有关职责，细化工作方案，设定工作进度，在实践中不断完善制度建设，推动合理高效运行。二是强化政策监督。相关部门做好督促检查，充分发动群众力量积极参与，强化政策执行的公开透明力度，确保各项任务措施落地见效。三是开展试点示范。选取基础较好的有关单位开展试验性工作，针对存在问题不断进行完善，总结形成可借鉴可推广的经验做法。

三、技术标准建设

技术标准是由国家和军队主管部门以特定形式发布的一系列技术性法规文件，具有强制约束力。对电磁空间领域技术进行标准制定、达到统一，是获得最佳秩序和最大效益的关键所在。技术标准建设主要包括技术体制类标准、电磁兼容类标准和装备类标准的建设等。

（一）技术体制类标准建设

为实现平时地方无线电管理系统和军队系统的互联互通、战时联合管理和整体保障等，按照国家和军队有关技术标准和技术体制，对监测飞机、监测船、机动监测车、固定监测站等机动或固定装备系统做出统一规划部署，对涉及的技术体制和接口标准等技术体制类标准进行统一规定。例如，《雷达频率与微波频率共用标准》《数字微波波道配置技术及容量系列标准》《集群移动通信系统设备通用规范》等。[1]

---

[1] 沈树章、王应泉，《军事电磁频谱概论》，通信指挥学院，2009年12月。

围绕电磁空间领域创新发展需求，落实科技体制改革和标准化改革要求，创新标准化工作模式和运行机制，聚焦优质资源，形成能够实现系统的核心功能与性能的技术架构、标准与规范的技术体制类标准，构筑贯通陆海空天全天候的军地一体监测网系。近年来，我军先后制定发布了《军队无线电频谱管理数据库数据结构与代码》《军队电磁频谱管理信息交换格式》《明确国际遇险和安全通信等保护频率》等。

（二）电磁兼容类标准建设

由于军地在电磁兼容类标准的制定目的、技术指标基线的确定依据、标准化对象的实际需求等方面存在不同，导致电磁兼容性军民标准存在较大差异。在大力加强对电磁兼容类民用标准的跟踪研究、探索民用于军的可行性的同时，尤其需要加强对硬件资源和软件资源的融合研究。例如，将电磁兼容试验场地的民用标准进行合理改造；进行屏蔽效能测试方法、防信息泄露标准等军民共用标准的拟制等。从基础标准、通用标准、产品类标准和专用产品标准等方面制定实际电磁环境能够满足正常工作的基本要求，为消除电磁干扰破坏性影响提供具体指导。

（三）装备类标准建设

涉及无线电管理装备的技术标准主要包括各种数据类信息，即电磁频谱管理数据库结构及代码、军地共享的电磁频谱管理数据库、敌方各类用频装（设）备数据、自然环境对电磁能量传播可能产生影响的环境数据等。例如，《固定监测站通用规范》《固定电离层探测站通用规范》等。加大标准研究的经费投入，建设涵盖从设计、生产、测试、验收、使用和维修等方面的全寿命管理的装备类标准、指标、规则、方法，提高建设质量和建设效益。

第四节　人才队伍建设

电磁空间领域创新发展人才队伍建设是指为形成创新发展格局所需的科学合理的人才队伍结构层次、扎实过硬的人才队伍素质、良性循环的人才队伍环境活动和规范的统称。人才队伍建设是推进电磁空间领域创新发展的核心要素，并且军地之间在专业技术和工作方式等多方面都有着关联性和对接口，这让电磁空间领域创新发展人才队伍建设具备了天然优势，需要使用科学的方式方法发挥优势，实现人才的集聚、培养、使用和流动。从分工的角度上看，电磁空间领域创新发展人才队伍建设主要包括指挥管理人才建设、专业技术人才建设和新型军事人才建设等（如图 5-4 所示）。

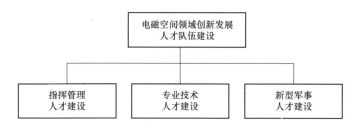

图 5-4　电磁空间领域创新发展人才队伍建设

一、指挥管理人才建设

指挥管理人才是指具备组织指挥能力和协调管理能力，以及较强的应变能力且能稳定把握行为变换的人才。不同时期、不同区域以及不同发展阶段，对指挥管理人才的需求存在一定差别。指挥管理人才既是电磁空间领域相关活动的参与者、组织者，同样也是应对电磁空间领域复杂情况的决策者、领导者。

（一）指挥管理人才的选拔

指挥管理人才的选拔必须适应发展需要、满足发展需求。指挥管理人才应有广博的知识储备，具备复合型知识结构，有扎实的技术功底、丰富的计算机和网络知识储备，以及电磁空间装备相关知识和高技术系统装备管理能力等。指挥管理人才肩负全局、责任重大，应能够通观全局、长远预见，能够进行战略筹划、组织指挥行动。尤其是在复杂电磁环境中，指挥管理人才必须具备与电磁空间领域相关行动相适应的心理素质，抗压能力较强，从容应对复杂局面，具备区别于一般人员的分析判断、谋划决策和组织管理能力。在瞬息万变、军民一体的战场电磁环境中，能分析预测可能出现的意外情况，迅速处理突发事件并有效控制局面，能发挥过硬的统筹协调能力，组织好所属力量并协调解决用频关系，如用频单位在时域、地域内的用频矛盾，内部电磁互相干扰、自我扰乱等。

（二）指挥管理人才的培养

指挥管理人才的能力提升，很大程度上需要通过有组织、有目的、有计划地培养来实现。依据电磁空间领域创新发展对人才的需求，以问题为牵引，通过实践锻炼，突出指挥管理人才在平时行动、应急行动中，参与维稳处突和重大活动、安保行动时，以及面对复杂情况、困难问题时综合处置能力的培养。将这些能力素质作为对指挥管理人才的检验考核，同时也作为储备年轻指挥管理人才的窗口。充分借助现有环境、人才和资源优势，进行军地之间交叉培训，互相选派电磁空间领域指挥管理人才参加专项专题培训，邀请专家教授、政府官员、企业管理者、拔尖人才等，就电磁空间领域创新发展的相关问题进行讲学交流，充实前沿理论知识，掌握最新技术动态，了解国际发展趋势。

（三）指挥管理人才的任用

确定科学的任用标准。由于各岗位任职能力要求不同，对初级、中级、高级等不同级别的指挥管理人才要求也不同，必须严格标准、把住进口，确定合理的任用标准，为提高整个人才队伍素质奠定坚实基础。

坚持正确的任用原则。坚持德才兼备、以德为先、公道正派的原则，选拔任用岗位和能力相匹配的指挥管理人才，分级履行职能，量才进行任用。促进指挥管理人才大范围的广泛交流，通过与专业技术人员双向代职、院校教学科研岗位定期代职等模式进行多岗位历练，扩大交流范围和力度，锤炼提高指挥管理人才的能力水平。

合规依法任用。坚持依法办事，按照有关规定进行任免，确保任用程序清晰，确实选用综合能力强、本领水平高的指挥管理人才。

二、专业技术人才建设

专业技术人才是指掌握了电磁空间领域系统的专业技术理论知识和一定的技能，并运用这些知识和技能在岗位上从事创造性劳动的人才，是电磁空间领域创新发展的骨干力量。由于技术职称和技能等级的划分，不同岗位的专业技术人才能力要求有所区分。专业技术人才的引进、培养和管理是加强专业技术人才建设的重要手段，需要因地制宜，根据专业设置的实际情况，合理利用专业技术人才资源，通过凝聚国家之力、汇集军地之智、融合社会之能的方法，确保人才引得进、用得上、留得住。

（一）专业技术人才的引进

采取短期合作。通过项目聘用、短期聘用等形式，直接引进地方技术人才或科研院所和企业的相关技术人员。以签订合同的方式实行法律约束，对双方应履行的权利和义务进行规定，待合同规定任务完成后，根据单位需要和个人意愿，考虑是否进行续约。在时间紧、任务重的情况下，也可适当借鉴"团队引进"的做法，将分工细化、运作良好的专业技术团队整体引进，解决燃眉之急。

设立特聘岗位。可以通过聘用工厂企业技术骨干，与地方高校建立联合培养等方法解决对专业技术人才的迫切需求。在部分军队项目建设中特聘吸收地方专业技术人才，通过军地联合协作，集中优势力量，完成重大项目攻关。

确保结构合理。根据岗位职责对不同部门、机构、能力水平要求进行分层级、分类别梳理归纳，以不同的价值创造能力和专业水平能力，进行技术人才群体结构的配置组合，达到功能互补、合作增强、效果放大，真正实现"1+1＞2"。

（二）专业技术人才的培养

军地联合培养。采取军队和地方联合办学的培养模式进行人才队伍建设，节约军地培养经费、优化军地教育结构，整体提高人才培养质量。借助军地院校、科研院所、地方无线电管理机构等有关单位装备先进、人才丰富的雄厚优势，进行"跟学、跟研、跟产"，完善人才培养政策，军队选派人员到地方院校、科研单位、无线电管理机构参与科研任务活动，地方选派人员到军队相关单位参与学习培训，通过具体实践演练带动培养更多的应用型人才。

组织演训实践。各部队按照军事训练计划和军事训练大纲有关实施要求，分级组织训练，重点关注电磁空间领域国防后备力量的专业技能和协同配合能力的提升，着眼提高遂行作战任务能力。充分利用部队演习实践平台，开展复杂电磁环境下实战化的演练，磨炼人员的意志品质、能力素质，锤炼过硬的战斗作风。例如，2018年12月，全军预备役电磁频谱管理中心在阿尔山训练基地举行"冰雪砺剑—2018"实战化训练，组织来自全国12个省（自治区、直辖市）无线电相关机构的人员参加训练，提升了军地在高寒地区的电磁频谱管控能力，同时为保障2022年冬奥会用频安全奠定了坚实的军地协同基础。

运用现代化教学手段。在传统教学的基础上，利用资源平台拓展知识领域，利用网络平台加强学习交流，制作网络开放课程，根据岗位履职需要和担负工作任务情况，进行在岗学习，提升专业水平，采取定性与定量、线上与线下相结合等方式进行考核评价。

（三）专业技术人才的管理

促进人才合理流动。电磁空间领域专业技术人才资源竞争激烈，要对现有人力资源实行优化配置、有序流动。建立专业技术人才资源数据库，掌握电磁空间领域创新发展所需要专业技术人才的特长、流动和贡献等情况，根据需求适时进行调配使用。建立国防动员指挥网络与专业技术人才数据库的信息通联平台，及时更新、动态掌握，并保持流动平衡。打破单位、部门、行业之间的束缚，拓宽军地之间人才兼容储备和交流使用渠道。

综合评价能力水平。把创新思维、工作能力和贡献水平作为衡量专业技术人才的标准，科学进行考核。按照分类管理的原则，区分电磁空间领域不同专业方向技术人才的层次和种类，按照其成长规律，细化在品德、知识、能力和业绩等方面的要求，构成包括诸多要素在内的量化考核指标体系。实行党委统一领导下的职能部门与群众考核相结合的考核机制，建立考核责任制和用人失察责任追究制。联合行业系统的人力资源部门，对高技术预备役人员考核时，从其履职尽责情况的角度进行定期评估，提高他们参与部队任务的责任感和紧迫感。

创造良好的环境条件。创造良好的工作环境和生活配套，从物质条件上吸引、保留和凝聚专业技术人才。形成"尊重劳动、尊重知识、尊重人才、尊重创造"的氛围，搭建施展专业才干的平台，在完成重大任务中锻炼并挖掘专业技术人才。

三、新型军事人才建设

新型军事人才应具备可靠的政治素质、专业的科学素养、过硬的军事素质和强大的身心素质，创新思维活跃并且敢于创造性运用。世界军事发展步伐加快、战争形态纷繁复杂，对新型军事人才的需求更加迫切。"人才是创新的核心要素，加紧集聚大批高端人才是推动我军改革创新的当务之急。要积极创新人才培养、引进、保留、使用的体制机制和政策制度，以更加开放的视野引进和集聚人才，努力培养造就宏大的高素质创新型军队。"①

（一）新型军事人才的定位

世界新军事变革的持续深入发展，对新型军事人才的能力水平、职业素养提出了新的更高要求。对人才实施精准定位，谋划新型军事人才体系建设必须要看清目标方位，把握准确建设方向，研究透彻建设重点，理顺内在逻辑关系。信息化战场上，战争节奏快速、攻防转换频繁、突发情况较多，战场情况瞬间之内就可能变得纷繁复杂。新型军事人才必须具备高远的谋略水平、灵活的协同管理能力，对战场态势变化能够准确认识理解、超前预判分析和敏锐快速反应，才能为联合作战行动的实施提供有力的智力支撑。尤其是电磁空间作战，协调指挥的信息系统被广泛应用，信息化武器装备被大量使用，新型军事人才除了应具备以现代信息技术为主体的多维知识结构，更应关注三种能力的生成——决策判断能力、融合控制能力和协调指挥能力。无论是完成平时担负的任务行动，还是面对地形、气象、水文、交通运输等众多要素复杂交织的战场环境，新型军事人才都应该能够基于上述几种能力，利用先进手段进行分析筹划决策，组织所属人员与各力量要素密切协同配合。在统一的灵活指挥下，形成一体有机联动，针对各种任务要求、行动方式快速做出相应调整，集聚所属人员保持行动一致和规范有序。

（二）新型军事人才的培养

在新时代军事教育方针指引下，军队院校教育、部队训练实践、军事职业教育三位一体的新型军事人才培养体系为新型军事人才建设指明了前进方向，提供了根本遵循。军队院校教育是新型军事人才培养的主阵地、主渠道，对于培养军事素质、打牢知识基础、掌握军事基本技能、建立科学思维、挖掘创新意识，起着强基固本的效果，作用举足轻重；部队训练实践是人才培养的大课堂、大熔炉，推动课堂

---

① 习近平在出席十二届全国人大四次会议解放军代表团全体会议上的讲话，2016年3月13日。

向战场延伸，可以最直接最具体地检验院校的培育效果，是提升实战能力的最佳途径；军事职业教育是强化学习的新途径、大平台，利用网络化、数字化、个性化的学习手段，解决训练实践可能遇到的各类问题，通过灵活的方式，更加强调学习的自主性，从"要我学"到"我要学"，提高职业素养，助推军事人才能力素质进一步跃升。[①]

电磁空间领域人才培养同样需要依据新型军事人才培养体系，通过"三位一体"的人才培养路子，打好理论基础，进一步促进理论向实践的转化运用和补充拓展。三者融会贯通、相互衔接，形成密切联系、有机互补、功能各异的电磁空间领域新型军事人才培养框架体系，系统设计人才培养目标模型，并为人才培养提供指引和发展方向。电磁空间领域新型军事人才的培养，要聚焦联合作战指挥人才、新型作战力量人才、高层次科技创新人才、高水平战略管理人才的培养。以联合作战理论研究为基础，加强对新型作战力量建设与运用、新质作战能力增长与拓展的研究，在课程教学训练过程中，要把战略思维习惯、联合价值理念、指挥控制能力、信息技术素养等融合渗透其中。

（三）新型军事人才的储备

新型作战力量和手段不断兴起，电磁空间领域人才竞争力不断提升，高端人才、专业人才稀缺的问题越来越突出，需要储备战斗能力强、综合素质高的新型军事人才。2011年，美国《国防部网络电磁空间行动战略》中就指出，要为遂行网络电磁空间作战而储备有才华的军事和非军事人员。由信息系统支撑的新型体系战斗能力，需要一个长时间的培塑形成过程，在持久的综合锻造下，以实战化训练为基础，战斗能力才能逐步积累生成，绝非一朝一夕就能达到预期效果。进行电磁空间领域新型军事人才储备，既要立足当下，扎实打牢应急行动必备的能力基础，又要着眼于未来，预先做好能够即刻转入战斗的能力储备，按照"继承传统、接续发展、训中求变"的思路，紧跟军事

[①] 钧训轩，《着力健全三位一体新型军事人才培养体系》，解放军报，2018年2月28日。

斗争变化，有力有序推动综合能力的生成。另外，在电磁空间领域作战活动中，一线作战人员是直面对手的最末端、最前沿。为把指挥员的决策意志转化成作战行动，每个作战单元需要依据不同的形态和级别层次，发挥特定的、相对独立的作战能力，确保指挥决策得到有效落实。构成一个编制单位的作战单元，也要积极储备能够熟练操作武器装备，能够适应恶劣环境、陌生地域、特殊条件，心理强大、体能充沛、技能精湛的一线作战人才。

第六章　电磁空间领域创新发展的方法途径

电磁空间领域创新发展的方法途径是指在电磁空间领域创新发展过程中，从总体布局和长远建设出发，对全局进行筹划、组织和实施所采取的方法及路径的集合。从现阶段我国发展状况来看，要加强战略引领、锐意改革创新、紧贴发展实际、抓住关键重点，以信息化引领、体系化设计、常态化建设、工程化推进和压茬式检评等为方法途径，推动电磁空间领域创新发展有针对、有主次、有计划地迈向更深层次。

第一节　信息化引领

信息化是指充分利用信息技术，开发利用信息资源，促进信息交流和知识共享，提高经济增长质量，推动经济社会发展转型的历史进程。[①] "当今世界，信息化发展很快，不进则退，慢进亦退。" 发挥信

---

① 冯亮、朱林，《中国信息化军民融合发展》，社会科学文献出版社，2014。

息化对经济社会发展的引领作用，必须敏锐抓住信息化发展的历史机遇。当前，以信息化为引领已经成为各国推动本国产业更新升级、为未来发展赢得先机的首要选择。所谓信息化引领，是指通过积极发展现代信息产业，灵活运用信息技术手段，迅速渗透并带动传统产业转型升级，促进产业体系内部的自我革新与良性循环，从而加快相关领域的发展。重视发挥信息化的引领作用，并以此带动电磁空间领域高速发展、跨越发展，是更好地统筹信息时代国家经济建设与国防建设，更好地实现信息时代强国梦与强军梦有机统一的必然选择。

一、信息化引领的本质内涵

"信息化为中华民族带来了千载难逢的机遇。"改革开放以来，党和政府敏锐地捕捉到了信息化推动经济社会发展的大趋势，一直致力于推动国家信息化建设。在指导思想层面，党的十六大提出了"以信息化带动工业化，以工业化促进信息化"的发展理念；党的十七大提出了"大力推进信息化与工业化融合"的"两化融合"大思路；党的十八大不仅重申了这一大思路，而且就如何进一步推进两化深度融合提出了大设想。在政策层面，就如何构建泛在高效的信息网络、加快信息网络新技术开发应用、发展现代互联网产业体系以及实施国家大数据战略、强化信息安全保障等进行了具体部署。我国作为一个后发大国，要想在建设信息化国家方面实现快速超越，需要通过信息化引领，推动关键信息技术、设施与人才等先进资源的运用，来加快实现建设信息化国家的战略目标。信息化引领有其鲜明的特点，主要包括资源相互依赖、技术转移溢出和体系聚合重塑等。

（一）资源相互依赖

信息时代使整个社会对信息资源的依赖程度越来越高，而电磁空间领域则是信息资源充分发挥主导作用的新质空间。从资源依赖的范围来看，电磁空间领域的信息资源包括民用信息资源、军用信息资源和军民两用性资源，多种信息资源既有相对独立的应用场景，也有融合共享的现实需求。从资源依赖的关系来看，电磁空间领域创新发展的各个分支领域与创新发展主体之间是一种共生性的相互依赖关系，二者都难以实现自给自足，需要依赖于创新发展体系内其他各个要素在信息资源上的互补交融；而各分支领域与创新发展主体水平的提升，同样能够给所有参与者带来利益共享。这种"根源与成果"的相互依赖关系，成为军地资源共享的基础动力和获得最佳效益的重要途径。

从我国的实际情况看，国家电磁空间领域整体水平的跃升，已经为电磁空间领域创新发展提供了丰富的设施、技术和人才等资源。各分支领域与创新发展主体的持续发展，必须从总体环境中持续不断地吸纳信息资源，在不断的相互作用、交互共享中共同前进。因此，信息化引领必然与信息资源的全域共享息息相关，通过对各类信息资源互通有无，充分发掘多元主体在电磁空间领域内的合作契机，促进信息资源循环流动交互融合，从而产生更大的叠加效应。例如，信息感知技术的发展使获取资源的手段不断增多，信息处理技术的进步使处理资源的效率不断提升，高速计算和通信技术的出现也使得信息资源可以近乎实时地传输、推送。在实施过程中，应当充分利用信息技术高速发展带来的便利，打通创新发展体系中信息资源认知、理解、交互、共享的通路，从而加快电磁空间领域创新发展的前进步伐。

（二）技术转移溢出

我国已经颁布了《国家技术转移体系建设方案》，强调应当"深入贯彻习近平总书记系列重要讲话精神和治国理政新理念新思想新战略，按照党中央、国务院决策部署，统筹推进'五位一体'总体布局和协调推进'四个全面'战略布局，坚持稳中求进工作总基调，牢固树立和贯彻落实新发展理念，深入实施创新驱动发展战略，激发创新主体活力，加强技术供需对接，优化要素配置，完善政策环境，发挥技术转移对提升科技创新能力、促进经济社会发展的重要作用，为加快建设创新型国家和世界科技强国提供有力支撑"。①

　　技术的转移和溢出，都是在从事模仿创新并从被模仿的创新研究中得到更多收益的过程。电磁空间领域的相关技术大部分是信息技术，信息技术的通用性特质跨越了国家、地区和行业之间的障碍，其转移与溢出的过程更加顺畅快速，因此，信息技术的转移与溢出相比其他技术而言，更容易获得收益。英国经济学人智库（EIU，2010）认为，信息技术的快速发展已经对各个经济体造成了特定范围内的扩散影响，信息技术在经济增长方面的贡献作用已经逐渐凸显，推动了信息化进程。近些年，信息技术发展速度和革新速度都越来越快，尤其是在物联网、大数据、云计算、区块链、5G/6G等新一代信息技术的牵引下，社会发展模式、理念和手段等不断转型升级，在各个领域中的发展实践都展现了强大的引领作用。

　　从世界各主要国家推动信息化建设的成功实践来看，重视信息技术的转移溢出，利用信息技术突破信息化建设瓶颈，几乎是各国共有的主要经验。众所周知，引发信息技术与产业革命的计算机、互联网、传感器和全球定位四大基础性技术，都发源于军事领域。由于军事领域的竞争始终最为激烈，导致新技术突破往往率先出现在军事领域，之后，这些技术通过转移与溢出又应用于民用领域，直接影响或改变了社会和经济运行模式。电磁空间领域是信息技术发展与应用的关键领域，军用和民用技术上的渗透性、产品上的互通性、需求上的兼容性、标准上的通用性等，使其成为技术转移与溢出的最佳领域，同时也成为世界各国争相抢占的新战略制高点。在电磁空间领域，信息技术在通过一定的途径进行扩散之后，被不断地采用、模仿、复制和创新，然后或多或少地运用于另一方，技术引进和技术转移成为获得先进技术的有效手段之一，不断为电磁空间领域创新发展提供强大动力。

---

① 国家技术转移体系建设方案，http://www.gov.cn/zhengce/content/2017-09/26/content_5227667.htm。

（三）体系聚合重塑

信息化引领社会发展转型、技术变革演进的根本目标之一，就是推动各发展主体不断实现体系聚合，并在信息技术的不断催化下实现要素重组、结构重塑，进而产生全新的发展体系样式。可以说，信息化引领社会进步，本身就是推动发展体系聚合重塑的过程，这一点在世界范围内信息化快速发展的历史进程中也得到了充分的印证。自本世纪以来，随着信息技术革命进入加速发展时期，一方面催生了国内外大量信息产业实体，如华为、中兴、阿里巴巴、微软、苹果等公司，使得信息产业发展成为传统产业之外的"新业态"部门；另一方面大力推动传统产业转型，赋予其智能化、网络化、模块化、柔性化的新特点。在信息化的引领之下，社会经济发展体系开始逐步呈现结构精干、信息贯通的全新样式。

当前，我国正处于新时期社会经济发展和军队国防建设的交汇节点，电磁空间领域创新发展在捍卫国家利益、应对安全威胁方面具有重要的现实意义，对我国社会生产力增长方式和军队战斗力生成模式也具有重要的现实影响。以信息化引领电磁空间领域创新发展，通过准确把握信息时代社会发展与国防建设的根本规律，打破军地双方在电磁空间领域信息化设施、技术、资源和人才等方面原有的条条框框，推动各专业领域内部进行要素重组，促进电磁空间领域实现整体有机融合，形成一个由信息作为链路连通的创新体系，实现整个产业体系的聚合重塑。体系聚合重塑是稳步推进军队人员与装备体系逐渐转向"精简增效准"的关键，引领电磁空间领域创新发展方方面面的工作落地生根、提质增效。

二、信息化引领的作用机理

明确信息化引领在电磁空间领域创新发展中的作用机理，是回答"信息化如何实现引领作用"之问的关键，是对信息化系统结构中各要素的内在工作方式以及诸要素在一定环境条件下相互联系、相互作用的运行规则和原理进行研究。通过对作用机理的分析寻找变化规律、提高工作效率、设计新的反应，能够为把握创新发展方向、制定创新发展政策、评估创新发展效果等提供一定的指导帮助。信息化引领的作用机理主要表现为信息视野引领宏观统筹、信息技术引领模式变革和信息市场引领体系融合等。

（一）信息视野引领宏观统筹

所谓信息视野，是在充分理解和掌握信息化内涵的基础上，对创新发展活动的一种全新认知角度。强调在准确掌握全局信息的基础上，以广阔的信息视野引领各项工作，对各项活动进行宏观统筹。电磁空间领域创新发展跨度大、层次多，需要结合国际和国内、军队与地方、政府与企业等多方面信息并进行信息能量转化，以更好地指导长远的宏观规划。

远瞰方可远行。电磁空间领域创新发展既是复杂工程也是长期工程，在财力、物力、人力上的投入成本很可能显著高于其他领域，创新发展活动的运行管理也将日趋复杂。以信息视野厘清电磁空间领域标准制定、频谱管理、网络接入、系统研发等各个方面的长远规划，统筹制定信息化融合规划，统筹利用军地信息化资源，统筹构建信息化保障体系。参与电磁空间领域创新发展的主体既有地方各级政府，又有军队各级机关，既有相关行业的主管部门，又有地方企业公司。通过广阔的信息视野，让决策管理者能够准确地掌握各级创新发展主体在发展过程中的现实需求与相互矛盾，实时调整发展策略与发展重心，实现统筹兼顾、突出重点、综合平衡、带动全局，以更为深远的发展眼光，精准协调各创新发展主体之间的关系，运筹谋划电磁空间领域创新发展的长远路径。

（二）信息技术引领模式变革

以信息技术为引领使电磁空间领域生产方式和经营管理模式产生变革，要紧紧扭住信息技术创新、信息交流反馈和成果双向转移三个方面，推动技术研发与应用实践深度相融，确保技术创新始终与电磁空间领域建设的关键需求精准契合，并牵引技术创新成果在不同应用领域实现双向转移。

信息技术创新催生全新合作关系。在电磁空间领域需求方与研发方建立合作关系的过程中，应用方不应当处于技术研发的被动接受端，而是应当将职能范围积极向外延伸，与技术研发单位广泛深入合作，积极参与到技术的需求论证、指标确定、定型检验等环节中去，尤其是关注装备、设备、器材的研制预生产，将应用需求细化为研制过程中可行性、可靠性、维修性、保障性、安全性、经济性、环境适应性等性能指标，与技术研发单位充分研究论证，使整个研发周期内研用双方保持全程、实时、高效的技术互动，助力电磁空间领域信息技术研发始终沿着维护国防安全、助力经济建设的方向稳步前进。

信息交流反馈优化技术研发模式。长期以来，我国电磁空间领域中以科研院所、企事业单位、高新技术公司为代表的技术研发主体，承担了多数无线电设备、频谱监测设备以及电子对抗装备所涉及的基础技术研发；而以各级政府部门、军队为代表的技术应用主体，则长期承担高强度、广范围、长周期的电磁频谱监测、防御、对抗和管控等任务，积累了大量的应用经验和运行数据。但是由于两者之间存在信息壁垒，导致技术研发供需两侧的交流反馈一直处于"单行道"模式，即技术研发主体缺少来自应用主体在实际任务中的反馈，过于关注性能指标的提升，忽视了技术研发与应用的适配性。而信息化引领下的电磁空间领域创新发展，正是致力于构建不同创新主体之间的信息交流反馈渠道，实现产、学、研等多领域的精准对接，破除技术研发的信息壁垒，为技术创新与能力增长释放空间，使电磁空间领域的技术研发进入"需求牵引、多源反馈、灵活调整"的全新模式。

信息技术运用促进成果双向转移。随着信息技术的不断进步，电磁空间领域创新发展也凭借信息化的便利平台和强大手段，以信息技术研发成果的双向转移，推动信息技术应用模式的不断转变。一方面，利用互联网等信息平台，及时准确地公布应用需求，建立公开透明的技术合作机制，打通技术向应用转化的"最后一公里"障碍；另一方面，能够以军民协同重大专项和重点工程为依托，汇聚军地双方力量资源，形成技术集约优势，既满足国防领域的重要需求，也可充分剥离部分非敏感技术体系转向民用，切实惠及社会经济建设和民生福祉，探索出一条以国家科技重大专项、军队科研、高新装备重点工程为牵引，推动高精尖信息技术在国防领域和民用领域双向迁移、互相助力的发展模式。

（三）信息市场引领体系融合

从宏观角度来看，创新发展的决策者作为设计与筹划的主体，在战略规划、体制机制、政策法规的制定和实施过程中发挥着极为重要的作用，但也不是包办一切的控制者，信息与市场共同作用才是推进创新发展的根本动力。健全完善信息市场机制，并依托成熟的信息市场环境推动深度融合，已经成为世界主要国家的共识。

电磁空间领域创新发展离不开国家主导、社会支持、企业广泛参与的融合发展格局。政府关注经济发展、军队关注国防安全、企业追求盈利增长，在这种利益诉求构成复杂的情况下，市场机制就是统筹多方利益的决定性因素。而形成完善市场机制的前提条件，就是通过信息化的引领作用，打破电磁空间领域建设中长期存在的信息壁垒，将各个领域发展建设的需求从其各自的"信息孤岛"中提取出来，置于创新发展的大市场之中；摆脱传统模式下依赖牵头单位进行供需对接的被动局面，使供需双方在信息的引领下，在市场中主动寻求合作机遇；同时通过市场的调节作用，准确把握全局利益和局部利益的均衡点，并从这个均衡点出发，推动各方形成合力，创造更好的叠加效应。

三、信息化引领的关注重点

信息化引领的关注重点是在推进电磁空间领域创新发展过程中，

起到至关重要作用的部分关键环节、重点问题、核心技术和重大项目等。主要包括加强信息基础设施建设、推动信息资源交互共享和关注信息安全联控联防等。

（一）加强信息基础设施建设

信息基础设施主要包括地面基础通信设备、通信电缆光缆资源、卫星通信网络、应急通信平台、高速计算机网络等，具有军民通用性强、投资金额大、建设周期长等特点，在日常防务、抢险救灾、军事训练和应对突发事件等方面都发挥着巨大的作用。

坚持"共同建设、共同使用"原则。对于军地双方通用一致性良好，且不存在安全隔离需求的基础设施，如无线电频谱监测站、无线传输基站以及部分通用的电磁空间数据中心，要坚决贯彻"共建共用"的原则，从项目规划阶段就落实军地协商、资源整合，对业务功能相似、区域位置相近的基础设施项目进行合并建设与管理，采取多部门、多主体合作建设、共同使用、协商管理的模式。这样既能避免同类项目重复建设带来的资源浪费和管理难题，也可构建"共同协商、共同建设、共同使用"的良好机制，有效提高基础设施建设的效费比。

坚持"分别建设、部分共用"原则。对于和平时期社会应用效应明显、军队应用相对较少的基础设施，应充分支持和推动基础建设的"民管民用"，但是要将未来战时的特殊需求纳入基础设施建设的通盘考虑中，保证可以顺畅实现平战状态转换。同时，前瞻预判未来技术发展的整体趋势，对于部分由于受到当前技术发展不成熟所限，暂时难以应用到军事领域的信息化基础设施，要在功能上、政策上、接口上为未来可能出现的军事应用预留余地。

坚持"合作建设、区分使用"原则。对于军队专用、敏感程度较高的信息化基础设施，要坚持"共建分用"，在确保国防安全的前提下，充分引进和发挥民用信息化基础设施建设的雄厚力量和长期经验，采取军地双方共同合作建设、区分情况使用的模式。在确保电磁空间的军事需求得到满足的前提下，将民用力量纳入军队信息化基础设施建设的通盘计划之中，使这些信息化基础建设逐步向平时服务社会经济、战时保障军队作战、应急响应任务需求的"三位一体"模式转变，最大限度地实现军地共赢。

（二）推动信息资源交互共享

以电磁频谱、时空基准、导航定位、气象水文等为代表的绝大多数的信息化资源都是可以军民两用的。信息化资源具有鲜明的军地关联性、通用性和基础性，在国防安全、军队作战及经济建设中都发挥着极为重要的作用，是极其重要的国家战略资源。统合军地双方在电磁空间领域内各有侧重、互为补充的信息化资源，实现军地双方在资源层面的交互共享，对军地一体统筹设计、规划和实施电磁空间领域创新发展相关行动具有非常重要的意义。

推动信息资源分权共享。组织电磁频谱资源的全方位普查，掌握我国重要地区、重要方向的电磁环境和频谱资源情况，建立完善电磁空间通用信息数据库，对频谱管理、加密技术、实时预警等领域的数据实施全方位、多层次的集中管理、分类处理和交流共享。推动各级工信部门、安全部门形成情报资源共享机制，业务部门可以根据不同场景和工作需要，实时感知、处理、应用和发布电磁空间的情报资源。严格按照权限对电磁空间情报资源进行分级管理，按照不同需求对频谱监测、流量管控、数据分析等划分业务权限，对于较低权限的通用性数据，要适当放宽流通范围和限制，使其更好地服务社会发展建设；对于较高权限的专业性数据和敏感性数据，一定要严控流转范围，实施全程监测。

加强频谱资源申请互用。对于电信网、广播电视网、无线电通信网等具有良好通用性的频谱资源，应当面向社会各界用户，开展广泛协商，采取预留接口、互留信道和加密传输等方式提高互用性，确保紧急状态或特殊用户可以根据其实时需求，向主管单位就近提出信道和频段等资源需求。同时主管单位在应对特殊情况和事件时，也可以针对超出管辖能力的电磁空间资源向上级或友邻单位提出支援申请，

建立多方实时交互、迅速应答、视情支援、联合应对的良好机制。推动频谱资源申请互用，核心在于顶层谋划和资源整合，依托良好的互用机制提升整体效益，能利用通用资源的就不必再另起炉灶，切实为各方减轻负担。

坚持资源管理一体推进。信息资源系统不仅需要依靠先进的技术并历经相当长的建设周期才能完成，还需要在平时不断持续投入大量人力物力来进行日常管理和更新维护。近年来，我国电磁空间领域技术发展迅速，积累了大量信息化资源，尤其是国家无线电频谱资源管理力量较为雄厚，建有涵盖全国的无线电监测网络，拥有一整套精干的管理队伍和长期积累的管理经验。但是，由于缺乏一体化的管理机制，不同应用领域的资源长期不相互补，大量信息资源处于分散存管、缺少整合的无序状态。应当探索建立电磁空间领域的一体化资源管理平台，将原本由不同主体各自管理的信息化资源，接入一体化资源管理平台，共同协商进行有效管理，整体提高电磁空间信息资源管控能力和管控效果。

（三）关注信息安全联防联控

"网络安全和信息化是一体之两翼、驱动之双轮，做好网络安全和信息化工作，要处理好安全和发展的关系，做到协调一致、齐头并进，以安全保发展、以发展促安全"。随着安全态势的不断升级和军事斗争准备的步伐加快，电磁空间信息安全问题发生的频次和涉及的范围，也呈现逐步增长扩大的趋势。当前，我国面临严峻的电磁空间安全威胁，尤其是沿海地区，电磁空间领域的冲突时有发生。

形成军地长效合作机制。美国针对电磁空间信息安全问题，组织国防部、军兵种电子对抗力量、国土安全部、国家安全局等机构建立了跨部门的协作机制，有效提升了政府处理电磁空间紧急事件的能力。我国在维护电磁空间信息安全方面，应当继续发挥"人民战争"的巨大优势，形成军地协作、联控联防的良好局面，建立军地双方长期高效的事件应急机制、情报共享机制和情况通报机制。例如，建立军地一体的危机协防机制，将民用电磁空间感知力量纳入国防安全防卫体系中，发挥更好的联控联防作用；建立联合应急电磁频谱管理的沟通机制，针对民用领域的非法信号插播、重大活动保障、维稳处突、抢险救灾等场景展开军民联合实战化演练，在联控联防中提高电磁空间信息安全管控能力。

军地互助提升防控能力。军地双方在信息安全的实践中各有侧重，但是联控联防绝不能缺失军地任何一方的积极参与。进一步推动电磁空间信息管理系统的保密技术研发，确保军地双方互联互通的电磁空间信息网络和军地一体化频谱管理数据库，始终处于数据加密和链路加密的保护之下，并在军民系统终端预设专用数据导入导出接口，加强使用人员密级权限和身份验证管理，切实做到平时全程监管，战时无缝对接；在密级制定上，军地双方共同协商、共同审核、共同监督；在人员教育和管理上，军地联合教育、一体把关、定期审查，杜绝安全防卫在制度和人员上出现"短板效应"；强化保密意识，对军用频谱数据要严格保密，尤其是对军地电磁频谱监测、感知、管理等领域的数据和网络，要采取单向存取、访问控制、智能隔离、病毒防护等技术安全措施，确保电磁空间高价值信息滴水不漏。

第二节 体系化设计

体系化泛指将既定范围内原本分散运作、互不协同的独立要素，按照一定秩序和内部联系，置于统一的体系架构之中形成有机整体，进而实现一定的目标。[①]电磁空间领域创新发展的体系化设计，是指依据电磁空间领域的建设、管理、作战、保障等需求，使电磁空间领域相对独立的各个要素之间形成一种紧密联系，以完善的顶层设计为牵引，以健全的体制机制为保障，以科学的框架结构为基础，对创新发

---

① 马潇，《军民融合式军需保障体系建设研究》，解放军出版社，2015。

展进程实施科学管理和精准管控，确保各个独立要素发挥良好的作用效能，从而更好地实现创新发展的总体目标。

一、体系化设计的内涵本质

电磁空间领域创新发展要突破原有观念、进行理论创新，用先进的理论指导建设实践。创新发展过程中的体系化设计理念不可或缺，正确理解认识体系化设计的内涵本质，让其成为后续各项工作的"出发点"与"指南针"。

（一）结构优化释能

电磁空间领域创新发展体系结构由发展任务、责任关系、业务流程和沟通渠道所形成，良好的结构形式有助于合理地分解任务、明确责权、强化沟通，进而更好的形成合力。可以说，实现电磁空间领域创新发展，需要抓住"结构"这个重点，充分发挥创新驱动作用，推动结构优化释能，实现创新发展体系"腾笼换鸟、凤凰涅槃"。

结构优化设计是在给定约束条件下，按某种目标求出最好的设计方案。在一个组织中，对相同的组成因素采用不同的组织结构，组织的效力发挥会大不相同。对电磁空间领域创新发展体系结构进行优化，包括调整各部分阶层秩序、时间序列、数量比例及相互关系等，能使各部分作用的正效应增大，减少负效应，从而达到最好的效果。[①]体系化设计需要立足于全局角度重塑体系结构，摆脱局部思维、表象思维，将处于不同体系层次、专业领域、发展阶段的主体，聚合为创新发展的有机整体。在此基础上，重点围绕国家利益拓展和新型领域安全，从政策法规、体制编制、理论研究、技术研发、人才建设和执行标准等各个方面进行优化重塑。通过对体系结构的优化设计，突出各个创新发展主体的特点优势，促进各个组成部分的高效释能，弥补各个方面存在

---

① 百度百科，结构优化原理（Configuration Optimizing Theory），由全国科学技术名词审定委员会审定公布。

的缺点不足，使原本分散发展、独立运行甚至互不相通的电磁空间领域力量群体，纳入一个统一的架构之中，实现整体能力大于部分之和的最佳效果。

（二）要素交联演进

通过促进体系内部各个要素的交互联动实现整体能力倍增的过程，并不是将原本独立的主体进行简单组合，而是要充分把握各个要素广泛联系、深入互动、不断演进的内在机理，以信息、技术、资本、人才和产品等各个要素的相互流动、相互支撑、相互牵引，形成一种应时而变、与时俱进的动态发展过程。[①]在体系化设计的过程中，各个要素交联演进需要重点把握两个层次的问题。

第一个层次是要素的自身素质发展，即单个要素的发展。应当立足于对战略职能与主体职责的准确定位，通过对军地双方的电磁空间领域创新发展能力进行细致准确的统计，摸清总体实力，对各个要素创新发展的优势与缺陷进行科学分析，进而更加合理地整合配置发展资源，使各个要素都能聚焦于自身能力水平提升，避免形成体系短板。第二个层次是要素之间的关系耦合。强化各个要素之间的关系耦合，通过建立科学规范的运作机制、演练机制、管理机制等，使电磁空间领域中具有紧密联系的行业主体不断聚合，构成具有一定职能的子系统，并在宏观目标的牵引和统筹下，聚合形成一个体量庞大、分工明确、关联紧密的战略体系，使电磁空间领域创新发展不仅在横向上实现全域聚合，也能在纵向上深度演化革新。

（三）运行流程再造

运行流程客观存在于创新发展的全过程，既是创新发展的重要驱动，也是创新发展的运作基础，对开展创新活动、实现既定目标有着不可替代的作用。电磁空间领域创新发展离不开军地双方共同努力，工作流程势必与军地双方紧密相连。需要将创新发展与军民协同相结

---

① 苗宏，《信息化条件下体系化军事思维刍论》，中国军事科学，2012（5）。

合,紧紧围绕军地双方各个系统、诸多领域、众多部门的不同需求,认真分析、科学把握工作过程中可能出现的矛盾与关联,建立纵向贯通、横向兼容的运行体系,设计规范畅通、运行高效的工作流程。

首先,大力推动创新发展战略的宏观协调,合理优化新的国防动员体制下各省军区、地方政府、军地双方无线电管理部门以及频谱使用单位之间的工作协调机制,在准确把握电磁频谱使用与管控需求规律的基础上,做好任务衔接与工作沟通;其次,持续完善配套法规制度,构建军地一体、全程覆盖、系统完备的法规制度体系,以此为指导,明确军地双方各个创新发展主体的职责权限,细化创新发展过程中规划计划、业务指导、检验考评、会议协商、应急方案等的工作流程,防止出现分工不明、责权不清、力量分散、缺乏统筹的局面,确保军地平衡有序并进。

二、体系化设计的作用机理

电磁空间领域创新发展具备多维度、多层级、多要素等特点,进行体系化设计要在准确定位战略目标的前提之下,充分考虑各个要素之间的影响与制约关系,从体系融合的角度出发进行设计,确保思想统一、结构合理、职能明确、关系顺畅。

(一)宏观战略设计牵引全局发展

以宏观战略设计牵引全局发展,在一些世界主要国家的创新发展历史中,已经充分得到验证。例如,美国、俄罗斯等都设置了负责国防建设和经济建设统筹协调的顶层机构,并颁布了相关法律和战略,从全局上确定了创新发展战略在国家战略中的地位和作用。[①]

电磁空间领域有大量的管理部门、培训基地、用频机构、研发单位,专业涉及面广、部门数量庞杂、内部关系复杂。另外,由于多种历史原因及制约因素,体系内长期存在着单位数量多、机构职能散、

---

① 郭中侯,《军民融合概论》,国防大学出版社,2015。

统筹力量弱、协调关系乱等问题。这样一个主体多元、构成复杂、职能交叉、制约众多的复杂巨系统，要实现体系结构的精干化、高效化，就必须坚持从顶层进行体系化设计。在国家主导下进行科学设计宏观布局，实施战略层面的控制与调节，通过直接参与建设管理，解决制约创新发展的全局性问题，处理好军队、政府和企业三者之间的关系，确保创新发展体系始终服务战略全局、促进经济发展、维护核心利益。

电磁空间领域创新发展作为一项宏观性、长期性的战略任务，应当以国家主导统领体系化设计，发挥社会主义制度能够集中力量办大事的政治优势，综合运用规划引导、体制创新、政策扶持、法制保障以及市场化等手段，最大限度地凝聚社会各界发展合力。在这个过程中，军地双方统一思想、把握路线、协调关系，通过高屋建瓴的精心设计和科学筹划，准确定位创新发展战略的指导思想、原则、目标和方法等。在充分论证的基础之上，对各体系层次的中间环节进行缩减，按照任务需求采取专兼结合，对机构数量和规模进行压缩调整，建设编制精干的人才队伍，减少资源复用与浪费，最终实现体系精干化、高效化的目标。

（二）运行机制设计统筹各方主体

在过去的一段时期内，相关部门一直在探索各类方法解决电磁空间领域创新发展过程中体系割裂、机制不畅的问题，而解决问题的关键之道，就是按照统一计划、统一管理、统一推进的原则，通过加强集中统一领导，同步推进体制和机制改革、体系和要素融合、制度和标准建设，建立横跨多个领域的高层次组织机构，统一协调军队与地方、政府与企业之间的关系，真正将国防建设和经济发展纳入一个步调统一、责权明晰、令行禁止的指挥机构之中，实现电磁空间领域创新发展的统一领导。

电磁空间领域创新发展主体包括工业和信息化部、国家无线电管理局、国家无线电监测中心以及地方和军队所属的多个职能机构，数量庞大、分布广泛。将众多创新发展主体"统一步调"，必须对运行机制进行优化设计，彻底打破隔离甚至封闭的旧状态，调动他们的积极性和创造性，引导他们凝聚共识形成新合力。而优化运行机制的重点，一是优化需求对接机制、业务协调机制、联合管理机制，形成完备的需求论证、归口上报、综合评审和落实反馈等，保证需求顺畅对接、综合平衡；二是通过建立任务协调、信息通报机制，依托专门的协调机构，明确工作职能、业务流程；三是通过财政分配、审计监督体系，依托成熟的运行程序和管理机制，不断完善经费管理、绩效激励和监督约束等机制，按照科学化精细化的要求对创新发展全过程进行管控。

（三）阶段规划设计检验实施效果

随着时代的发展，规划逐步向着精准集约、科学规范的方向发展。无论是哪一种规划，目的都在于实施，而规划的实施正是其中相对薄弱的环节。在实施过程中，不可避免地会遇到很多新情况，进行阶段规划并在每一阶段规划实施之后，立即对完成情况进行检验，确保各项规定落地执行，确保各项分工如期完成。这也是进行体系化设计的重要意义所在。

准确定位电磁空间领域创新发展现状，结合实际对建设成本、效益和可行性进行综合分析，通过科学化的体系论证，将目标任务分层次、分方向、分专业进行细化，对各级和各部门的创新发展活动作出准确定位。同时按照远、中、近三个阶段，对各类目标任务进行综合平衡，突出不同阶段的建设重点，并按照总体要求，对阶段划分的主要时间节点进行协商敲定，保持参与各方步调一致。在实际执行过程中的任何阶段，都会不可避免地受到诸多变量因素的影响，而且这些变量因素往往都在预料之外，并极有可能导致实施效果与预定目标有所偏差。造成偏差的原因是多方面的，主要包括规划制定时存在的问题和执行过程中出现的问题。

重点关注执行过程中出现的问题，厘清到底是来自外部因素还是来自内部因素的影响，继而再对阶段规划的目标实现程度和推进程度进行评价检验，并对客观原因进行系统分析。电磁空间领域创新发展涉及多方资源重组和利益分配，在进行系统分析时，应当注重回答五个方面的问题：何者——哪些方面产生了偏差？何处——在什么地方发生？何时——在什么时间发生？何故——产生偏差的原因是什么？何种程度——偏差的严重程度？[①]查找出问题产生的实际原因和关键原因，才能够对阶段规划执行结果做出科学评估。值得注意的是，阶段规划评估是一项十分复杂而又重要的工作，包括目标评估、效益评估、影响评估和守法评估等，应当由特定的组织机构负责组织实施、把握评估内容，进行系统全面的综合评估。

三、体系化设计的关注重点

体系化强调深入发掘系统内部各要素之间的联系和规律，通过对要素的优化设计和创新运用，实现系统的相互协调、相互促进和相互补充。电磁空间领域创新发展体系化设计，要重点围绕体系适应性的前瞻设计、体系拓展性的创新设计和体系市场化的科学设计等。

（一）体系适应性的前瞻设计

电磁空间领域广阔纵深、安全问题复杂多样、技术更新迭代频繁，体系设计需要具有前瞻设想、覆盖全域范围、预留调整空间、实现与时俱进。当前，我国电磁空间领域正处于历史变革的关键时期。在技术水平升级方面，5G/6G 技术、量子保密通信技术、"北斗"系列组网应用等前沿技术和重大项目取得了长足进步，逐渐迈向世界一流水平；在安全形势变化方面，周边电磁空间安全威胁始终存在，竞争与对抗从未停止；在社会发展需求方面，随着机械化、信息化和智能化的三化融合发展速度加快，人民群众对于高效、稳定、安全的使用无线电频率产生了更加多样化的需求；在军队联合作战方面，以网电对抗为主的新质作战力量不断融入现有作战体系，战争样式不断演进更新，

---

① 刘瑞，《中国经济发展战略与规划的演变和创新》，中国人民大学出版社，2016。

作战空间逐渐全域多维，电磁空间领域成为新战场。

以上种种，都对电磁空间领域创新发展体系设计提出了新要求——能够适应技术水平升级、能够适应安全形势变化、能够适应社会发展需求、能够适应军队联合作战。在体系设计的最初阶段，就围绕创新发展目标，预先对客观存在及将来可能出现的外部形势变化进行深入分析研判，将现实发展与预期目标之间存在的各种差距进行反复纠偏调整，使电磁空间领域创新发展具备应对新问题新困难、适应新规则新态势、符合新时代新变化的动态能力。另外，对体系的前瞻设计不应仅仅存在于顶层，参与创新发展的各层次主体，都应当清除依赖上级指示、落实行动迟缓的被动观念，积极对形势变化进行分析判断，结合自身的实际情况和具备的现实条件，主动筹划发展路线、科学设计发展规划、提前制定方案预案等，使电磁空间领域的各个分域都具备灵活机动的局部自适应能力。

（二）体系拓展性的创新设计

创新设计专注于挑战现状，但必须要以发展目标为导向。未来的竞争与对抗必定更加依赖于电磁空间，从而引发电磁空间的极大变革。电磁空间领域创新发展体系设计，要服务于未来我国电磁空间安全利益的根本需求，具备一定的可拓展性和可延伸性，以期在愈加激烈的电磁频谱拥堵、信息系统干扰、电子对抗攻防等复杂电磁环境中获得体系化优势。体系拓展性的创新设计强调的是创新和未来，但同时注重以"原型设计"为基础，需要合理利用电磁空间领域已有的科技成果，设计出具有创造性、新颖性、流畅性、实用性、变通性的新成果。同时，创新设计并不是单打独斗，也具有民主集中的特点。

在电磁频谱管控力量相对有限的情况下，应当积极拓展电磁空间感知体系的覆盖范围，吸纳多方主体和设施装备，形成完善的电磁空间感知网络和管控值班机制。由军地双方共同承担我国境内及周边地区的常态化电磁态势感知任务，共享数据信息，并通过积累获取的电磁频谱数据掌握各类电磁信号参数及特征，为构建电磁空间频谱特征数据库提供有效支撑，进而提升掌握电磁空间动向、及时发现威胁的能力。另外，随着"一带一路"倡议的深入推进和国家利益范围的不断拓展，我国未来走向深蓝、远涉大洋的脚步逐渐加快。当前，海上方向电磁空间安全威胁主要集中在近海防卫和远海维权过程中的电子干扰、窃听及封锁等，海上方向电磁空间的管理、协调与应急等活动也应当纳入体系设计之中。例如，在沿海地区构建军民协同防卫体系，注重海上预置电磁侦察力量和海、空、天一体的电子对抗力量相结合，等等。

（三）体系市场化的科学设计

经济全球化是不可阻挡的历史潮流。市场作为国家经济活动的主要载体，不仅在资源配置中发挥着决定性作用，也成为调节不同活动主体之间利益关系的关键性工具。经济全球化飞速发展，电磁空间领域要在愈加完备的市场环境中实现创新发展，创新发展体系必须具备自主经营、自我更新、自觉规范、自发成长的关键能力。引入市场竞争机制是实现资源优化配置、市场优胜劣汰的有效方式。在市场环境的考验下，合格的创新发展主体必然具备一定的技术和资本能力，具备防范安全风险和经济冲击的能力。

充分运用市场机制和竞争机制，激发市场主体参与创新发展的积极性，找准整体利益和局部利益之间的最佳结合点，使优质资源、技术积累、资本力量向电磁空间领域的关键项目聚焦。建立高效、公平的竞争机制，关键在于如何制定合理的竞争规则，这包括了竞争体系的准入机制和竞争过程的监督机制。竞争体系的准入机制，就是要通过各类法定手续严格审查和规范竞争主体的资质，确保其具备相当的竞争能力。在电磁空间领域，大量电磁频谱资源和无线电设施设备都与国防建设和人民安全息息相关，必须严格审查准入资格和实施动态管理。另外，还要充分发挥市场潜力，注重对力量分散的民营企业进行扶持，在科研投入、税收减免、政策优惠等方面解决实际困难，以全球化视野和开放式思维，鼓励各类创新发展主体互通有无、互补缺陷，形成具有较强市场竞争力的创新发展体系。

第三节 常态化建设

常态意为正常的状态，常态化就是泛指取向正常的状态，或者指使某种事物趋近于合情合理的状态。[①]将这一解释向电磁空间领域创新发展中延伸，常态化建设就是让军地一体化的统筹设计、统筹规划、统筹建设在电磁空间领域创新发展中保持一种经常状态，并确保相关活动能够深入持久、扎实有效地开展下去的过程。电磁空间领域创新发展并非一个"冲锋式"的短期行动，而是要融入国家社会与军队发展的长期进程中去，必须客观认清电磁空间领域创新发展的持久性，将创新发展的阶段性任务转化为常态化工作，保持一种"长征式"的发展状态。

一、常态化建设的内涵本质

建设工作重在长流水、不断线，需要长期保持力度、持续巩固成效。电磁空间领域创新发展常态化建设，不应局限于政策导向型的被动前进，也不应错解为趋利跟风式的短期行动，而是要强调战略定力、重视长期坚持、确保政策落地，并由此形成一种长效机制、一种发展模式、一种运行规范。

（一）强调战略定力

电磁空间领域创新发展立足于实现中国梦、强军梦这一宏伟目标，是推进改革深化、实现科技强国、落实军民协同的战略选择。面对当前世界百年未有之大变局，这项与国家发展战略紧密契合的重要任务，具有鲜明的挑战性与长期性，发展进程势必充满艰难、历时长久。也正因为如此，各项工作更需要常态化地扎实稳定推进。常态化建设并不是一成不变的，也会随着时间和条件的变化而不断丰富和完善，但

[①] 张弘，《武器装备动员常态化研究》，军事科学出版社，2011。

是，绝不会因外部环境的影响与变化而改变战略目标、偏离战略方向。这种常态化建设的过程，本身就是一种"战略定力"。

"战略定力"既是高瞻远瞩的思维能力，也是坚定果断的行动能力，强大的战略定力是推进电磁空间领域创新发展常态化建设落地的关键。在创新发展进程中，会不可避免地产生内部矛盾与外部干扰，有些甚至会影响既定目标的实现和阻碍相关工作的推进。例如，电磁空间领域创新发展模式的建立，同样也是一个革弊鼎新的过程，必然会影响和改变传统利益格局，也必然会由于各种利益冲突而产生一系列的困难阻碍。当常态化建设面临一系列严峻考验，必须强化战略意识、保持战略定力，排除内生倦怠、化解外部干扰，坚决依据战略规划和政策制度进行实施。另外，创新发展进程推进顺利、形势大好，也会容易出现过分乐观、盲目冒进，导致各项工作浮于表面，此时应当注意克服浮躁心态，防止战略失误，确保常态化建设目标扎实推进和稳步实现。

（二）重视长期坚持

电磁空间领域创新发展涉及军队与地方的多个系统、多个部门、多个主体，其统筹实施并不是一蹴而就的短期任务，是贯穿于国家和军队发展的历史性任务。体系化设计需要经历长时间的反复论证、研究决策，常态化建设则需要更加漫长的时间去贯彻落实、形成固化。常态化建设是一种长期的行为目标，具有显性的、具体的、可操作的特性，形成长期关注和固化行为模式，可有效避免实施者和参与者出现短期行为，并因此损害持续发展潜力。

在过去相当长的一段时间内，我国电磁空间发展建设的设施基础、技术基础等都相对薄弱，并且广泛存在着专业发展不均衡、主体联系不紧密的问题，这在一定程度上导致出现发展建设进程缓慢的情况，也在一定程度上造成路径选择正确与否的困惑。与此同时，其他世界主要国家都在大力加强电磁空间领域的发展建设，他们先行一步的战略规划、技术研发和军事应用等，与我国相比形成了明显的领先态势。

内部挑战和外部威胁并存，加大了电磁空间常态化建设任务的艰巨性，必须做好长期坚持和攻坚克难的各项准备。首先是规划计划的长期坚持。规划计划是总纲、是指引，对规划计划中制定的节点目标要保质保量按时完成。其次是评价标准的长期坚持。要确保常态化建设的全程中标准不下降、不模糊、不变形，坚持从严要求、一严到底。再次是风险防范的长期坚持。对于可能阻滞或者中断创新发展的各类系统性风险，及时进行科学评估、全程防控，打好风险防御战和危机转化战。通过以上三个层面的长期坚持，实现电磁空间领域创新发展常态化建设"稳"与"进"、"长"与"常"的有机统一。

（三）确保政策落地

"凡将立国，制度不可不察也。"从制度经济学的角度来看，集权机制的核心是国家，其决策能够影响整个社会的资源配置。政策制度对于保障常态化建设具有根本性、长远性和可靠性作用。我国针对不同时期面临的国际国内环境，不断调整经济建设与国防建设的发展战略，为电磁空间领域创新发展提供了良好的环境支撑和外部条件，但目前还未完全形成完善健全的相关政策体系。例如，我国针对频谱管理、使用、合作、服务等方面出台了一系列具有针对性的政策，但是在一些行政地域或行业领域，政策落实的"最后一公里"往往出现"梗阻"，尤其是针对部分电磁空间领域的初创公司、小微企业、民间机构所制定的规范性、优惠性、引导性政策，还存在落地不实等亟待解决的现实问题。

无论是国家、军队还是企业，都受到政策制度的影响和制约，政策制度的完善和落实直接影响着资源配置和执行效率。推进电磁空间领域创新发展常态化建设，重中之重就是确保各项政策扎实落地。要关注政策落地的精准性，充分发挥各级政策执行的能动性，吃透上情、摸清下情，避免各项政策在落实过程中出现误读曲解或偏离初衷；要进行动态管理，围绕制度常态化、试点常态化、演训常态化等重点，将创新发展的宏观目标分解为不同层级的常态化任务目标，并最终固化为常态化机制,确保落实到各个层级;要善于利用第三方评估机构,发挥技术协会、行业商会、咨询公司等在政策评估与监督方面的重要作用,收集反映各级各类意见诉求,深入分析政策落实的阻滞点,提出科学合理的对策建议,助力政策制度落到实处。

二、常态化建设的作用机理

常态化建设重在一个"常"字。推动电磁空间领域创新发展常态化建设是整体的联动过程,需要以法规依据的"常建"为切入、以政策落实的"常抓"为重点、以军地协调的"常通"为保障,明确各级权责界限,推动政策扎实落地,促进军地沟通协调。

(一)以"常建"完善法规依据

建立健全配套的法规制度,是推进电磁空间领域创新发展常态化建设的基础保障。当前,我国电磁空间领域的相关法规制度主要由一系列的行政性法规、地方性法规构成,涉及频率管理、台站管理等多个方面。我国颁布的《中华人民共和国无线电管理条例》和军队颁布的《中国人民解放军电磁频谱管理条例》等,作为纲领性法规,对电磁空间领域内的各个主体、各类活动的相互关系和权利义务进行了总体规定。除此之外,中国人民解放军空军于2015年颁布了首部《空军电磁频谱管理规定》,我国航天领域相关部门出台了《卫星网络申报协调与登记维护管理办法》,其他相关职能部门也出台了《无线电频率使用许可管理办法》等。

总体来看,电磁空间领域相关法规制度的数量种类越来越多、涵盖范围越来越广、内容制定越来越细,处于整体向好的趋势,但依旧存在不少需要完善改进之处,还需要一个循序渐进的过程。例如,军地法规制度兼容性欠缺,存在许多重复冗余的规定;技术更新迭代较快,旧有法规制度难以完全覆盖,等等。将法规制度建设纳入常态化建设的轨道,对已有法规制度进行认真梳理、查漏补缺,进行分解细化、明确责权义务，不断提高法规制度的可操作性、可执行性，为电磁空间领域军地一体统筹设计、统筹规划、统筹建设的常态化运行提供坚实依据。对电磁空间领域各层次、各阶段、各环节进行系统和全面规范，构建衔接配套、协调一致的法规制度体系，确保军地双方各级责、权、利的高度统一，使各项工作的开展都有法可依、有章可循、有序推进。

（二）以"常抓"确保效果落实

有法可依是基础，有法必依是关键。确保常态化建设的推进效果，不仅需要完善的法规制度，更需要有力的落实执行。"常抓"电磁空间领域创新发展各项工作任务落实，主要包括三个方面。

常抓机制创新。电磁空间领域创新发展的常态化建设环境具有一定的特殊性，其主体相互之间存在一定的独立性，仅仅通过行政层面的强制性措施，很难做到畅通渠道、形成合力，需要在工作机制和协调机制等方面大胆创新。例如，建立常态化联席会议制度，按阶段、按任务组织各级、各方进行沟通总结，加强监督推进，提升落地效果。

常抓信息建设。积极探索"互联网+"等方法模式在论证、实施、监督过程中的作用，通过征求意见、网络监督、网络宣传等形式手段，充分发挥信息网络的倍增作用，让推进常态化建设不再是停留在文件上的"纸面建设"。

常抓监督调节。将监督调节贯穿全程，尤其是注重发挥市场的监督调节职能。在遵循市场基本规律、完善市场机制建设的前提下，将军地双方创新发展主体置于市场之内，通过监督调节促使军地双方形成强烈的规则意识，助推常态化建设的各项工作扎实落地。

（三）以"常联"实现能力提升

新形势下的电磁空间领域创新发展，必须要兼顾社会发展的多元性和军事斗争的复杂性。注重强化军地双方的协调互通和密切协作，贯彻落实"能打仗、打胜仗"目标要求，不断提升军地协同执行任务能力。

军地联合制定发展规划。军地联合制定岗位训练、装备建设、实战运用、组织管理、人才培养等发展规划。

加强军地频管能力联结。军地联合进行专业训练、联训联考。组织军地相关部门进行联考联训,统一军事思维层次、科学调整指数标准,不断加强对联合任务指挥、组织协调能力的培训。

推进军地资源力量联动。让军地的资源力量实现互通互融,进行联合协调,切实做好军地双方各级党委和相关职能部门的常态化对接工作,立足应对电磁空间复杂情况,进行多案筹划、多手准备,建立联合双方力量、资源、设备、行动等的常态化机制。在这个过程中,军地双方由于诉求不同、要求不同、标准不同等客观原因,必然会给联合开展工作带来诸多困难,需要准确把握客观规律,有的放矢开展沟通协调。

三、常态化建设的关注重点

常态化建设需要突出对重点环节、重点项目和重点方法的关注。其中,依托试点工程形成常态化示范、创建产业集群引领常态化创新、组织军地联训确保常态化落地这三个方面更是值得重点关注。

(一)依托试点工程形成常态化示范

"试点工程"在我国社会发展和国防建设的历史实践中,一直发挥着非常重要的作用。通过选定具有一定资质和能力的试点地区或单位,对新战略、新政策、新技术等进行有益探索与尝试,充分总结经验与教训,再向更广的范围内推开,最终形成常态化的发展机制,有利于快速探索新领域发展建设节奏,有效规避重大风险隐患。2017年12月,我国首次启动采用竞争性方式开展频率使用许可试点工作,新疆、安徽通过竞争选定了频率使用单位,标志着试点工作首获成功。随后,山西、河南等省也依照此方法进行了实施,同样取得了可喜成果。这种创新无线电频谱资源配置方式的做法，为电磁空间领域创新发展开拓了新思路。

当前，随着"网络强国""制造强国"等国家战略的稳步推进，5G系统研发、航空航天重大工程项目以及卫星移动通信网络等方面的建设也在不断拓展深化，电磁空间领域的政策性试点工作，除了在原有模式的基础上继续拓展试点地区范围，更要将眼光投向专业领域的常态化建设。例如，可依托广电、民航、气象、航天等专业领域进行探索，逐步由地区试点向领域试点推进，由短期验证向常态运行发展，不断提升开发、利用和管理电磁空间的能力水平。

（二）创建产业集群引领常态化创新

产业集群这一概念最早起源于20世纪70年代的美国，由哈佛商学院的迈克尔·波特教授通过对多个国家地区的调研，从组织、价值、经济效益等角度出发，形成了对产业集群这一概念的初步定义与解释。[1]产业集群作为一种为创造竞争优势而形成的产业空间组织形式，具有非常鲜明的集聚发展规模效应和群体竞争优势，适用于电磁空间领域。我国电磁空间领域创新发展的参与主体来源于多个区域和多个专业领域，情况复杂、差异较大、力量分散，具有产业链条长、产业关联度高、技术含量高、机构关系松散等特点，采取产业集群的发展方式，打破行政区划、行业区别，突出军民两用优势产业的特色和发展重点，迅速梳理出主导产业链，促进各领域、各地域要素聚集，在纵向产业链条上实现多层民用主体与国防军工企业之间的广泛合作、协同升级，带动横向产业链上各个配套制造企业、配套服务产业、跨产业配套企业的发展，做大做强产业链各个关键环节，进而形成虹吸效应，将主导产业链不断充实成为纵向成链、横向互联、区域聚合的产业集群。

近些年，在国家政策的有力引导和地方政府的大力扶持下，我国各地涌现出了一大批各具特色、成效卓著的军民协同产业园区。借助

---

[1] 陈茂捷，《国防工业产业集群区域经济效应分析》，军事科学出版社，2011。

这一基础平台，实现了军工装备高端制造技术、民营企业公司资本、院校及科研院所技术力量、咨询论证评估机构的大融合，有效提高了融合要素之间的配置效率。与此同时，军民协同产业园区的集约效应，使标准化建设的理念得以推广普及，使得政府、军队、企业、大学、院所、科研服务机构、金融机构等七大主体共享同一个发展平台，有效降低了信息不对称，提升了资源配置效率，促进了军地产学研主体在科研成果、资本运作、管理模式、论证咨询等多方面的资源共享，推动了国防建设与社会经济发展实现互利共赢。入园企业既有国家级的企业分支，也有省市一级的知名企业，既有老牌子的"大块头"，也有新创立的"中小微"。主要集中在网络信息安全、新材料、无人系统、大数据与人工智能、光电装备、高端海洋装备、通用航空与卫星应用、集成电路及核心传感器等8大产业领域，服务了陆军、海军、空军、火箭军和战略支援部队等。其共同特点是知识技术密集、科技人员较多、生命周期长且附加值高，年增长率是传统产业的3至5倍，是地区经济增量的主力军，也是聚集军民协同产业、引领科技创新的引擎。

（三）组织军地联训确保常态化落地

世界安全形势复杂多变、国际军事竞争不断升温，未来相当长的一段时期内，我国电磁空间领域都面临着巨大的挑战，需要具备强大的应急处突能力。从外部来看，西方对我国遏制渗透力度逐步加大，我国周边电磁频谱冲突态势不断恶化，近海地区及重要海洋通道的电磁频谱争端有所加剧；从内部来看，大型抢险救灾任务、大规模群体事件、分裂势力活动等时有发生，此类重大事件影响范围大且传播速度快，这对电磁空间的感知、利用和管控提出了越来越高的要求。

长期的实践表明，规范化、常态化的联合演训机制，尤其是军民协同、平战一体的紧急救援、联合处突、反恐维稳的联合演训机制，对提升重大突发事件中联合响应速度和事件处置效率，具有十分明显的积极作用。我国是自然灾害频发的国家之一，地震、洪涝、林火等自然灾害发生猝然、时效性强，在抢险救灾过程中，必须确保通信畅通无阻、用频安全稳定；另外，近年来敌对势力的滋扰破坏有所抬头，并越来越多地运用先进电磁手段进行各类暴恐活动，必须建立重大突发事件的电磁频谱感知管理体系，在事件发生时按照分级预警程序实施军地一体联动，能够运用多种手段，对暴恐分子使用的卫星、对讲机、无线电台等进行全方位的压制与干扰。为此，必须要抓好常态化应急处突演练，做好应对各类威胁挑战的准备，针对重大事件、实战环境以及军地联保等开展一系列的常态化训练与演习，注重加强行动指挥过程中临机协同组织和电磁态势共享的演练，确保在应急处突行动中发挥军地双方的优势互补效应。

第四节　工程化推进

工程化概念最初泛指把产品研发工程中的经验、知识等规范化和系统化，建立一个可重复、可验证、可追溯、可控制、可管理的流程，使研发各环节都以有序、系统的方式在受控状态下运行。[①]随着社会发展的不断进步和行业联系的不断密切，以创新发展理念为引领的国家战略或重点项目，也在逐渐接受和适应工程化的推进方式，即在对发展战略整体需求进行详细分析的基础上，将庞杂的系统工作分解整合、化虚为实，细化为若干环节，形成标准模块，落实到具体的责任主体，并围绕各阶段的中心目标进行迭代推进，使宏观战略目标依照科学路线稳步推进。

一、工程化推进的内涵本质

所谓工程化理论，是在系统论、信息论、控制论和运筹学的基础上产生的，是对工程建设规律、原则和方法的认识，旨在提供一套完

---

① 秦永刚，《指挥工程化——从信息到手段再到模式的整体嬗变》，国防大学出版社，2014。

整的科学理论及方法，以及成熟的程序和规范，来解决复杂的系统工程问题。以工程化理论对电磁空间领域创新发展进行顶层设计和规划，进一步明确推进的总体目标、时间节点、技术指标和资源分配等，有助于正确理解宏观走向，准确把握建设重点。

（一）理论实践结合

电磁空间领域创新发展的工程化推进是一种先进理念，是在进行电磁空间领域技术研发及产业升级的全过程中，从任务目标、产业体系、发展路线、方法途径等方面出发，深度融入工程化的思想与要求，使理论科学与实践应用充分结合。工程化推进强调在创新发展的过程中融入工程化思维，建立一条贯通理论与实践的发展路线，覆盖需求分析、技术选择、管理控制、论证评估等全过程，强调流程化、规范化、标准化，重在如何将理论构想一步步转化为看得见、摸得到的实践成果，使创新发展进程沿着既定战略方向稳步前进。

以理论与实践相结合推进工程化运用，要注重对创新发展理论与实践问题的精准把控，化解创新发展中客观存在的现实问题。比如，电磁空间领域相关的发展战略、发展规划以及法律法规、政策制度等的制定，不仅要注重理论性、宏观性和体系性，也要注重对实施过程的具体指导和对变化情况的实时跟进，避免衍生理论与实践契合度不高、操作性不强等问题；又如，电磁空间领域的骨干人才大多集中于院校、机关、研究所等单位，而部分单位重成果轻实践，以论文发表、科研获奖等作为人才使用的重要标准，导致人才成长环境相对封闭，人才实践经验相对薄弱；再如，电磁空间领域的产学研结合还不够深入，实验室与科研机构的研发成果向生产一线的转化率偏低，大量的先进技术没有及时引入市场进行验证与推广，影响了装备器材质量性能提升和更新换代速度。

（二）综合集成发展

从"工程"的本质概念出发，其广泛的指代运用数学、物理学、化学等为主的科学知识，将某些自然的或人工的现有实体，转化为具有使用价值的人造产品的过程。这个本质概念，决定了"工程"本身就是围绕同一个发展目标对多种生产工具与生产要素的综合集成。在电磁空间领域创新发展中运用工程化推进的思路，同样蕴含着综合集成发展的内涵——将电磁空间领域原本分散独立、互不相关的发展要素，以系统化、模块化、流程化的原则和方法，按照一定的规范和流程，融合为一个具有鲜明的周密性、计划性和完整性的工程系统。

综合集成发展充分考虑到影响和制约电磁空间领域创新发展的各种关键因素，是将各类因素置于当前社会发展和军事竞争的大环境中进行综合集成的动态过程。

工程化专业集成。综合集成的重点应当首先落实在专业上，准确把握工程化推进的需求，集成更多的专业领域资源，包括频谱监测、频谱筹划、用频协调、秩序管控、频谱数据处理、频谱信息服务等相关专业，还有以人工智能为代表的高新专业，同时还涉及设备制造、零部件加工、装备维修与运输等行业。

工程化人才集成。电磁空间领域人才来源相对单一，人才集成不够广泛且数量相对偏少。在集成专业人才基础上，大量集成具有实践经验、工作经历的人才，尤其是参加过大型电磁频谱管控活动和任务的人才。在条件允许的情况下，尽量对这些人才进行吸纳和保留，不拘泥于其来自事业单位、商业公司或民营企业等。

工程化手段集成。及时借鉴和运用全新的工程化手段，如利用大数据技术开展需求分析论证，运用可视化技术进行质量评价监督，运用仿真建模技术进行发展建设路线设计、策略评估、风险管理等。

（三）全程精准管控

电磁空间领域创新发展的推进过程极为复杂，涉及范围甚广，时间周期漫长，发展路径的选择、时间节点的确定、技术指标的制定等，都对整体效果有着不可逆转的深刻影响。在工程化推进中采取科学管理方式，将起点到终点的路径、方向、节点、标准等都纳入科学管理的整体范畴，实现全过程的精准管控，确保各项工作按要求、按时限、按标准完成。

电磁频谱管控以电磁频谱的频域、空域、时域和极化四维特征为基础，综合运用法律、行政、技术和经济手段，对电磁频谱资源实施统一的规划和控制，科学合理地使用频谱资源，完成对电磁频谱的划分、分配、指配和规划，在任务全阶段共同促成计划、管理和实施电磁作战行动的频谱管理、频率分配、相关协调、政策遵循、冲突消除等相互联系的功能。在电磁频谱管控过程中，多个组成要素相互联系并且相互影响，要做到有序不紊地实施工程化推进，必须对全程进行精准管控。要对全时段每一个过程进行准确的描述，为每一次行动提供具体的操作依据和参考标准，对各个环节相互衔接进行标准化和统一化的控制，对每一种电磁频谱设施设备及相关技术进行明确规范，推进电磁频谱管控、使用和协调等逐渐步入科学化、规范化和标准化的创新发展轨道。

二、工程化推进的作用机理

工程化推进主要是通过需求牵引形成良性循环、通过统一标准强化军地衔接以及通过反馈修正促进迭代优化等，对电磁空间领域创新发展的现实起点和最终目标之间的发展方向、实现路径、关键节点、时间安排以及资源配置等进行科学的设计和控制。

（一）需求牵引形成良性循环

需求既是创新起点又是发展导向，良性循环是事物发展的进步现象，需求牵引与良性循环相互关联、互为依托。在电磁空间领域创新发展中，需求发挥着关键的牵引作用，是创新发展主体找准自我定位、积极寻求变革的具体抓手和基本依据。如果缺乏正确的需求牵引，就无法组成良性循环的滋生链条，难以实现创新发展又好又快向前推进。

加强工程化推进过程中的需求牵引，必须要统一思想、转变观念，在组织管理、需求论证、运行机制等方面制定科学可行的措施和手段，切实将需求的引导作用、调控作用、激励作用等贯穿于整个创新发展工程体系之中。首先，应当明确需求主体，按照工程化要求，对各个需求主体的责权进行清晰明确的界定，建立贯穿创新发展全过程的需求管理协调机构，统管需求汇总和对接，及时发布需求信息，为资源融合、优势互补等提供平台；其次，建立需求信息提报机制，加强创新需求、政府调控、地方产能三者之间的联系，形成需求信息向上汇总、任务责任向下分解的双向机制；最后，应当对需求牵引效果实施全程监督和评估，采取定期回访、不定期检查等形式，对需求牵引效果开展跟踪评估，找出制约需求牵引的症结所在，为进一步推进创新发展提供目标和参照。

（二）统一标准强化军地衔接

更好地实现电磁空间领域创新发展全过程的可行可控，重点之一在于针对具体任务和项目，建立规范统一的标准体系，并合理调控阶段性指标和时间节点，通过发挥标准节点引领作用，带领各方主体步伐协调一致，确保创新发展动力长盛不衰。

我国在过去的发展实践中，由于各专业领域技术发展需求、路线以及手段的差异，形成了体量庞大、难以兼容的国标和军标两套体系。例如，《航空无线电通信台站电磁环境要求》《军用甚高频/特高频无线电测向装备技术要求》等，不同程度地存在着军地标准不相兼容、军标使用场景有限、标准体系重复冗余等问题。贯彻工程化推进的过程，也是逐步改变现行的旧体制、旧规范，建立国家标准、军用标准和行业标准相互协调互补的新体系的过程。总体而言，使家标准最大限度地覆盖军用标准，以增强国家标准的通用性。军用标准应当尽可能向国家标准靠拢，凡是国家标准已经规范且能够满足国防建设需要的，不再另行制定军用标准；凡是国家标准已经规范且能够部分满足国防建设需要的，军用标准要尽量吸纳相关内容。争取尽快消除军地标准交叉重复问题，更新和废除一部分老旧标准，重点领域和专业新增的标准实现全面通用化，形成军地有机衔接、整体结构优化、多域兼容一致的标准体系。

（三）反馈修正促进迭代优化

电磁空间领域创新发展既是复杂的系统工程，也是资源投入集中的重点工程，在推进实施的过程中及时进行反馈修正，是确保工程化推进方向正确、发展势头良好的必然要求。在工程化设计与实施的衔接问题上，要通过将各方创新主体的发展目标与技术路线一一对应，落实到路线图的节点进程中，实施全过程不间断的监督反馈；要以重点项目的正向引领作用为抓手，加强项目的立项审查、节点调控，使整个创新发展体系能够针对外部环境的变化迅速做出反应和调整，持续健康有序发展；要引入客观公正的检评机构和科学规范的评估体系，重点对路线图的创新性、创新主体的协调性和应用技术的可行性等进行阶段性评估，对创新主体承担任务的完成进度和绩效进行检查，分阶段向上级主管部门和相关单位报送阶段性评价报告，便于各方加强协调指导和反馈修正，形成持续迭代优化。

工程化推进还强调对任务项目全过程中各指标、各节点的完成情况进行不间断的监管和反馈，来控制进程和走向。因此，合理定位各项技术指标和时间节点，对路线图的工程化落地而言是难度最大的关键环节。无论是法规政策、体制机制的阶段指标项，还是用频管频和各类无线电设施设备的设计指标值，都应当尽量做到既有超前性又有可操作性，既统筹兼顾又分工明确。对于电磁频谱管理等可量化领域的阶段指标值，应当尽量确定具体的指标量化值；对于不易使用具体数值描述的融合指标，可以采用指标量化区间、指标特征转换等方法代替，并统筹考虑各部门和单位的现实情况及承受能力，对任务目标完成的时间节点进行明确规定，从根本上杜绝时间节点和评判标准含混不清的情况出现。

三、工程化推进的关注重点

工程化推进的关注重点主要包括善用路线图科学规划路径、重视需求论证的主导地位、发挥数据基础的支撑作用和探索智能增值的创新效应等。

（一）善用路线图科学规划路径

路线图设计思想是信息化时代广泛应用于世界各国国防与军队现代化建设之中的一种新型战略管理工具和规划设计方法，这一方法在本世纪初引入我国信息化建设领域，并逐步在社会生产和国防建设的各个领域推广应用。[①]20 世纪末期，美国率先在军事领域应用路线图设计思想，尤其是针对各类新型作战空间及新概念武器的发展战略，先后制定了多种路线图，并取得了显著成效。其中包括空间力量发展路线图、美军信息作战路线图、美军网络空间力量发展路线图等，均对推动多项战略规划发展、加速提升作战能力产生了积极作用。

路线图思想主要用于对现实起点和预期目标之间的发展方向、选择路径、关键事项、时间进程以及资源配置进行科学的设计和控制，其要义在于围绕发展战略的目标任务，强调需求牵引，优选发展路径，确认方法手段，明确时间节点，实现战略推进的工程化。[②]科学借鉴国内外的有益经验，充分利用路线图设计思想，让参与电磁空间领域创新发展的各方主体及时了解、充分明确战略目标的要求与时间进度，在科学统一、指标明确、环环相扣的路线规划下，准确掌握各自的发展重点和任务进程，确保目标任务在统筹设计、统筹规划、统筹建设中稳步推进、扎实落地。

设计电磁空间领域创新发展的路线图，就是要实现规划与计划之间的有机衔接、需求与技术之间的合理沟通。路线图设计要明确地规定各个阶段的时间节点，对各领域、各专业、各主体完成各类子目标

---

① 张元涛，《军队指挥转型及路线图研究》，国防大学出版社，2015。
② 周华任、郭杰，《武器装备发展路线图方法研究》，军事运筹与系统工程，2013，27（2）。

的时间节点予以明确，以时间倒推任务进程。根据详细时间节点，对路线图内容的技术方案、指标参数、发展顺序、建设重点、关键事项作出全面的安排、统筹和设计，综合考虑电磁空间领域关键技术突破的可能性、效费比，妥善处理经济性与前瞻性之间的关系，对各类待选方案进行对比分析和论证优选，确保做出最佳筹划决策，力求实现效益最大化和风险最低化。

（二）重视需求论证的主导地位

准确地提报电磁空间领域创新发展的需求，以科学化、标准化的方法对需求进行论证，准确把握各方需求的集中焦点、制约因素、突出矛盾，避免出现盲目发展、重复建设、多头管理等问题，这对于提高整体创新发展效益具有重要的现实意义。

当前，我国需求论证的发展非常迅速，军地和地方涌现了一大批成果突出的科研工作者。但是就电磁空间领域而言，需求论证相关技术的运用仍然集中于对复杂电磁环境下电磁辐射、电磁兼容、雷达信号等技术领域的数学模型分析，而对电磁空间领域创新发展的战略分析、方案评估、体系验证等宏观规律的研究和成果则相对较少。这主要是由于电磁空间领域创新发展所涉及的各方主体和影响因素数量繁多、耦合复杂，模型构建和分析的难度较大，对该领域需求论证基本规律和方法的掌握仍需要一定时间的探索与积累。

在以仿真建模为代表的科学化需求论证方法上做出大胆尝试，充分发挥其数学描述严谨可靠、矛盾问题定位精确、优化措施有据可循的特点，为创新发展战略决策提供有效辅助。在实践过程中，应当敢于借鉴国外的已有经验，但是也必须根据我国当前国情和电磁空间领域发展趋势进行有针对性的调整。一方面，依托军地双方长期在电磁空间领域的需求论证方面富有经验的机构，以及在仿真建模技术方面走在全国前列的地方企业公司，成立一体领导、分域执行的技术合作体系，为军地一体统筹建设提供专业化的仿真建模论证服务；另一方面，通过建立统一领导的协调机构集中筹划和管理经费、确立无线电管理机构联席会议制度和引进第三方技术力量等途径，确保需求论证的仿真建模结果不仅在技术上准确可靠，更在政治上坚定可靠，确保技术成果确实服务于国家经济和国防建设。

（三）发挥数据基础的支撑作用

数据是全面了解电磁空间领域相关活动的信息基础，对电磁空间数据的收集、处理、存储和分析等能力，决定了对电磁空间领域的掌控能力。2015年8月，在李克强总理主持的国务院常务会议上通过了《关于促进大数据发展的行动纲要》，明确地提出了要开发运用好大数据这一基础性战略资源，使国家发展建设的各类主体都能够参与和获得由大数据带来的倍增效益。在国家的统筹规划和综合推动下，各类主体积极投身大数据研发与建设的行列，在较短的时间内，我国的大数据发展已经取得了一系列令人瞩目的成就。

在电磁空间领域，我国大数据研发和应用机构经过长期的探索，在电磁频谱感知体系的建设上实现了质的飞跃，针对低信噪比、高动态变化的复杂电磁环境下频谱数据的感知与获取，卫星无线网络动态频谱接入，认知无线网分布式频谱接入等关键技术实现了突破，有力地提升了电磁空间领域数据感知能力。除此之外，大量无线电管理和使用机构在大数据处理运用算法上也取得了阶段性的成果，基本建成了横向上电磁频谱感知要素综合管理、纵向上节点数据全面储存的数据体系，并且通过与多源数据建立接口关系，可以从海量综合电磁频谱数据的感知过程中挖掘出更多潜在的规律与知识，提供更多的信息支持和决策辅助。

电磁空间领域创新发展正面临难得的历史机遇，为频谱管理、电子对抗、导航定位、无线电通信等实现合作共赢提供了众多机会，也为大数据企业和公司提供了广阔的市场空间。应当尽快在电磁空间通用数据库建设上实现进一步突破，尤其是电磁频谱基础特征数据库的建设。但是，电磁频谱基础特征数据库的时效性、技术性都非常强，其建设、运营和维护单靠任何独立主体的力量难以完成，必须充分发挥各方主体所长，共同进行建设与维护。例如，充分利用地方互联网公司的先进经验和技术积累，将去中心化的云服务理念引入电磁空间大数据交互平台的建设中，在保证数据分层级分权限访问的前提下，实现一般无线电数据的全网共享，使大数据真正在电磁空间领域的日常业务中流动起来，涌现更多的价值。

（四）探索智能增值的创新效应

智能化是工程化推进的高层次环节，是信息增值形成质变的重要过程。国家高度重视智能化的发展，并为智能化技术如何在社会发展和国防建设中赋能增值指明了方向。党的十九大报告中明确指出"推动互联网、大数据、人工智能和实体经济深度融合""统筹推进传统安全领域和新型安全领域军事斗争准备，发展新型作战力量和保障力量，开展实战化军事训练，加强军事力量运用，加快军事智能化发展，提高基于网络信息体系的联合作战能力"。

世界各国都在积极探索智能化技术在各个新型领域的应用潜力。电磁空间作为信息主导性极为鲜明的新质空间，与智能化技术有着天然的结合优势，当前在电磁频谱智能化管理、无线电频段智能分配、天基遥感信息智能分析等方面，很多国家已经开始进行理论探索并推动技术研发。早在 1999 年，瑞典研究学者 Joseph Mitola 博士在软件无线电技术的基础上，提出了认知无线电的概念，通过自动感知周围的电磁环境，运用无线电知识描述语言和通信网络进行智能交流，来寻找电磁频谱空闲频段，通过通信协议和算法将通信双方的信号参数实时调整到最佳状态，有效地提高了电磁频谱利用的可靠性和高效性；进入新世纪之后，美军经过反复探索，提出了"基于认知的电磁频谱战"概念，将智能化技术与军事需求和安全利益紧密结合，进一步拓展了电磁空间领域智能化发展的广度和深度。

在世界智能化发展方兴未艾的关键阶段，我国电磁空间领域创新发展要走信息化与智能化复合发展的道路。一方面，坚实工程制造及产品研发能力，在补齐短板、迭代更新的基础上逐步实现智能化的跨越式发展。在智能化技术研发的过程中，更加广泛地推动功能模块化开发。在智能化技术体系的研发过程中，将各分支功能合理规划为独立功能模块，处理各模块之间技术接口的标准化、规范化问题，提升技术的迁移性。在技术合作和迁移的过程中更加有效地借鉴先进成果，加快智能化技术迭代进步的速度。另一方面，必须始终将国家安全需求作为根本指引，突出重点区域电磁管控、海外军事行动电磁保障、维稳处突电磁压制、复杂电磁环境下电子对抗等方面的智能化技术的发展。

第五节　压茬式检评

"压茬"一词通俗的解释是在准确把握农作物生长周期和季节时令的前提下，一茬接一茬地种植，注重各个环节之间的关联，不能今年一种了之，来年才看收获，更需要对整个种植周期进行接续管理，做到不误农时、不使地闲。将"压茬式检评"应用于电磁空间领域创新发展，是借鉴压茬推进的深意，实现检评工作稳步有序、环环相扣，准确把握住各个要素和节点之间的关联，一件事情接着一件事情推进，一个目标接着一个目标实现。

一、压茬式检评的内涵本质

习近平总书记在党的十九大报告中指出要"全面发力、多点突破、纵深推进，压茬拓展改革广度和深度"。简单质朴的"压茬"二字，道出了我国未来一段时期战略发展、变革创新的重要方法。电磁空间领域创新发展中的"压茬式检评"，是指依据一定的检验评估标准，按照规范的检验评估流程，通过检验政策制度落实的具体情况，对落实效果进行科学评估的活动。

（一）关键是严控时节

农耕讲究压茬，是强调对农业规律的准确把握，在从播种到收获的过程中，抓紧时机抢种抢收，一旦错过时节，后续再做任何补救也可能徒劳无功。我国劳动人民总结的传统生产经验，在电磁空间领域创新发展过程中，仍然具有非常宝贵的借鉴意义。当前，我国电磁空间领域创新发展的步伐，与社会经济发展和军事斗争准备的任务高度同频，以时不我待的历史责任感，压茬推进战略意图落地的关键环节，确保各项任务按照既定的时间节点高标准完成。

严格掌控时节的目的是实现"科学检评"。需要强调的是，检评的对象是"过程"而并非"流程"。对于电磁空间领域创新发展而言，压茬式检评的根本目标是确保创新发展方向的稳定与正确，因此对实施过程的检评，重在关注阶段目标、任务节点、方式手段等"过程"要素，而非履职程序、办事手续、工作步骤等"流程"要素。科学检评更加强调对"过程"的抓大放小、瞄准重点，赋予创新发展主体更多的自主权与能动性，而并非事无巨细的干预介入。要抓住"关键时节"进行检评，比如政策的设计规划、需求评估、技术论证、中期审查、总结评估等重要阶段，在其中设置若干个关键控制点，运用各种科学有效的检验手段和评估方式，实施多层次、高精度的检评，以达到严控时节、提高效率的目的。

（二）目标是纠偏调控

电磁空间领域创新发展是一项艰巨的任务，在推进的过程中，对于方案策划设计、行动实施策略、解决问题模式等各个方面都需要进行压茬式的检验评估，目标就是找准当前发展与既定目标之间存在的偏差，并准确定位需要修正之处。过去相当长的一段时期内，我们的检评制度不够完善，检验评估这一环节没有正式纳入政策运行周期之内，通常采用下级单位向上级单位进行工作汇报的形式。这造成了不同程度的掩饰弊病、夸大成果的问题，失去了进行纠偏调控的最佳时机。也有一些部门建立了相对规范的检验评估制度，但是由于科学性不强，检查标准不够明确，主观随意性较大，"压茬"检评的贯彻不够彻底，同样无法及时、准确地掌握政策实施过程中出现的问题。

电磁空间领域创新发展的压茬式检评，工作重点主要集中在两个方面：第一，构建以军地双方的主管部门为核心、多方检评主体参与的检评体系。双方主管部门从全局上对政策制度的检评进行计划和管理，这既是双方主管部门的责任，也是检评工作权威性的根本保证。多方检评主体广泛参与，充分保障公众意见的表达，发挥民间主体在挖掘问题、分析问题和提出建议等方面的优势。第二，构建科学合理的检评方法与流程。从政策制度实施初期，就与相关领域的专家群体和用户群体展开交流与咨询，针对可能出现问题的环节，进行重点关注与预防。这种梯次接续、层层推进的检评机制，对于调整把握创新发展前进方向，确保发展战略高效实施具有重要现实意义。

（三）重点是迎难攻坚

压茬式检评是一个不断自我暴露、自我反省、自我纠正的过程。就电磁空间领域创新发展而言，压茬式检评的主要难点可能会出现在以下几个方面。

创新发展的复杂影响。电磁空间领域创新发展牵涉社会生活的诸多方面，在产生积极效应的同时，也会出现诸多消极的影响。这些消极影响的持续时间、牵涉范围很难进行及时准确掌握，可能会为检评工作带来诸多始料不及的困难。

创新发展的信息数据。进入大数据时代，任何一项发展战略的推进都离不开对数据的依赖，尤其是运行过程、运行效果的相关信息数据。当前，我国电磁空间领域的信息采集与管理体制还不够健全，压茬式检评的信息化水平仍有待提高。

创新发展的人才需求。我国检评人才队伍的建设自20世纪就已经开始，但是在电磁空间领域的发展却明显滞后，尤其在检评人才的培养机制、能力素质、专业水平等方面，尚难以满足加速发展的需要。

随着电磁空间领域创新发展不断推进，各类深层次的矛盾问题定会渐次凸显，各领域环节的关联性互动性也越来越强。如果一些难点问题攻坚步伐放慢，导致关键环节检评推进不到位，就会造成联动性的影响，迟滞整个体系的发展。强化检评有助于提高决策与落实的科学性，并能够在一定程度上有效避免方向性的错误。但是，任何矛盾问题的发现与解决，都会伴随着不同的压力和阻力，需要做好应对各类重难点问题的准备，并在检评方法上坚持问题导向。

问题导向并不是单纯强调"消灭"问题，而是运用科学系统的方法手段来解决问题，并将问题转化为前进的契机。树立正确的"问题观"，重点关注如何在矛盾尚未凸显时及时发现隐患苗头，在矛盾不断扩大时准确定位问题原因，在矛盾转型演化时掌握问题变化规律。对于不同创新发展主体和专业领域暴露的问题，要透过现象分析本质，看到相似问题表象下的细微差异，分清轻重缓急、主次难易，善于借鉴利用信息化技术，引入数据分析、仿真建模等现代化手段，将对问题的感性认识转化为解决问题的理性方法，让检评工作能够为解决现实问题提供更加准确、及时、翔实的指导，力求通过压茬式检评，每解决一个问题，都能促进一项能力的生成、助推一项政策的落地。

二、压茬式检评的作用机理

有效发挥"压茬"的巨大作用，需要借助对"检评"的正确把控。对标阶段计划和进度时间，在对已经完成的任务工作进行准确检验、对可能出现的问题进行科学评估之后，还需要补充一个修正环节，使检验、评估和修正三者形成一个闭环式循环过程（如图6-1所示）。

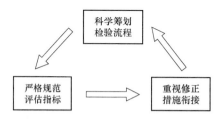

图6-1 电磁空间领域创新发展压茬式检评循环过程

（一）科学筹划检验流程

检验作为规划和实施的必要组成部分，对推动各项政策实施落地和技术迭代更新具有非常重要的作用。对于不同行业、不同领域都有不同的检验方法、检验标准，检验流程不能千篇一律，但对于在同一组织内的检验流程，需要通过科学筹划，实现有机统一。无论是哪一个行业，都有可能会出现因检验流程设计不合理、运作复杂而导致检验效果不明显、效率低下等问题，需要保持清醒的认识，以科学的实施步骤和解决办法，应对有可能出现的障碍与阻力。

科学筹划检验流程，重点在于"筹划"，难点在于"掌握"。合理细致、科学完善的检验流程，是保持压茬式检评长期优势的重要环节，有助于全面了解发展进程、执行情况和矛盾问题，从而起到监督、控制、激励、优化等作用。筹划检验流程是一个规范化、科学化的过程，筹划阶段的工作往往问题最为集中、矛盾最为突出，必须要与电磁空间领域的各级主管部门和职能部门进行深入沟通和充分协调，准确掌握参与检评的主体和对象的相关情况，并依据不同的情况确定检评范围、内容、时间等，组织检评力量确定整体方案，拟制相关计划并进行发布。

（二）严格规范评估指标

评估指标的确定是检验评估工作的重要基础，直接影响着检评效率。评估指标不同于军民协同标准，并不是对局部问题做出单一的技术标准定义，而是要综合考虑技术发展、体制机制、经费预算等因素。要由相关部门牵头，组织有关单位和专家，广泛征求各方意见，针对电磁空间领域创新发展的现实状况，形成一套覆盖全面、突出重点的科学指标体系。例如，既对电磁频谱数据、计量单位、接口规范等技术性问题准确定义，又对体系效能、工作流程、成果鉴定等管理性问题科学描述。

评估过程中各专业、各领域的评估方法、评估标准有所不同，所选取的评估指标的种类、数量等也存在一定差异，但在评估指标的确立上，务必要坚持求全求细、军地一体，避免出现体系林立、局部覆盖、无法兼容等问题，力争实现评估指标"全、细、通"。

"全"主要体现在层次覆盖全,既要向上联通创新发展战略的方向性、总体性要求,又要在管理层面根据不同的机构设置、不同的职能体系建立领域性的指标类别,还要根据各技术方向、各具体任务设置层级更细、覆盖更广的微观指标体系;"细"主要体现在雄厚的数据支撑和细致的业务指导上,掌握发展建设的综合数据,用科学规范的方式对各项指标进行描述。要涵盖到创新发展体系的最小单元,明确任务推进中各项工作的评估指标和要求,使指标体系具有更强的指导性和实操性;"通"主要体现在要在各个层级各个阶段都兼顾军地双方需求,做到一套体系两面覆盖,促进军地双方进一步的协调合作,塑造公开透明的检评环境。

(三)重视修正措施衔接

在检评结果以报告或其他形式上报之后,检验评估的全流程仍然没有结束,对检评活动本身的总结和对检评结果的跟进修正,共同构成了检验评估修正这一闭环中最后一步,这也是"压茬"的关键体现。从过去开展检评工作的经验来看,虽然通过检评发现了不少问题、暴露了一些矛盾,但是检评方大多将通报实际情况、听取处理意见作为检评工作的终点。事实上,检评方往往更能准确地把握矛盾问题出现的原因以及整改的重点。

检评工作应当将跟进检评结果作为检评循环的终点也是起点来抓,充分运用压茬式检评的激励效应和改进效应,将检评工作渗透到发现问题、分析问题、解决问题的全过程中去,细化检评工作的"颗粒度",为电磁空间领域创新发展主体提供全时全程的指导与帮助。因此,对于检评方来讲,每一次检验评估同样也是一次自我检验与自我提升的过程。围绕检评工作的每一个阶段,积极推广先进经验、总结失败教训,提高检评队伍的能力素质、完善检评活动的机制流程,实现检评与被检评双方同步的压茬改进,促进形成良好的反馈循环,不断提升电磁空间领域创新发展检评活动水平。

三、压茬式检评的关注重点

电磁空间领域具有一定的专业特殊性和技术密集性，单纯运用某一种传统模式的检评方法，很难获得科学准确的检评结果，更无法发挥压茬推进、激发动力的作用。检评方法单一或者检评手段不当，往往会让检评方与受检方相互对立，形成一种"找麻烦"与"巧应付"的尴尬状态，不仅违背了检评的初衷，还有可能适得其反。聚焦电磁空间领域在新时期的新变化，积极探索多维并举、科学有效的检评方法，合理规划压茬式检评流程（如图6-2所示）。压茬式检评的关注重点主要包括军地检评机构的科学设立、模型评价分析的创新运用和多方联演联训的实践检验等。

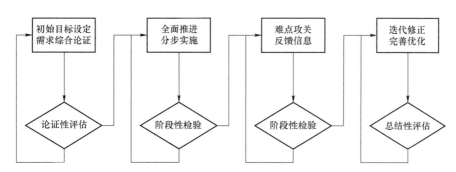

图6-2 电磁空间领域创新发展压茬式检评流程

（一）军地检评机构的科学设立

实现科学有效的压茬式检评，必须要对检评机构的设置和相应权责进行准确的界定和划分。例如，国际无线电规则依据频率划分了42种主要业务，所涉范围较广，专业交叉明显，检验流程既要考虑宏观统筹的便捷性，又要充分照顾到各个分域方向的力量集中，检评机构既要有自建常设机构，同时也要引入第三方机构。

自建常设检评机构是依托各级主管部门构建的统管型常设检评机构，我国在各省、自治区、直辖市都成立了省一级的无线电管理委员会以及办公室，确立了军地共管的管理机制，可以对军地双方在电磁领域的创新发展活动进行检验评估。同时，常设机构业内资源丰富、政策连贯性强，不仅可以"集中力量办大事"，还能对重点项目进行长期不间断的追踪检评，具有良好的稳定性。但是，由于行政特征明显，统管属性较强，自建常设机构也受到人员编制、业务边界、工作流程等问题的限制，整体应变性不强，无法根据各类特殊状况和专业领域变化而灵活调整人员和手段，需要适度依靠第三方检评机构。

第三方检评机构是一类体量轻巧、应变灵活、专业性高、针对性强的检验评估力量，向部门和企业等提供市场调查、盈亏分析、管理诊断、销售策略、运营优化等检评服务。2009年国家科技部推出第三方检评机构，受到了政府部门、社会力量高度重视，已成为现代社会服务评价体系的有机组成部分。第三方检评机构具有突出优势——拥有独立的机构设置，不受相关主体的意志约束，独立性强；可汇集各领域专家学者，专业水准高、权威性强；有科学的检评程序和检评模式，公开进行成果检评，公信度较高；将公共利益放置首位，排除了经济利益干扰，非营利性突出。随着电磁空间领域创新发展的检评需求日趋多样，改革以相关部门为主的单一的、传统的评价方式是必然趋势。第三方检评机构通过科学化、专业化的手段，对服务对象的管理运行情况进行全面的检查和评估，并针对战略方向、制度完善、管理漏洞、落实效果等问题给出改进方案。可以适当引入部分专业性强的第三方检评机构，作为自建常设机构的一种补充，形成主次结合、上下相辅的检评体系。

（二）模型评价分析的创新运用

在战略评估方面，世界各国都进行了长期的理论探索。国内外许多学者都非常关注利用严密的评估模型，对具有战略性、宏观性、复杂性的巨系统进行科学的描述，并对各种内外条件实施综合分析，进而得出具有一定普遍规律和适用价值的评估结果。其中，有20世纪80年代由美国管理学教授维里克提出的SWOT分析方法，还有由著名的战略评估机构兰德公司构建的净评估体系。此类方法具有一个共同的特点,就是可以针对新型领域的应用现状,准确把握其内外部主要矛盾问题,以问题为导向,分析战略体系的固有缺陷和优势所在,并通过与战略目标之间的比对,采用量化评分、数学描述等方法,给出直观精准的评估结论。

模型化评价分析,是根据一定的建模方法和程序,对相关政策的效益及价值进行判断的活动,其根本目的是以定量化的思路,掌握发展进程的实时状态,作为决定战略方向变化、政策改进调整的依据。在电磁空间领域创新发展的前、中、后期,开展趋势预测、政策可行性评估、政策实施效果检验,对掌握和分析发展动向具有非常重要的意义。在通过随机抽样、调查问卷、大数据统计等方式充分获取信息的基础上,综合运用自由目标评估模型、用户导向模型、生产率模型、成本收益模型等,均可以从不同角度对电磁空间领域创新发展进行评价分析。继续推广和发展此类方法,与依据经验的传统方法相结合,为战略决策提供定性定量等多种分析支撑。

(三)多方联演联训的实践检验

电磁空间领域创新发展的过程中会伴有不断衍生的内部矛盾与外部冲突,需要不断在实践中进行探索。其中,联演联训活动也是应当重点关注的环节。将多方创新发展主体纳入联演联训体系,构建一整套联演联训的规范机制,将国家安全危机、社会突发事件等作为联演联训的实际背景,通过组织联演联训,检验创新发展主体的反应能力、应急能力和专业水平。例如,通过组织电磁频谱管理国防动员演练,检验军民共同管控、军民联合监测、军民共同实施对重要目标的用频保护、查处有害电磁干扰、联合执法等方面的能力。电磁空间领域创新发展离不开军民协同,组织多方进行联演联训,能够扎扎实实地暴露一些矛盾问题,真正检验军地各个部门从潜力到能力、从实力到战斗力的转化水平。结合检验结果,充分评估各类问题可能产生的影响,制定有效可行的应对方案,使创新发展主体对自身面对的风险隐患有一个全面的了解,并就此进行风险规避、做好应对准备,使"国家行业队"与"军队专业队"在执行重大协同任务过程中真正实现能力优势互补。

第七章　电磁空间领域创新发展的战略对策

电磁空间领域创新发展的战略对策是指紧密围绕电磁空间领域创新发展指导思想和基本原则，为实现电磁空间领域创新发展战略目标，结合实际情况制定的一整套方针、措施和手段的总称。主要包括将国家电磁空间安全列为国家安全新质重点、将应对电磁空间安全的组织力量成体系建设、将频谱资源国际竞争合作纳入国家重大工程、将大数据工程作为电磁空间领域创新发展的战略抓手等。

第一节　将国家电磁空间安全列为国家安全新质重点

国家电磁空间安全作为一种非传统安全概念的提出，具体是指国家的各类"电磁波应用活动"，特别是与国计民生相关的"重大电磁波应用活动"能够在"国家主权电磁空间"里没有危险、不受威胁、不出事故地正常进行，同时国家秘密频谱信息和重要目标信息能够得到电磁安全保护的一种状态。①国家电磁空间安全关系到国家安全和发展利益，以及国防和军队建设的长远未来，将国家电磁空间安全列为国家安全新质重点，不断提升电磁空间安全的战略地位，科学树立国家电磁空间安全观，加速制定国家电磁空间安全战略，是打牢电磁空间领域创新发展根基的基石，更是应对未来可能发生的大国博弈的战略举措。

一、不断提升电磁空间安全战略地位

"没有网络安全就没有国家安全，没有信息化就没有现代化。"电磁空间作为网络空间的承载，自然是其中不可忽视的重要一环，加强电磁空间安全能力建设成为信息时代维护国家安全的战略性任务。提升电磁空间安全的战略地位，必须充分把握电磁空间安全的主要特点，持续强化电磁空间安全的战略意识，深刻理解电磁空间安全的地位作用。

（一）充分把握电磁空间安全的主要特点

电磁空间以自然存在的电磁能为载体，以人造系统为平台、以信息控制为目的，依托电磁信号传递无形信息，控制实体行为，从而构成实体层、电磁层、虚拟层相互贯通的，无所不在、无所不控、虚实结合、多域融合的复杂空间。根据电磁空间主体在实体层、电磁层、虚拟层的客观表现，结合电磁空间安全行为、电磁空间安全威胁等呈现出的相关特征，总体来看，电磁空间安全具有涉及领域广、涵盖技术多、威胁对抗强等主要特点。

把握涉及领域广的特点。电磁波的传播在空域上纵横交错，在时域上流动多变，在频域上密集交叠，在能域上强弱起伏，使维护国家电磁空间安全的难度加大。从应用的角度来看，电磁空间所涵盖的领域几乎包含了人类活动的一切领域：既有军用的，也有民用的；既有网络、通信、雷达、广播电视，也有航天、船舶、电力、能源、医疗。从平台的角度来看，电磁空间涉及全维空间，从陆地到海洋、从海底

---

① 王之娇，《国家电磁空间安全的特点与对策》，国防科技，2008（29）。

到高空、从大气层到宇宙空间,几乎无处不在。各种类型的电磁频谱资源、多样化的应用领域以及分布广泛的应用平台使得电磁空间安全呈现高度复杂性。

把握涵盖技术多的特点。电磁空间领域涉及侦察、监测、遥控、可视化等技术,以及电磁兼容、电磁防护等技术,是信息技术、电子技术、计算机技术等高新技术的集合体,集中了当今科学技术发展的顶尖成果。例如,5G、6G 技术,不仅极大地影响着全球通信网络的未来,主导诸如万物互联、人工智能等一系列新兴技术,并且具备影响未来战争网络的巨大潜力,能够通过连接更多信息系统,获取信息优势。因此也可以说,发生在电磁空间的战争必定是多技术集中、高技术支撑的战争,而拥有技术优势的一方,才能更有把握、更有胜算占领电磁空间的"战争制高点"。

把握威胁对抗强的特点。当夺取电磁空间优势成为赢得制胜主动权的先决条件,发生在电磁空间领域的对抗也逐步成为国与国之间、敌与我之间一种新的对抗方式。依托高技术优势和信息化、智能化武器装备进行电子对抗,已经成为交战双方达成作战目的的重要途径,电子侦察与反侦察、干扰与反干扰等较量无处不在,且形式多样、变化无常,对抗性愈加凸显,电磁空间到处弥漫着"看不见的硝烟"。比如,美军的"全球鹰"无人机装有先进的无线侦测设备和合成孔径雷达,滞空时间长达 30 小时,最大侦测距离 1 900 公里,大量电磁活动时刻面临被其截获的风险,确保用频安全、维护用频秩序和防止电磁泄露的任务十分艰巨。可以预见,未来在电磁空间安全领域的对抗博弈必将愈演愈烈。

(二)持续强化电磁空间安全的战略意识

国家安全观强调"增强忧患意识,做到居安思危"。准确把握国家电磁空间安全特点,深入研判全球电磁空间安全与发展态势,理性认识我国电磁空间安全面临的威胁挑战,正确评估当前电磁空间安全与发展能力,并以此为牵引持续强化电磁空间安全的战略意识,主要包括安全危机意识、整体建设意识、持续创新意识和跨越发展意识等。

强化安全危机意识。从电磁空间安全视角来看,危机意识不仅包括"对紧急或困难关头的感知及应变能力",还包括能够及时、敏锐地感知到看似平静的表面现象中所蕴藏的安全威胁和潜在变化,并为应对内部与外部可能出现的各类安全问题做好充分应对准备。

一是强调居安思危做好预先戒备。"居安思危,思则有备,有备无患"。当今世界,和平与发展仍然是时代主题,但国家安全仍然面临诸多挑战,尤其是电磁空间安全问题。近年来,为了快速提升在电磁空间领域的竞争实力、抢占未来军事竞争的战略制高点,西方国家特别强调以电子战为核心的电磁空间领域军事力量建设,并在积极优先发展军事力量的同时,围绕制定电磁空间国际规则加强协调与合作,始终在极力争取发展主导权、全力获取战略主动权。因此,应居安思危、见微知著,冷静辨析电磁空间潜在的安全威胁和面临的巨大挑战,时刻保持高度的警惕性、敏锐性,积极做好应对未来电磁空间安全博弈的充分准备。

二是注重取长补短做好技术储备。电磁空间安全与技术水平息息相关,抢占技术制高点是电磁空间安全的基础保证。当前,我国对所引进的无线电设备、电磁安全产品等进行升级改造的技术水平还不太高,总体能力还不太强,关键芯片、通信协议、操作系统、电磁兼容等核心技术的自主研发制造能力还有待提升。有些发达国家,一直十分重视电磁空间安全的技术发展与应用,多年来在该领域实践活动中所获得的深刻认知、丰富经验和研究成果,对进行核心技术突破具有重要的参考价值。因此,应注重取长补短、以人为镜,着力提升核心技术的自主创新水平,为电磁空间安全保驾护航做好技术储备。

强化整体建设意识。电磁空间在成为信息社会的基本载体和基础环境的同时，也成为国家安全的重要组成部分，必须立足国家安全全局对电磁空间安全能力建设的目标、任务等进行筹划部署，确保建设的整体性和持续性。

一是进行全局筹划加强能力建设。电磁空间安全能力建设的各个构成要素相互联系、相互作用，应当有一切从全系统及全过程出发的思想和准则。从电磁空间安全能力的整体建设和长期发展的角度，调节各要素之间、各组织之间、各主体之间的行为规范，既是保证决策落实和执行效率的重要基础，也是将电磁空间安全优势转化为国家整体安全优势的重要前提。以全局观念进行筹划，从源头上、总体上理顺电磁空间安全构成要素之间的相互关系和作用机理，促进各层次、各领域论证与决策的协调一致，从战略高度进行整体规划、科学设计，确保发展均衡、能力释放。

二是动员全民共同参与安全建设。随着电磁空间渗入至信息社会的更深层次和更宽领域，电磁空间安全成为各领域、各行业需要共同面对和解决的问题，而并非某一领域或某一部门单独承担的任务。当前，信息安全危机和电磁空间对抗成为国家安全面临的重大现实挑战，应当针对国际国内安全形势和环境，结合国家安全战略和国防战略方针，不断强化全民的电磁空间安全意识，动员全民共同参与电磁空间安全建设。比如，美国为取得民众对国家网络电磁空间安全战略的支持，首先从强化公众意识形态上入手，通过一系列举措增强民众的网络电磁空间安全意识，为后续出台相关战略规划和政策法规奠定基础。

强化持续创新意识。无论在哪个领域，创新意识都是进行创造活动的出发点和内在动力。以创新意识进行电磁空间安全建设，主要是瞄准理论创新、法规创新、技术创新。

一是以理论创新为基础。理论形成的逻辑与实践发展的逻辑是一致的。要坚持"旧"与"新"的辩证统一，依据中心任务和现实需求进行革旧从新，侧重于电磁空间安全的创新基础理论、创新建设理论和创新应用理论，推进理论研究守正出新；要坚持"大"与"小"的辩证统一，立足电磁空间安全与建设的总体目标，统一思想、转变观念，形成系统、完整、科学、包容的理论体系，掌控好宏观、中观和微观三者之间的相互关联，实现理论研究无缝对接；要坚持"粗"与"细"的辩证统一，确保理论创新研究成果科学高效，能够及时、较好地应用于国家顶层设计、政策制度制定以及指导方针完善等。

二是以法规创新为保障。我国电磁空间安全建设尚处于法律不完善、规则不配套、秩序未理顺的初级发展阶段，客观存在着部分法规制度缺位、运行协调机制空白的情况，加快创新步伐刻不容缓。电磁空间安全的相关法规主要包括：国际的规范条约，明确各国的职责、权益和义务，保持和发展国际合作等；国家的政策法律，明确概念定义、组织形式、参与力量、动员机制等；公安、军队等专门的条令条例，明确电磁空间安全保障力量和国防力量的使用权限、使用时机和使用方法等；相关的配套措施，通过具体的操作规程和技术标准规范电磁空间安全管理活动，保证各项建设任务和安全保障活动落到实处，横向到边、纵向到底。

三是以技术创新为抓手。新一轮科技革命、产业革命、军事革命蓄势待发，以技术创新为先导的电磁空间竞争日趋激烈。以电磁空间安全建设需求为牵引，注重发展电磁空间新兴技术产业，持续开展技术自主创新研发，实现用技术选择战术、用技术支撑战略，使技术创新成为保证电磁空间安全、支撑电磁空间建设、助力电磁空间博弈的持久源动力。技术自主创新的重点应当包括电磁空间威胁感知预警能力、电磁防御能力、电磁攻击能力、频谱管控能力和体系对抗能力等。

强化跨越发展意识。跨越式发展是在遵循发展规律的前提下，用尽可能短的时间实现目标，是一种快速发展。中国特色社会主义制度具有自我完善、发展和创新的能力，充分利用"集中力量办大事"的制度优势和力量优势，实现电磁空间安全建设跨越式发展。

一是通过协调机制发挥合作优势。协调机制是确保电磁空间领域创新发展整体协调运作、形成聚合能力的基础前提和重要保障。电磁空间安全问题与各国利益密切相关,电磁空间安全建设涉及军地多领域、多部门,科学合理的协调机制十分有利于密切各方协作、实现联合建设、推动协调发展、发挥整体威力。协调机制主要包括:国家与国家间的协作化机制,用以协调电磁空间安全管理在国际间的沟通和合作;国家和军队的体系化协调机制,用以形成具有我国特色的电磁空间安全专业力量;国家级安全机构之间的一体化协调机制,用以协调各类电磁空间安全力量,形成整体合力。

二是军民深度协同叠加力量优势。对于电磁空间安全而言,力量组成是能力建设的基础,实现军民深度协同能够使电磁空间安全建设的力量组成更加全面、合成和系统。军民深度协同主要包括:军民共建的感知预警力量,对短波、超短波、卫星等各类无线通信网络和无线电设备进行有效管控、实时监视,构筑一体化的多维感知预警力量体系;专业分工的防御力量,对国家信息基础设施、军地通信网络和信息资源进行专业化分层、分级防护;军队主导的反制力量,以正规化、专业化的军事电子对抗力量为主体,辅以国家相关力量,共同构筑具有精确、高效反制能力的专业化力量。

(三)深刻理解电磁空间安全的地位作用

党的十九大将坚持总体国家安全观纳入新时代坚持和发展中国特色社会主义的基本方略,并写入党章。"以人民安全为宗旨,以政治安全为根本,以经济安全为基础,以军事、文化、社会安全为保障,以促进国际安全为依托"是对国家安全整体性的准确描述,是从战略高度审时度势,系统回应安全挑战,防范化解风险的纲领性思想。总体国家安全观对如何处理好"外部安全和内部安全、国土安全和国民安全、传统安全和非传统安全、发展问题和安全问题、自身安全和共同安全"做出了辩证分析和深刻阐释(如图7-1所示)。

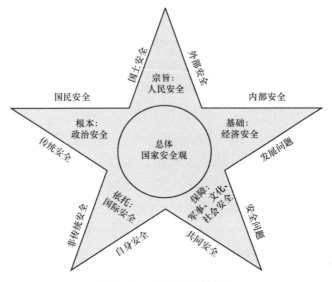

图 7-1　总体国家安全观

我国《国家无线电管理规划（2016—2020 年）》指出："无线电安全已成为国家政治安全、社会稳定和军事安全的重要因素，是国家安全的重要组成部分。"国家安全与电磁空间安全息息相关，国家利益与电磁空间安全紧密相连。电磁空间安全深刻影响着经济建设、社会发展、文化传播、科技进步和军事安全等，既是国家安全的重要组成部分，也是国家安全热点问题的汇聚重心，很多新情况、新问题、新特点、新趋势都诞生于此。

支撑经济发展的重要基础。电磁空间对社会各行各业的覆盖几乎无处不在，承载着应用、服务和数据的电磁空间，正在全面改变人们的生产生活方式并深刻影响着经济发展。陆上、水中、航空、航天以及各类生产活动中的无线通信调度，各种遥测遥控设备，遍布世界的 RFID，家庭中的电视、微波炉等等，都需要电磁频谱作为传播介质。尤其是智能移动电话，已经成为社会生产生活中必不可少的部分，便捷、高效的信息交流方式和通信联络方式，给经济发展带来了不可估量的效益。

当前层出不穷的各种无线电新技术，直接或间接地促进了经济发展，但同时有些也被不法分子利用，严重危害了经济安全。例如，"黑广播"和"伪基站"经常会对航空通信等造成干扰，严重危害公共安全，还成为电信诈骗的重要渠道，形成庞大的利益链条，直接造成人们的经济损失。随着技术的快速发展，各种违法犯罪手段层出不穷，作案工具不断更新升级，严重影响了国民经济建设健康发展。必须通过对现有各种用频业务、用频台站的用频管理、干扰查处，保证各类用频合法合理、秩序稳定，为国民经济建设健康发展保驾护航。工业和信息化部相关数据显示，2019年全国无线电管理机构查处"黑广播"违法案件1 921起，"伪基站"违法犯罪案件61起，缴获非法无线电发射设备1 500余台（套），有效维护了空中电波秩序和社会经济安全。①

保障社会安全的无形护盾。电磁空间给社会生活带来便利、推动经济发展的同时，也面临着诸多的安全挑战。例如，电磁泄漏、黑客入侵、病毒袭扰、网络金融犯罪等安全隐患无处不在，严重影响着社会安全。电磁空间安全是保障社会安全的无形护盾，保障公众通信、广播电视、卫星通信、公共安全专业通信等无线电通信业务正常开展，保障党政机关各类无线电业务安全，保障国家重大活动和应急突发事件中用频业务和台站正常运转。当前，智能终端设备已经随着移动互联网的发展普及大众，普通民众开始在信息传播活动中发挥主导作用，提供信息的生产、积累和共享，并从获得的信息里对事物做出主观判断。但是由于各类自媒体良莠不齐，舆论引导也并非完全正确，稍有不慎就可能引发群体性事件，要格外关注这类安全隐患。

除此之外，复杂电磁环境下的互相干扰、电磁泄漏，甚至恶意的电磁干扰破坏、电磁入侵等，都可能导致出现严重安全事故。据研究调查分析，在"委内瑞拉大规模停电事件""震网事件""乌克

---

① 人民网，《2019年查处"黑广播"、伪基站违法犯罪案件分别1921起和61起》，2020年1月16日。

兰电网遭遇攻击停电事件"中的电磁空间攻击行动,主要采取的就是网络攻击和电磁攻击。黑客人员通过网络邮件、USB 摆渡、人员渗透等方式,将恶意代码植入相关工业设施的 PLC 控制系统、办公电脑、上位机等,而后通过向控制系统下达断电指令、修改核心设备的系统运行参数等方式让被攻击方的电脑瘫痪、监控失灵、通信中断等,导致其直接或间接相关工业设施系统停止运行或损坏,达到最终攻击目的。

赢得军事博弈的战略高地。自然作战空间不仅包括陆、海、空、天、网、电等传统空间和物理空间,甚至还包括生物、量子、认知等更广阔的空间。电磁频谱是唯一能把多个空间联为一体,同时支持机动作战、分散作战和高强度作战的重要媒介,各种作战平台之间、作战平台与指挥机构之间需要依靠电磁频谱传输情报数据、作战指令与协同信息。也正是因为如此,当电磁空间作战从幕后走上前台,立即表现出了其他作战方式无法比拟的作战效应。

作为新的军事博弈领域,电磁空间对国家安全和战争方式产生了革命性影响,成为敌我双方争夺"信息优势"新战略高地。但是,由于电磁空间的渗透性、开放性等特点,电磁空间安全易攻难防,时刻面临着来自敌方的侦察、窃取、欺骗和干扰等威胁,维护电磁空间安全的难度在不断增大。例如,伊朗就曾利用美军无人机 GPS 导航系统的弱点,"哄骗"其改变降落地点,给了美军一个深刻教训;美军也曾使用"舒特"系统,通过电磁频谱成功侵入叙利亚的防空雷达网络系统,对其进行指挥控制。近年来,诸多发生于电磁空间的军事博弈,使全世界更加重视制电磁权、更加重视电磁空间安全。

二、科学树立国家电磁空间安全观念

"明者因时而变,知者随事而制。"世界格局的变化对国家安全产生了深刻的影响,各种安全问题之间的关联性、整体性更加突出,与电磁空间安全的交织渗透也更加明显。必须坚持马克思唯物主义辩证法，坚持用"两点论"看待分析问题，站在国家高度，具有全球视野，正确认识国家电磁空间安全面临问题，树立"跨越多域"的战略观、"频谱制胜"的战争观和"网电一体"的作战观。

（一）"跨越多域"的战略观

"域"是一个多义字，既可以指政治、经济、军事、文化、舆论、宗教等领域，也可以指物理域、信息域、认知域、社会域，还可以指陆、海、空、天、网、电等作战空间。[①]科技的快速发展及其在军事上的广泛应用，使得战争"域"的概念内涵得到极大丰富，自然作战空间不断向极微、极深、极高处拓展，可涵盖空中至太空全高度、陆上高山至低谷全地形、海上浅海至深海全深度。[②]"穿越"各个空间的边界实施跨域作战，已经成为一种新的常态。树立"跨越多域"的电磁空间安全战略观，并以此为牵引科学统筹电磁空间安全建设，才能更好地支撑未来的战略博弈和军事角力。

电磁空间作为无线通信、无线网络的承载，产生了不同于传统人类活动空间的电磁疆域的概念，突破了传统地缘概念界线，打破了对抗领域或交战空间的局限，不受传统空间和时间维度限制。电磁空间以电子信息系统为基础，集成侦察情报、指挥控制、精确打击、支援保障等，利用网络电子信息技术的联通性和渗透性，实现多维空间传感设备、指挥系统和武器平台的有机交链，促进各种作战力量、作战单元、作战要素的有机融合。电磁空间"跨越多域"将重塑战争形态和对抗方式，广泛分布在电磁空间领域的各类信息平台，能够实现全域覆盖、无网不入，能够导致电磁空间赋能体系结构破坏、整体毁瘫，信息主导、巧力博弈、依网聚效、体系制胜将成为电磁空间安全博弈的重要制胜机理。

---

① 汪洪友，《打好跨域非对称作战》，解放军报，2019年8月29日。
② 柴山、马权，《信息化战争应有怎样的时空观》，解放军报，2019年10月29日。

（二）"频谱制胜"的战争观

美军在《21世纪复杂电磁环境下的军事作战》报告中这样描述电磁频谱的重要性："美军克敌制胜的关键在很大程度上依赖其信息优势，但是，若对手的电子战能力让美军在战场上失去了感知、通信、导航、协同等能力，那么这种优势也将不复存在……。"信息化战争是由电磁频谱战主导的多域协同作战。树立"频谱制胜"的战争观，充分认清无形的电磁空间潜在的现实威胁，分析研究电磁空间领域作战制胜机理，是应对信息化战争、掌握制胜优势的迫切需要。

2015年12月2日，在美国战略与预算评估中心（CSBA）提出的《电波制胜：重拾美国在电磁频谱领域霸主地位》的研究报告中，"电磁频谱战"新型作战理念的核心思想主要包括两个方面：第一，利用"低至零功率"手段对抗敌方无源和有源传感器，即利用低功率或无源手段提高探测敌方目标的可能性；第二，利用低截获/低探测概率（LPI/LPD）的传感器和通信方式降低被探测概率，即利用低功率手段降低被敌方探测的可能性。这种"频谱制胜"的新型作战理念和新型作战系统，对如何更好地运用电磁频谱并使之成为胜利之钥具有重要借鉴意义。

（三）"网电一体"的作战观

2019年7月，国务院新闻办公室发表《新时代的中国国防》白皮书，其中，在"新时代中国防御性国防政策"里明确指出"维护国家海洋权益，维护国家在太空、电磁、网络空间等安全利益，维护国家海外利益，支撑国家可持续发展"。电磁空间安全与海洋、太空和网络安全同等重要，将与太空制衡、海洋突围和网络发展齐头并进。网络空间与电磁空间虽然无形，但蕴含巨大的战斗力，尤其是随着武器装备智能化、隐身化、无人化、网络化趋势明显，在这两个空间中的行动直接决定了武器装备效能的发挥，深刻影响着相关作战行动的效果。

"网电一体"是信息作战的主要形式,是指综合运用网络战和电子战手段,对敌方的信息和信息系统进行削弱和破坏,是对网络化信息系统进行的一体化作战。相比传统的电子战,网电一体战的作战对象更大范围扩展,包括敌方实施作战和保障的所有信息系统。例如,空天地基的各种侦察、情报和监视系统、通信系统、数据链、指挥控制系统,以及负责各层次的信息分发、管理的网络系统等。[①]在信息化战场上,制信息权的争夺,是围绕信息流通过程中"信息源、信息通道和信息接受者"这三个基本环节展开的。一方面表现为,通过信息技术手段对己方信息的获取、处理、传输、使用,以及对作战力量、支援保障力量、武器装备的控制;另一方面表现为,通过信息技术手段实现对敌方信息获取、使用活动的控制。其中,信息获取和传递,主要依赖于电磁频谱;信息处理和利用,主要依赖于计算机网络。为此,要夺取制信息权,就要通过夺取制电磁权和制网络权来实现。

三、加速制定国家电磁空间安全战略

　　我国《国家网络空间安全战略》的发布实施,是贯彻落实习近平总书记关于推进全球互联网治理体系变革的"四项原则"、构建网络空间命运共同体的"五点主张"的具体举措,阐明了中国关于网络空间发展和安全的重大立场,明确了战略方针和主要任务,是指导国家网络安全工作的纲领性文件。[②]再看美国,经过近 30 年的发展,已经率先形成相对完整的"网络电磁空间战略理论"和较为成熟的"网络电磁空间安全战略体系"。本章节关于加速制定国家电磁空间安全战略,在确立战略目标、提出战略原则和制定战略任务等方面,充分借鉴了我国《国家网络空间安全战略》和美国《国家网络安全战略》的相关内容。

[①] 余志锋,《把准网电作战力量建设发展的生命脉动》,解放军报,2017 年 12 月 19 日。
[②] 国家互联网信息办公室,《国家网络空间安全战略》,2016 年 12 月 27 日发布并实施。

（一）把握国家电磁空间安全的机遇和挑战

信息时代的一个重要特征是安全隐患无处不在，这在电磁空间领域尤为突出。但是，由这些安全隐患所带来的挑战，同样为电磁空间安全提供了发展机遇。例如，不断出现的安全问题推动了安全技术的发展，加快了安全立法的步伐，为保护电磁空间安全提供了技术和法律支持。当前，电磁空间安全的机遇与挑战并存，总体来说机遇大于挑战，必须准确把握面临的重大机遇并做好应对严峻挑战的充分准备。

把握重大机遇。电磁空间成为信息传播的新渠道——移动互联网技术的发展，突破了时空限制，拓展了传播范围，创新了传播手段，引发了传播格局的根本性变革。电磁空间作为移动互联网的载体，已成为人们信息融合、学习交流和知识获取的重要渠道。

电磁空间成为生产生活的新空间——当今世界，人们对电磁空间领域的利用已远远超越传统的通信领域，随着物联网、人工智能、5G、6G 技术的发展，围绕智慧城市的智能电网、智能交通、智能水务、智慧国土、智慧物流等重大工程全面开展，电磁空间已深度融入人们的学习、生活、工作等方方面面。

电磁空间成为经济发展的新引擎——对电磁能、电磁频谱资源等的开发利用推动了传统产业改造升级，催生了新技术、新业态、新产业、新模式，促进了经济结构调整和经济发展方式转变，无线电技术在国民经济各行各业广泛应用，为经济社会发展注入了新的动力。

电磁空间成为文化繁荣的新载体——移动互联网促进了文化交流和知识普及，已经成为传播文化的新途径。它提供公共文化服务的新手段，释放了文化发展活力，基于无线射频技术的各种产品，丰富了人们精神文化生活，电磁空间成为承载文化建设的重要载体。

电磁空间成为社会治理的新纽带——移动互联网在推进国家治理体系和治理能力现代化方面的作用日益凸显,政府信息公开共享,推动了政府决策科学化、民主化、法治化,保障了公民知情权、参与权、表达权、监督权,电磁空间成为畅通公民参与社会治理的纽带。

电磁空间成为国家主权的新疆域——电磁空间成为与陆地、海洋、天空、太空同等重要的人类活动新领域,国家主权拓展延伸到电磁空间领域,电磁空间主权成为国家主权的重要组成部分。尊重电磁空间主权,维护电磁空间安全,谋求共治实现共赢,已经成为国际社会共识。

应对严峻挑战。电磁泄露危害政治安全——政治安全是国家发展、人民幸福的基本前提。某些恐怖主义、分裂主义、极端主义等势力利用电磁泄露实施电磁干扰和电磁渗透,攻击他国设施、煽动社会暴乱,甚至干涉他国内政、企图颠覆政权,以及进行大规模电子侦察监视等活动,都对国家政治安全造成严重危害。

电磁攻击威胁经济安全——电磁频谱已经成为关键基础资源乃至整个经济社会的重要支撑,如果遭受攻击破坏或者发生重大安全事故,将导致智能交通、通信、医疗、金融等基础设施瘫痪,造成灾难性后果,严重危害国家经济安全。

非法无线电设备影响社会安全——利用黑广播、伪基站实施经济欺诈、侵犯知识产权、泄露个人信息等不法行为大量存在,一些组织肆意窃取用户信息、交易数据、位置信息以及企业商业秘密,严重损害国家、企业和个人利益,影响社会安全及和谐稳定。

电磁空间的国际竞争方兴未艾——国际上争夺和控制电磁频谱资源、抢占国际规则制定权、谋求战略主动权的竞争日趋激烈。个别国家蓄意强化电磁频谱战略,加剧电磁空间军备竞赛,使世界和平受到新的挑战。

(二)确立国家电磁空间安全战略目标

主要包括确立电磁空间安全、电磁空间立法、电磁频谱资源、无线电技术和国际间合作等方面的战略目标。

电磁空间安全。电磁空间安全风险得到有效控制，国家电磁空间安全保障体系健全完善，核心技术装备安全可控，基础设施运行稳定可靠；电磁空间安全人才满足需求，全社会的电磁空间安全意识、基本防护技能大幅提升。

电磁空间立法。电磁空间的国内和国际法律体系、标准规范逐步建立，电磁空间实现依法有效治理；公众在电磁空间的合法权益得到充分保障，电磁空间个人隐私获得有效保护。

电磁频谱资源。电磁频谱资源得到有效利用和管控，军队和地方的用频冲突得到有效防范，电磁空间军备竞赛等威胁国际和平的活动得到有效控制。

无线电技术。无线电技术标准、政策和市场开放、透明，产品流通和信息传播更加顺畅，数字鸿沟日益弥合。

国际间合作。世界各国在技术交流、打击电磁攻击犯罪等领域的合作更加密切，多边、民主、透明的国际电信治理体系健全完善，以合作共赢为核心的电磁空间命运共同体逐步形成。

（三）提出国家电磁空间安全战略原则

以总体国家安全观为指导，贯彻落实创新、协调、绿色、开放、共享的发展理念，增强风险意识和危机意识，统筹国际国内两个大局，统筹发展和安全两件大事，积极防御、有效应对，推进电磁空间和平、安全、开放、合作、有序。联合其他国家，加强沟通、扩大共识、深化合作，积极推进全球电磁空间治理体系变革，共同维护电磁空间和平安全。

维护电磁空间主权。主权是民族国家特有的根本属性，维护在电磁空间领域内的国家主权是一个现代化国家的责任和义务。电磁空间主权不容侵犯，尊重各国自主选择发展道路、无线电管理模式、移动互联网公共政策和平等参与国际电磁空间治理的权利。各国主权范围内的无线电事务由各国人民自己做主，各国有权根据本国国情，借鉴国际经验，制定有关电磁空间的法律法规，依法采取必要措施，管理本国信息系统及本国疆域上的电磁空间活动；保护本国电信系统和频谱资源免受侵入、干扰、攻击和破坏，保障公民在电磁空间的合法权益；防范、阻止和惩治危害国家安全和利益的有害信息在本国电磁空间传播，维护电磁空间秩序。任何国家都不搞电磁霸权、不搞双重标准，不利用电磁空间干涉他国内政，不从事、纵容或支持危害他国国家安全的电磁空间活动。

和平利用电磁空间。和平利用电磁空间符合人类的共同利益。各国应遵守《联合国宪章》关于不得使用或威胁使用武力的原则，防止电信技术被用于与维护国际安全与稳定相悖的目的，共同抵制电磁空间军备竞赛，防范电磁空间冲突。坚持相互尊重、平等相待，求同存异、包容互信，尊重彼此在电磁空间的安全利益和重大关切，推动构建和谐无线电世界。反对以国家安全为借口，利用技术优势控制他国电信系统、收集和窃取他国数据，更不能以牺牲别国安全谋求自身所谓绝对安全。

依法治理电磁空间。依法构建良好电信秩序，保护电磁空间信息依法有序自由流动，保护个人隐私，保护知识产权。任何组织和个人在电磁空间享有自由、行使权利的同时，必须遵守法律，尊重他人权利，对自己的言行负责。

科学统筹电磁空间安全与发展。发展是安全的基础，不发展是最大的不安全；安全是发展的前提，任何以牺牲安全为代价的发展都难以持续。正确处理电磁空间安全与发展的关系，坚持以安全保发展，以发展促安全。

（四）制定国家电磁空间安全战略任务

我国作为电信大国，拥有全球最多的电信用户和最大的电信市场，维护好电磁空间安全不仅是自身需要，对于维护全球电磁空间安全同样具有重大意义。

坚定捍卫电磁空间主权。根据宪法和法律法规管理我国主权范围内的电磁空间领域活动,保护我国电信基础设施和电磁频谱资源安全,采取包括经济、行政、科技、法律、外交、军事等一切措施,坚定不移地维护我国电磁空间主权。坚决反对通过电磁空间入侵和攻击颠覆我国国家政权、破坏我国国家主权的一切行为。

坚决维护国家安全。防范、制止和依法惩治任何利用电磁空间进行背叛国家、分裂国家、煽动叛乱、颠覆或者煽动颠覆人民民主专政政权的行为;防范、制止和依法惩治利用电磁空间进行窃取、泄露国家秘密等危害国家安全的行为;防范、制止和依法惩治境外势力利用电磁空间进行渗透、破坏、颠覆、分裂活动。

打击电磁空间领域恐怖和违法犯罪。加强电磁空间领域反恐怖、反间谍、反窃密能力建设,严厉打击电磁空间领域恐怖和间谍活动。坚持综合治理、源头控制、依法防范,严厉打击电磁空间领域诈骗、电磁空间领域窃听、侵害公民个人信息、传播淫秽色情、侵犯知识产权等违法犯罪行为。

保护关键电信基础设施。国家关键电信基础设施关系国家安全、国计民生,必须采取一切必要措施保护关键电信基础设施及其重要数据不受攻击破坏。坚持技术和管理并重、保护和震慑并举,着眼监测、防护、检测、预警、响应、处置等环节,建立实施关键电信基础设施保护制度,从管理、技术、人才、资金等方面加大投入,依法综合施策,切实加强关键电信基础设施安全防护。

加强党政机关、核心要害区域等重点领域电磁环境安全管控,建立政府、行业与企业电磁环境信息有序共享机制,充分发挥企业在保护关键电信基础设施中的重要作用。建立实施电磁空间安全审查制度,加强供应链安全管理,对党政机关、重点行业采购使用的重要无线电产品和服务开展安全审查,提高产品和服务的安全性和可控性。

完善电磁空间治理体系。坚持依法、公开、透明管理和治理电磁空间,切实做到有法可依、有法必依、执法必严、违法必究。健全电磁空间安全法律法规体系，制定出台电磁空间领域相关安全法律法规，明确社会各方的责任和义务，明确电磁空间安全管理要求。加快对现行无线电管理法规制度的完善修订，建立电磁空间信任体系，提高电磁空间安全管理的科学化规范化水平。

夯实电磁空间安全基础。坚持创新驱动发展，积极创造有利于技术创新的政策环境，统筹资源和力量，以企业为主体，产学研用相结合，协同攻关、以点带面、整体推进，尽快在核心技术上取得突破。优化市场环境，鼓励电磁空间安全企业做大做强，为保障国家电磁空间安全夯实产业基础。实施国家大数据战略，建设军民一体电磁空间大数据平台。实施电磁空间安全人才工程，形成有利于人才培养的生态环境。

加强电磁空间安全标准化和认证认可工作，更多地利用标准规范电磁空间行为。做好等级保护、风险评估、漏洞发现等基础性工作，完善电磁空间安全监测预警和电磁空间安全重大事件应急处置机制。大力开展全民电磁空间安全宣传教育，增强全社会电磁空间安全意识和防护技能，提高广大民众对电磁空间违法有害信息、电磁空间欺诈等违法犯罪活动的辨识和抵御能力。

提升电磁空间防护能力。建设与我国国际地位相称、与电磁空间强国相适应的电磁空间防护力量。加强电磁空间安全基础理论和重大问题研究，建立完善国家电磁空间安全技术支撑体系，大力发展电磁空间安全防御手段，具备及时发现和抵御电磁入侵的防护能力，铸造维护国家电磁空间安全的坚强后盾。

强化电磁空间国际合作。在相互尊重、相互信任的基础上，加强国际无线电频谱资源对话合作，推动无线电频谱资源全球治理体系变革。深化同各国的双边、多边电磁空间安全对话交流和信息沟通，有效管控分歧，积极参与安全合作。

支持国际电信联盟发挥主导作用，推动制定各方普遍接受的电磁空间国际规则，健全打击电磁空间领域犯罪司法协助机制，深化在政策法律、技术创新、标准规范、应急响应、关键电信基础设施保护等领域的国际合作。

加强对发展中国家和落后地区无线电技术普及和基础设施建设的支持援助。推动"一带一路"建设，提高国际通信互联互通水平，畅通信息丝绸之路。通过积极有效的国际合作，共同构建和平、安全、开放、合作、有序的电磁空间。

第二节 将应对电磁空间安全的组织力量成体系建设

电磁空间安全的独有特性决定了其力量组成、组织体制、运行方式等必将有别于其他领域。电磁空间安全的组织力量，是指为确保在国家建设和军队作战中己方各种电磁设备、电磁活动能够在特定的时域、空域、频域和能域范围内正常进行，避免受到来自电磁空间的重大现实或潜在威胁，国家和军队各级组织管理机构和行动保障力量的统称。完善的电磁空间安全组织机构、强大的电磁空间安全保障力量，是稳步推进电磁空间领域创新发展的坚实基础，将应对电磁空间安全的组织力量成体系建设，主要包括建立健全维护电磁空间安全的军队组织力量体系、民用组织力量体系和军民一体化组织力量体系等。

一、电磁空间安全军队组织力量体系

在《中央军委关于深化国防和军队改革的意见》指导下，深入贯彻新形势下军事战略方针，着力解决制约国防和军队发展的体制性障碍、结构性矛盾、政策性问题，从推进军队组织形态现代化、进一步解放和发展战斗力、进一步解放和增强军队活力出发，按照"军委管

总、战区主战、军种主建"的原则,逐步建立一支由军委、战区、军种组织领导机构和作战力量构成的维护电磁空间安全的军队组织力量体系。

电磁空间安全军队组织力量体系主要涉及电磁频谱管理、网系安全防护和电子对抗等领域。其中,电磁频谱管理主要包括频谱资源的划分、规划、分配、指配和卫星轨道资源管理,审批无线电台(站)的设置和使用,监测和监督无线电信号,协调和处理无线电有害干扰,组织国际、国内无线电干扰协调事宜,管理无线电设备的研制、生产、销售和进口,实施无线电管制和征用无线电频率及卫星轨道资源等;网系安全防护主要包括国家和军队、固定和机动、有线和无线等网系的安全管理,利用加密、认证、访问控制、入侵检测、安全扫描等技术对网系实施安全防护;电子对抗主要包括电子侦察、电子干扰和电子防御。

(一)理顺管理电磁空间安全的军队组织领导机构

军队组织领导机构是建设规划、统筹协调、指挥领导维护电磁空间安全保障力量的机构。建立健全军队组织领导机构,需要深刻理解"军委管总、战区主战、军种主建"的格局,充分明确军队指挥和管理体系架构(如图7-2所示)。①

"军委管总"是强化军委的集中统一领导和战略指挥、战略管理功能。通过一整套制度化设计,强化党对军队的绝对领导;"战区主战"是组建战区联合作战指挥机构,健全军委联合作战指挥机构,构建军委—战区—部队的作战指挥体系。战区根据主要战略方向进行划分,每个战区都由陆军、海军、空军、火箭军和战略支援部队联合组成。在战区联合作战指挥体制下,指挥层级大大减少,作战环节大大减少,指挥效率得到提升;"军种主建"是适应军队发展的专业化趋势,瞄准未来战争形态建设一支与之相匹配的军队,实现人与武器的有效结合,为战区打造一支"能打仗、打胜仗"的合格部队。

---

① 赵小卓,《解读"军委管总、战区主战、军种主建"格局》,中国之声《国防时空》,2017年第5期。

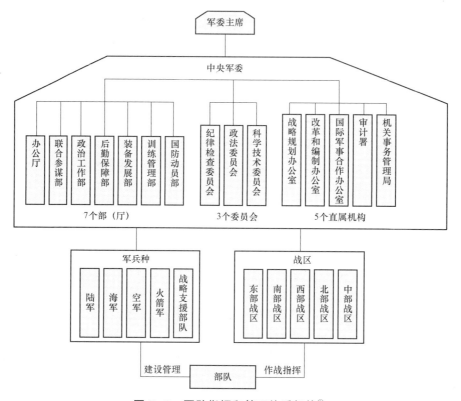

图 7-2　军队指挥和管理体系架构①

按照"军委管总、战区主战、军种主建"的总原则，在理解把握联合作战指挥和军队领导管理体制的基础上，建立健全电磁空间安全军队组织领导架构（如图 7-3 所示）。在战略层面，建立健全军队电磁空间安全管理机构，优化顶层设计，强化电磁空间安全行动的集中统一领导和战略指挥、战略管理；在战役层面，建立健全电磁空间态势感知、安全防护、频谱管理等重要领域的作战指挥和建设管理机构，提升电磁空间安全行动的作战筹划和指挥效率；在战术层面，推动适应未来战争形态的部队电磁空间作战保障力量建设。

---

① 《新时代的中国国防》白皮书全文. 中华人民共和国国防部，2019.7；改革后解放军领导管理体系全揭秘.新华网 http://military.people.com.cn/n1/2016/0201/c1011-28102664.html。

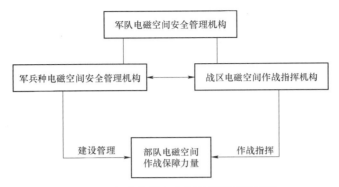

图 7-3 电磁空间安全军队组织领导架构

(二) 明确管理电磁空间安全的军队各级职责分工

分工与效率之间存在着相互促进、相互制约和相互协调的关系。电磁空间安全是一个有机联系的整体，明确各级职责分工是将总体安全目标分而做之，从而实现更好的整体效果。理顺军队各级组织领导机构的职责分工和机构之间的协调、组织、执行关系，建立运转顺畅、协调有力、分工合理、责任明确的电磁空间安全管理体制，构建综合高效的电磁空间安全管理组织力量体系，统筹协调各项工作、提高组织领导效率，积极推动军队和地方、政府跨部门以及与各类公司之间的合作等。

(三) 推动维护电磁空间安全的作战力量体系建设

根据电磁空间安全体系基本要素构成，应大力推进电磁空间威胁感知力量、频谱管理力量、电子防御力量、电子攻击力量和技术保障力量等方面的建设。

威胁感知力量。指利用各类传感器、信息获取平台提供战场电磁威胁相关信息，支援战场电磁空间安全指挥和行动，向指挥员、指挥机构以及武器平台提供战场电磁威胁的情报人员及其所使用的系统与装备。电磁威胁的复杂多样，决定了威胁感知力量的多元化。从用途上看，电磁威胁感知力量可分为频谱监测力量、支援侦察力量和威胁告警力量三类。

频谱监测力量——主要任务是实时监测电磁环境和频谱使用情况，

分析、处理、上报监测数据，为实施频谱管理控制、查处电磁干扰、评估管控效果等提供依据。目前，军地双方均建设了数量可观的无线电监测站点，并形成了自身感知网系，各自履行相关职能，满足频谱监测需求。可以使用现有的固定或机动监测站，建立覆盖重点方向和重点地域的短波、超短波和卫星监测网，对重点地区电磁环境进行实时监测，对无线电干扰信号进行测向定位。

支援侦察力量——主要任务是及早发现电磁威胁目标及其平台的活动情况，为做好电磁空间安全准备或采取预防性的电磁空间安全措施提供依据。支援侦察力量主要由部队所属、配属、支援的各类侦察部（分）队组成。

威胁告警力量——主要任务是实时告警敌方电子攻击行动，主要包括威胁告警系统和威胁响应系统。其中，威胁告警系统是指为应对反辐射武器而为防空雷达、防空导弹系统专门配备的反辐射导弹告警系统；威胁响应系统是指电子信息系统对敌方电子干扰的响应系统，如干扰分析模块，受到干扰时能够分析干扰信号，进而查找干扰源和采取针对性的反干扰措施。

频谱管理力量。指对己方电子信息系统的频谱使用需求进行管理，防止或减少自扰、互扰威胁的力量。电磁频谱管理作为维护电波秩序的"空中警察"，在确保电磁空间安全等方面发挥着不可替代的作用。部队视情编设电磁频谱管理队伍，主要任务是为频谱资源规划、分配和调整使用等提供技术支持及依令报告电磁频谱管理相关情况，及时查处有害干扰。频谱管理力量在作战初期具有非常重要的意义，要重点监控隐蔽战斗值班兵力兵器和进入战斗准备后的部队的电磁辐射控制情况。

电子防御力量。指在使用电子信息系统遂行作战任务的同时，综合采取战场电磁空间安全措施应对电磁威胁的力量，包括无线电通信、雷达、导航识别、遥测遥控等电子信息系统及其使用人员。电子防御力量通常采用组网方式将所属各个台（站）按照隶属关系、类型或用途链接成网，实现组网抗扰、组网抗毁，形成整体战场电磁空间安全能力。如防空体系中，将不同功能、不同体制、不同作用范围的各种雷达，或者同频率、同体制的雷达进行联网，在统一指挥协调下，网内各雷达交替开机、轮番机动，对反辐射导弹构成闪烁电磁环境，使其难以瞄准目标；综合运用短波、超短波、微波接力等无线通信网系，再与有线通信网交叉运用、重复运用或迂回运用，能实现"此断彼通"，确保指挥通信不间断。

电子攻击力量。属于电子进攻力量的范畴，同时也是有效支援战场电磁空间安全的重要力量。确保战场电磁空间安全必须将攻击与防御相结合，不仅要采取被动的防御措施，更应该以主动的电子进攻措施扰乱、破坏敌方的电子攻击行动，达到"以攻助防"的目的。电子攻击力量一般用于对付敌方的重大电磁威胁目标，如电子侦察飞机和电子战飞机等，一般由信息作战指挥机构掌握使用。它拥有电子干扰和反辐射摧毁两种手段，前者干扰敌方无源探测装备、导航定位装备以及电子干扰飞机与敌方指挥所之间的通信，后者用于摧毁敌方干扰源。

技术保障力量。是确保电磁空间安全系数、维持力量体系强大的重要物质条件。未来作战，定然会面对"软杀伤"和"硬摧毁"的各类威胁，必须充分做好应对各种威胁的准备，尤其是电磁空间安全的技术保障和储备供应保障。例如，在装备保障部门设立与战场电磁空间安全相关的技术保障分队和储备供应分队。其中，技术保障分队主要通过技术检查、维护、修理等活动，使各类电子信息系统和专业战场电磁空间安全装备的性能处于良好状态；储备供应保障分队则负责专业装备、各类电子信息系统中的战场电磁空间安全功能部件的备份、预置和供应工作等。

二、电磁空间安全民用组织力量体系

电磁空间领域对信息时代社会结构和经济形态的深层次、宽领域的渗入，使电磁空间安全与人民的生产生活和切身利益紧密相连，需要社会各界共同参与治理和维护。建立健全电磁空间安全民用组织力量体系，主要是理顺管理电磁空间安全的民用组织领导机构，明确管理电磁空间安全的民用部门职责分工和推动维护电磁空间安全民用力量体系建设等。

（一）理顺管理电磁空间安全的民用组织领导机构

民用组织领导机构主要是工业和信息化部下设的国家无线电管理局，省、自治区、直辖市和设区的市无线电管理机构，以及国务院有关部门的无线电管理机构等。在总体国家安全观指导下，在中央国家安全委员会及其相关机构中设立管理电磁空间安全的办公室、工作小组、中心等组织机构，负责所辖领域电磁空间安全相关的政策法规制定、协调机制建立、情报搜集、安全防护、安全行动等的组织领导。例如，在国家安全委员会中设立专门的电磁空间安全管理分委员会，进一步理顺各分委员会与上级委员会的关系、同级专业委员会之间的关系。同时，在与电磁空间安全相关的各行业领域，以主要领导作为第一责任人成立本级电磁空间安全专门委员会等。

（二）明确管理电磁空间安全的民用部门职责分工

国家无线电管理部门主要负责编制无线电频谱规划；负责无线电频率的划分、分配与指配；依法监督管理无线电台（站）；负责卫星轨道位置协调和管理；协调处理军地间无线电管理相关事宜；负责无线电监测、检测、干扰查处，协调处理电磁干扰事宜，维护空中电波秩序；依法组织实施无线电管制；负责涉外无线电管理工作。

国家无线电管理技术单位主要负责短波、卫星日常无线电监测相关工作；按照有关要求和规定，监测短波、卫星无线电频率/卫星轨道资源使用情况及无线电台（站）是否按照规定的程序和核定的项目工作；参与北京地区相关超短波、微波频段的无线电监测工作；承担重大活动、重大事件无线电安全的相关技术保障工作；按照有关要求和规定，测试有关电波参数和电磁环境，查找未经批准擅自使用的无线电台（站），定位、查找无线电干扰源及非无线电设备辐射无线电波的干扰源，承担通过采取技术措施对非法无线电发射予以制止或阻断的相关任务；按照国家规定，检测无线电设备的主要技术指标，检测工业、科学和医疗应用设备、信息技术设备以及其他电器设备等非无线电设备的无线电波辐射；承担无线电频率、台（站）管理及涉外业务的技术支撑工作；受部委托承担北京地区相关无线电台（站）频率占用费收缴工作；负责国家级无线电频率台（站）数据库、监测数据库等无线电管理基础数据库的建设、运行和维护；承担无线电管理相关技术标准、规范的研究及起草工作；承担无线电管理相关应用软件的开发和应用推广等工作；为各省（自治区、直辖市）无线电管理工作提供技术指导；受部委托管理国家无线电频谱管理中心；承办工业和信息化部交办的其他事项。

省、自治区、直辖市和设区的市无线电管理机构在上级无线电管理部门和同级人民政府领导下，负责辖区内的无线电管理工作，主要负责贯彻执行国家无线电管理的方针、政策、法规和规章；拟订地方无线电管理的具体规定；协调处理本行政区域内无线电管理方面的事宜；根据审批权限审查无线电台（站）的建设布局和台址，指配无线电台（站）的频率和呼号，核发电台执照；负责本行政区域内无线电监测。

国务院有关部门的无线电管理机构主要负责本系统的无线电管理工作；贯彻执行国家无线电管理的方针、政策、法规和规章；拟订本系统无线电管理的具体规定；根据国务院规定的部门职权和国家无线电管理机构的委托，审批本系统无线电台（站）的建设布局和台址，指配本系统无线电台（站）的频率、呼号，核发电台执照；国家无线电管理机构委托行使的其他职责。

（三）推动维护电磁空间安全的民用力量体系建设

推动维护电磁空间安全的民用力量体系建设，主要包括建立政企安全信息共享机制、充分发挥民间机构技术优势和培育层级清晰的安全产业梯队等。

建立政企安全信息共享机制。虽然智能电网、智能交通、智能水务、智慧国土、智慧物流设施等都归属国家管理，但是对于信息网络安全主管部门和无线电管理部门来说，实现随时随刻了解掌握这些网络设施的电磁安全状况，目前还存在着一定的难度。因此，各个重要行业的信息网络运营企业，都在信息安全保障工作中起着非常重要的作用。另外，国内部分企业在获取电磁威胁感知、无线电监测测向等方面也拥有较强的技术优势，进一步加强与各重要行业的信息网络运营企业和国内电磁空间安全领域企业之间的合作，并在政策允许范围之内实施相应的合作策略和保护策略，如成立电磁空间安全威胁情报中心、建立电磁空间安全信息共享试点等，有利于最大限度地发挥企业的积极主动性，提升相关部门对电磁空间安全威胁信息的感知掌握率。

充分发挥民间机构技术优势。本着"我们在一些关键技术和设备上受制于人的问题必须及早解决"的初衷，充分利用民间机构先进的技术优势，包括标准、协议、CPU、芯片、固件、操作系统、数据库等关键核心技术，力争早日实现"本土替代"和颠覆性创新。西方技术发达国家在构建电磁空间安全力量体系的过程中，显著特点之一就是充分发挥民间机构的技术优势，并以此带动技术水平整体快速发展。以美国为例，由于美国绝大部分信息和网络资源都掌握在政府之外的机构和经济实体手中，政府很难单凭自身之力实现对信息网络安全的全面有效管理，因此非常注重发挥民间机构在信息安全管理中的积极作用，在保持信息安全技术、产品、服务的可靠性，以及信息安全操作流程、标准制定等过程中，美国政府都会大量吸纳民间机构的意见和建议。

培育层级清晰的安全产业梯队。明确电磁空间领域相关技术企业尤其是民营企业在维护国家信息网络安全、服务国家电磁空间建设中的责任和义务，通过政府和军队采购、委托研发、经费支持等方式全力扶植,将相关企业科研平台打造成为军民协同创新平台,造就一支具有世界先进水平的电磁空间安全产业梯队,为密切配合国家电磁空间安全需求贡献力量。第一梯队是国家队,选择技术基础好、产业链完整的央企、军企和民企巨头,承担国家电磁空间安全和信息化重大工程建设,并负责电磁空间武器装备总体设计集成;第二梯队是专业队,培养一批在安全测评、咨询服务、基础软硬件、用频装备研发等方面综合条件突出的优秀企业;第三梯队是特种队,主要承担电磁空间安全感知、预警、溯源和反制等专项任务,分别负责工业、商业、金融、交通等分支领域的电磁空间安全;第四梯队是产业联盟,建立技术产业联盟,发动各方企业共同参与,互相开放合作渠道,实现电磁空间安全技术的大融合、大循环。

三、电磁空间安全军民一体组织力量体系

电磁空间安全是一项跨部门、跨行业的系统工程,维护电磁空间安全既是战时的硬性要求,也是和平时期的重要任务。需要从国家层面科学统筹规划,打造结构合理、脉络清晰的组织体系,实现军民一体、军地合力应对各类安全隐患、解决各类安全问题。建立健全电磁空间军民一体组织力量体系,主要包括军民一体组织领导机构、军民一体化协调运行机制和军民一体化保障力量体系等,主要目的是实现"军地无缝链接"、走出一条"军民一体、军地协同"的创新发展道路。

(一)建立健全军民一体组织领导机构

健全完善的军民一体组织领导机构是构建军民一体力量体系的关键所在。美国在这方面有着相对丰富的实践经验,可以对其建设思路和有益做法进行选择性借鉴。例如,美国构建了庞大而有序的网络安全组织体系(如图7-4所示),统筹协调各机构、各行业、各领域、各个行为体的网络安全行动,并积极推动政府跨部门及公司之间的合作。其组织领导架构主要分为三个层面。第一层面是总统,即网络安全组

织架构的设计者和责任人,主要通过出台战略、计划、总统令和行政令等政策文件,调整和完善网络安全组织架构;第二层面是政策执行机构,包括协调部门、政府部门、情报部门、军事部门等,这些机构通过执行各自的职能,将维护网络安全的政策落到实处;第三层面是私营机构,将企业也列入美国网络安全组织体系,主要是因为众多企业在美国信息技术发展和信息安全保护方面有重大作用和特殊地位。

我国的电磁空间安全由相关职能部门组织领导。中央国家安全委员会负责统筹协调涉及国家安全的重大事项和重要工作;中央军事委员会、公安部、国防部、国家安全部可指导、协调、督促相关领域的电磁空间安全工作;工业和信息化部下设无线电管理局,负责统筹、协调、督促并开展全国无线电管理工作,等等。

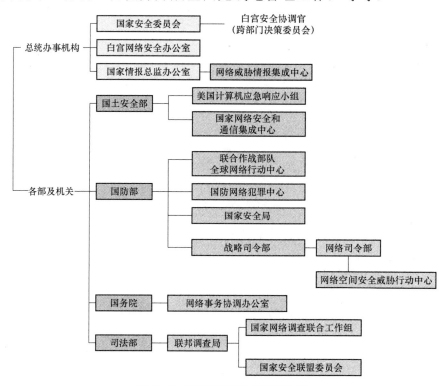

图7-4 美国网络安全组织体系

在现有基础之上，紧密结合我国实际情况，建立健全我国电磁空间安全军民一体组织领导机构。在中央相关部门的统一领导下，成立国家和地方各级电磁空间安全军民协同领导小组。例如，在中央国家安全委员会、中央军事委员会、中央网络安全和信息化委员会、国防部、国家安全部、工业和信息化部等机构中，设立电磁空间安全管理办公室或相关负责人员，负责统一协调政府、军队、企事业单位、地方企业的电磁空间安全事务，包括建立协调机制、制定标准规范，以及加强军、政、企各部门之间的合作，等等；在中央国家安全委员会的坚强领导下，统筹协调经济、政治、文化、社会、军事等各个领域的电磁空间安全工作，强化政府机构之间的协同配合和民营企业的参与合作，确保运转顺畅、协调有力、分工合理、责任明确，能够高效应对电磁空间安全威胁、快速解决电磁空间安全问题等。

（二）建立健全军民一体化协调机制

制定党、政、军、企各部门的电磁空间安全军地协调和需求对接等机制，理顺相关职能部门的权责关系，明确工作职责、权限和义务，合理划分各级电磁空间安全管理权责；建立行之有效的组织机构、管理机构，构建合理配套的平时管理体制与战时指挥体制，健全军地协作的联合执法、联合演习等机制；不同管理层级的权责设置合理，确保权有所属、责有所归，能根据电磁空间安全新形势和新问题做出及时调整，最大限度地发挥军地各部门的协同配合效能，避免相互推诿、越位错位。

建立权威有效、军民合一的态势资源共享机制，力争实现"一个体系、内外有别、统筹规划、扬长补短、合作共赢"。电磁空间安全态势瞬息万变，实现电磁态势资源互通共享，能够更有效地推进电磁空间安全的治理和防御。其中，要注重发挥企业在保障电磁空间安全中的重要作用，充分调动企业在电磁频谱管理、无线电监测等方面的技术力量，通过构建电磁空间态势感知网系，成立电磁态势信息共享中心，以及建立信息安全信息共享试点等，提升企业参与度、激发企业积极性，为保障电磁空间安全提供更多的电磁态势信息。

（三）构建军民一体化保障力量体系

电磁空间领域具有天然的军民协同优势，将电磁空间安全力量体系建设纳入电磁空间领域军民协同建设规划，实施军地共管共建，实现军民深度协同。构建电磁空间安全军民一体化保障力量体系，主要包括协作共建的频谱管理力量、广泛分布的威胁预警力量和建用一体的电子防御力量等。

协作共建的频谱管理力量。推动电磁频谱管理军地"共管、共建、共育"，在需求论证、规划设计、项目建设、使用管理等各环节各步骤进行深入探索实践；科学统筹协调国家和军队的电磁频谱资源，从设备的研制、生产、购置、进口，用频台站的设置和布局等方面统一划分、指配和管理军民频率；军地协作共建共用无线电监测管理信息网、共用共享频谱管理数据资源，加强协调机构之间的信息互动，在符合国家安全保密规定前提下，搭建制式统一、军民兼容、横向联系、纵向贯通的信息共享平台；在地方无线电管理条例中融入军队用频法规，确立军方在军地共同执行任务过程中的主导地位，提升军方在执行重大任务时的管控权限与管控能力。

加强军队与地方之间、预备役频管部队与现役频管部队之间的能力衔接建设，尤其是情报侦察、指挥控制、信息对抗、火力打击等对联合作战产生重要影响的能力建设，并贯穿于部队建训用管全过程；合作建设军民两用电磁空间领域重点实验室、训练场地、教育培训基地等，避免重复建设和资源浪费；建立军地电磁频谱管理人才培养需求对接平台，聚合军地优质教育资源，进行军队院校教育、部队训练实践、军事职业教育三位一体的人才培养，推进军地人才双向培养交流使用，提升电磁频谱管理岗位人才的职业特质、专业能力和科技素养。

广泛分布的威胁预警力量。在政府各级无线电管理机构、无线电监测中心以及民营无线电科技企业管理机构等，配套建立"专业化构成、智能化作业"的电磁空间安全预警队伍,对各类电磁信号、信号参数、海量信息和用户行为等实施综合分析,评估预测电磁空间安全发展动态和趋势。

在关键 ISR 节点、核心网络交换节点等电磁空间安全防护边界,安装智能传感器系统设备,实时掌握电磁空间态势,及时监测定位电磁空间安全威胁。部署基于大数据的电磁空间数据采集和智能分析处理平台,能够对数据信息进行实时采集、监测和分析处理,从而判断电磁空间安全威胁等级,及时发出电磁空间安全威胁告警。

建用一体的电子防御力量。秉承国家主导、军队参与、企业协作的原则,由国家主导和统筹电磁空间安全防御建设,构建党、政、军、企相互密切配合、共同协调发展的电磁空间安全防御体系。建强建精电磁空间各个分领域的安全防御力量,对于军事核心要害区域或者其他高级别信息系统,采取专属的安全防护措施和策略,并建立专属的安全防御力量。

坚持全民动员、共同参与、整体防护的原则,整合全国在无线电管理、网络防护、电磁防护等方面的优势资源和人才力量,组建专业化的军民协同型防御队伍。力争让具备资格的科研机构、高新企业,以及广大的无线电爱好者群体,都成为电磁空间安全防御的后备力量,为共同维护电磁空间安全提供强大的力量源泉。

第三节 将频谱资源国际竞争合作纳入国家重大工程

电磁频谱资源涉及通信、网络、导航、广播、探测等诸多无线电产业,深刻影响着国民经济、国防建设乃至国家安全。充分认识电磁频谱资源国际竞争合作的战略意义,将频谱资源国际竞争合作纳入国家重大工程,加快拟制国家电磁频谱发展战略规划,并以此为指导出台相关立法、制定相关标准，进一步争取和提升电磁频谱资源国际竞争合作的话语权。

一、充分认识电磁频谱资源国际竞争合作的战略意义

积极参与电磁频谱资源国际竞争合作，对于我国电磁频谱资源的开发利用、产业发展和科技创新等诸多方面都具有重要战略意义，有利于争取电磁频谱资源领域的更多权益、增强相关产业发展活力和国际竞争力、提升电磁空间技术创新发展水平。

（一）有利于争取更多电磁频谱资源相关权益

西方发达国家对无线电技术和电磁频谱资源的开发利用早于我国，加之经过了几场信息化战争的历练，越来越注重国家电磁频谱权益的保护和争夺。进入 21 世纪以来，西方多个国家相继推出了多项与频谱资源相关的战略规划，其共同点之一，就是广泛开展电磁频谱资源国际合作。积极参与国际电信联盟相关事务，以及积极影响无线电相关技术标准的制定等，都是通过频谱资源国际竞争合作谋求本国在电磁频谱资源方面利益最大化的举措。充分参与电磁频谱资源政策法规、标准、技术等领域的国际竞争合作，有利于进一步健全国家电磁频谱安全防范机制，推进电磁频谱安全防范技术手段建设，确保电磁频谱资源的正常使用和不被侵犯。同时，能够为国家在行动区域电磁频谱管控、无线电技术标准制定、无线电基础设施建设等方面争取更多权益和便利，提高电磁频谱资源在军用和民用领域的利用率等。

（二）有利于增强产业发展活力和国际竞争力

积极参与电磁频谱资源国际竞争合作，有利于巩固现有的电信、互联网等产业市场，开拓新的与电磁频谱资源相关的产业市场。近年来，移动互联网技术不断发展，电磁频谱不仅为公众移动通信提供了不可或缺的资源基础，更是创造了巨大的产业价值和经济效益。而我

国作为全球移动通信大国，拥有最多的公共移动通信用户和最大的公共移动通信市场。在此大背景之下积极参与国际竞争合作，紧盯并追随世界先进技术和相关产业发展的步伐，拉动国内电磁空间领域相关技术的研发应用和相关产业的高质量发展，通过竞争合作等方式带动国内企业实现技术进步和跨越式发展，源源不断地为产业高质量发展输入活力和动力，从而提升我国产业发展的国际竞争力。

（三）有利于提升电磁空间技术创新发展水平

电磁空间技术发展日新月异，相关技术和系统设备产品成为信息技术、电子技术、计算机技术等高新技术的集合体，集合了当今科学技术发展的顶尖成果。有些高精尖电磁频谱设备和产品的开发研制，已远远超出了单一企业所具备的能力，甚至超出了部分国家的国防工业能力，尤其是一些发展中国家。广泛开展电磁频谱资源开发利用和相关技术的国际间合作，通过国际合作共同投入人力、物力、财力进行研发，共同分担成本、共同承担风险、共同享有成果和共同进行生产，能够有效降低产品研制生产成本，大大缩短研制周期，快速提高生产能力，全面提升电磁空间技术创新发展的整体水平。

二、尽快拟制国家电磁频谱发展战略规划

国家电磁频谱发展要致力于聚合国家整体战略资源，以构建一体化的国家战略体系和能力为最终指向。进入新时代，我国所面临的新情况和我军所担负的新使命对电磁频谱发展提出了更高要求，必须立足于新的历史方位，明确发展建设目标，精准定位职能任务和制定发展战略规划。

（一）把握国家电磁频谱发展面临的挑战

全球信息化建设快速发展导致频谱资源稀缺问题十分突出，不可避免地对经济可持续发展、国防信息化建设等产生了影响，同时也引

发了各国之间的争夺博弈、军地之间的用频矛盾。这些都深刻影响着电磁空间领域创新发展进程，让原本十分突出的行业系统优势得不到有效发挥。当前，国家电磁频谱发展所面临的挑战主要包括以下几个方面。

法律保障欠缺无力支撑长远发展。 在国家层面为电磁频谱管理提供依据的有《中华人民共和国无线电管理条例》和《中华人民共和国无线电频率划分规定》。①随着电磁频谱应用的飞速发展，需要有更加健全、更加完善的法律保障来应对层出不穷的新情况、新问题，迫切需要一部与新时期国家安全和经济社会发展相适应的"无线电法"。

运行机制滞后制约整体效能发挥。 我国由工业和信息化部行使国家电磁频谱管理职权，而军队、交通、广电、民航、铁路、气象、电信等部门对各自专用频谱资源又具有相对独立的管理职权。与之配套的运行机制不够健全，各个部门之间的协调配合和统一调度电磁频谱资源等受到很多限制，特别是紧急状态下的电磁频谱资源协调使用问题。军地之间的衔接及协调机制不够健全，在遂行重大任务时，人员装备的调配、相关资料的使用等程序十分繁琐，双方责任权限划分、联合执法机制等相对滞后，限制了能力发挥，影响了整体效能。

资源整合不畅难以满足用频需求。 有些重要通信频段的频谱资源供不应求，而有些频段则存在某些时间和空间上大量频谱闲置的现象，如电视、广播等。根据国家无线电频率划分规定和"先用先占"的原则，许多军民共用频段已被国家相关部门率先占用，信息化军队的空间预警系统、地面警戒系统、宽带数据链、战术互联网等用频装备数量繁多，部分装备只能采用共用频段，军队频谱资源紧张，不同程度地存在军地协调使用难的问题。同时，还有部分设施军地重复建设，

---

① 《中华人民共和国无线电管理条例》于 1993 年 9 月 11 日公布，2016 年 11 月进行了修订后公布。《中华人民共和国无线电频率划分规定》于 2017 年 12 月 15 日公布，同时废止了于 2013 年所公布的同名称规定。

但数据资源却无法进行实时共享。

监测面积不全存在部分安全隐患。电磁频谱监管设备量少、监测覆盖面积不全,给不法分子及敌对势力带来可乘之机,故意干扰、恶意干扰时而有之。近年来,全国各级无线电管理机构大力进行基础设施建设,在短波频段已基本实现全国范围内的有效覆盖,在超短波频段实现了对省会及大城市重点区域、地市重点区域和边境重点区域的有效覆盖。但当前这种覆盖量还无法完全满足安全需求,需要继续扩大监测面积,进一步防止不法分子和敌对势力借助卫星通信、移动通信和大功率广播电台等从事干扰破坏和违法犯罪活动。

监管环节空白造成秩序管控困难。缺少专门针对无线电发射设备生产和流通环节的相关法规,由此产生这些环节监管的空白地带,不少质量较差、价格低廉的无线电发射设备充斥于市场之中。例如,考试作弊类无线电发射设备、移动对讲设备、广播电视发射设备等,很多都可以通过网络途径购买,还有不法分子制造、销售、使用伪基站等,都影响扰乱正常的电信秩序,给无线电管控带来极大困难。由于无线电发射设备的经营环节涉及管理部门较多,在不同部门之间进行协调需要统一明确的监管机制,因此,真正实现从源头上进行监督管控尚需一个循序渐进的过程。

(二)确立国家电磁频谱发展战略目标

国家电磁频谱发展要以"认清战略价值、建设战略力量、发挥战略作用,把第一锻造成一流"的总要求为指引,确立战略目标,加强战略主动,为维护国家电磁空间安全打牢基础。

视为长期的竞争性领域。自 20 世纪 90 年代开始,世界各国对电磁频谱的需求开始呈现飞速增长状态,多年来已经形成国与国之间、军与民之间竞相占领的态势。电磁频谱资源和电磁频谱管控关乎国家电磁空间安全,要从维护国家安全和电磁空间领域创新发展全局出发,将电磁频谱领域视为长期的、持续的竞争性领域,全面加强管控力量建设、全面提升综合竞争实力,为抢占未来军事竞争战略制高点打下坚实基础。着力解决军地用频需求飞速增长、频谱资源高度紧缺等突出矛盾，为积极应对"电磁频谱战"以及未来可能发生的大国博弈做好长足准备。

行业潜力转化为国防实力。我国无线电行业人员基础扎实、国防后备力量众多，预编人员大多是政府机关部门、国家公务员，具备成系统吸纳、成建制使用预备役军官的坚实基础。全面发挥高技术预备役部队"排头兵"的引领作用，利用高技术预备役部队常态化承担重大任务的平台优势，调动全国无线电行业专业人才及先进装备参与各项任务，在电磁频谱管控中充分体现"国家行业队"与"军队专业队"的优势互补，节约成本提升效率，锤炼提升频管能力，形成不需临战训练即可形成战斗力、后备力量迅速转变为前出力量的备战优势。

形成军民深度协同发展格局。形成"成系统吸纳优质资源、成建制形成战斗力"的战斗力生成模式；"不经战时动员、不经临战训练即可成军"的快速动员模式；"军队提需求、国家投资建、军民协同用"的装备建设模式；"机动分队配属用、固定台站支援用、联合现役统一用、军地力量融合用"的实战用兵模式；"专业技能在岗训、军事科目集中训、实战能力演练训"的融合训练模式；"装备属地化、人员全域化、保障社会化"的全域作战模式；"以任务保障需求为目标、以军地统一补助为标准"的遂行保障模式。

（三）制定国家电磁频谱发展战略对策

电磁频谱领域具有军民空间共用、资源共享、秩序共管、力量共建等天然优势。充分借助这些优势制定国家电磁频谱发展战略对策，主要包括建成军地跨域施效体系、形成平战融合常态化机制、提升军地执行通用任务能力、打造示范载体发挥引领作用和整合精锐力量打造管控尖兵等。

建成军地跨域施效体系。利用现有人员优势、组织优势、资源优势、装备优势、地位优势及备战优势等，统筹增量存量，进行优势整合。按照"军民协同、优势互补、体系建设、强化基础"的建设思路和电磁频谱管理资源"军事优先、分建合用、合建共用"的方式，充分研究论证军民协同电磁频谱管理专项工程建设方案，尽快形成军民协同电磁频谱管理体系能力。优化全国范围内的力量编组布局，逐步加强对我国重点周边地区、国内中小型城市、经济不发达地区的力量建设；实现预备役与现役频管部队的有效衔接，统一思维层次，进行需求对接，加强联合任务指挥和组织协调能力的培训。

形成平战融合常态化机制。电磁频谱是"无形战斗力资源"，需要全面提升在错综复杂的对抗环境中的应对、管理和操控能力。将战时所用与平时建用相结合、战时所打与平时训练相结合，以"平战融合"思路，探索形成一系列常态机制。打破地域和区域限制，编组时注重成系统吸纳优势资源，让专业组织团队携先进装备集体入队，成建制形成新质战斗力。建立行之有效的组织机构、管理机构，构建配套的平时管理体制与战时指挥体制，健全军地协同的联合执法机制。

提升军地执行通用任务能力。探索"军融民""民融军"互促互建的新机制，现役部队和官兵主动支持预编单位行动任务，预编单位人员积极参加军队活动，形成军地良性互动；探索新型预备役力量融入联合作战体系，注重由任务引领向能力引领转型，充分发挥"四两拨千斤"的战略作用；充分利用带"国字"号预编单位的地位和资源优势，坚持共建基础设施、共用技术成果、共享信息资源；压缩战时任务动员流程，缩短动员集结时间，无须请领专业设备和组织临战训练即可实施战时动员。

打造示范载体发挥引领作用。科学总结预备役电磁频谱管控部队的成功实践，提供可复制可推广的经验。全军预备役电磁频谱管理中心成立十多年以来，有效整合了军地蕴藏的巨大资源，完成了多项国家和军队赋予的重要任务。实践证明，依托国家行业系统组建高技术预备役部队，是全面提高新时代打赢能力，推动新型作战力量加速发展、一体发展的重大举措，方向正确、方法可行。将行之有效的做法用制度规范形成组织记忆，通过咨询报告、专项著作、成果展示、电子宣传、主题教育等形式，为电磁频谱管控打造军民深度协同发展示范模板，实现从实践到理论再到实践的良性循环。

整合精锐力量打造管控尖兵。整合地方无线电管理专家、军队精锐力量资源和科研院所、企事业单位的专家及技术人员资源，打造新型电磁频谱管控尖兵队伍，并依据电磁空间安全需求对队伍的构成、运转、投资等进行系统部署，确保在战时能迅速转化为战斗力量。要注重确立军方在军地共同执行任务过程中的主导地位，增强军方在执行任务过程中特殊用频的话语权，提升军方在执行重大任务时的管控责任与管控权限。

三、逐步提升电磁频谱资源国际竞争合作的话语权

在厘清国家电磁频谱发展所面临的现实挑战、国家电磁频谱发展战略目标和对策的基础之上，通过积极参与国际电信联盟事务和标准制定、做好顶层设计统筹运用电磁频谱资源、加强电磁频谱创新人才的培养和储备等，逐步提升电磁频谱资源国际竞争合作的话语权。

（一）积极参与国际电信联盟事务和标准制定

国际电信联盟成立于 1865 年，是联合国的一个重要专门机构，也是联合国机构中历史最长的一个国际组织。国际电信联盟通过制定相关规则体系，努力促成技术、业务协议的订立和无线电频谱、卫星轨道位置等全球资源的划分。其中，国际电信联盟无线电通信部门（ITU-R）是国际电信联盟的下属机构，负责制定无线电通信方面的国际通信技术标准和通信法规，确保所有无线电通信服务能够以合理、公平、有效和经济的方式使用无线电频谱，包括使用卫星、研究和批准无线电通信方面的建议书，在无线电频谱和卫星轨道的全球管理中发挥着重要作用。

国际电信联盟一直致力于推进无线电通信事业，自 1903 年召开第一届国际无线电会议以来，国际电信联盟已经举办了 100 余届无线电报和无线电通信会议。会议形成了多项具有重大意义的决定，这些决

定以国际条件形式生效,深刻影响着航空、航天、通信、交通、气象、广电等各行业各领域的无线电技术和应用,以及相关产业的融合发展。例如,2019年的世界无线电通信大会,除了对5G毫米波频段、太赫兹地面通信频段进行了划分,还通过了"铁路车地无线通信系统全球统一频率"的决议。这一决议,将推动全球高速铁路列控列调、乘客安全方面的无线电发展,对于部分国家尤其是发展中国家来说,不仅能够促进跨境铁路运输合作,更是为打通"一带一路"跨境运输动脉创造了有利条件。

积极参与国际频谱事务和标准制定,为本国争取更多的电磁频谱资源利益,已经在世界范围内达成统一认知。然而,历届的国际电信联盟会议,世界强国高度重视、国家之间协调难度大、议题研究周期长、参会人员素质高,需要依靠持续努力、具备综合实力才能争取到话语权。比如,及时跟踪掌握国际电信联盟议题研究方向和主要国家、国际组织关于电磁频谱资源开发利用的立场观点;成立国际电信联盟议题军地联合研究课题组,开展常态化研讨交流,加大对电磁频谱管理的基础性、前瞻性、战略性问题研究力度;加大对参加国际电信联盟和亚太电信组织会议的支持力度,推动相关研究纳入国家和军队科研支持体系;借助国家科技重大专项等相关课题研究,联合军地科研院所,尽早形成符合我国我军用频权益的最优方案;充分利用《无线电规则》调整"红利",大力加强武器装备频谱需求预测评估,促进频谱应用技术在航空、航天等行业领域的转化应用;结合军事频谱规划预研和发展战略研究,科学预测并统筹未来武器装备作战频谱需求,确定未来频谱资源维护拓展的主要方向;选派参会人员要注重军地需求结合,由军方专家牵头负责与军事用频密切相关的议题研究工作,争取主导议题研究方向,推动国际规则调整,等等。

(二)做好顶层设计统筹运用电磁频谱资源

统筹运用电磁频谱资源需要秉承科学理念进行顶层设计,通过完善电磁频谱资源政策法规制度、统筹军民用频需求加强规划对接、规范国际事务用频秩序联管联控等，为国家电磁频谱资源开发利用争取更多利益。

完善电磁频谱资源管理法律法规。电磁频谱资源管理相关法律法规主要有《中华人民共和国无线电管理条例》《中华人民共和国无线电管制规定》《中华人民共和国无线电频率划分规定》等。国家无线电管理机构发布的相关规定以及地方性法规，涵盖综合类、频率和台站管理类、地面和空间业务类、设备管理类和技术标准规范类，例如《业余无线电台呼号管理办法》《VHF/UHF频段无线电监测站电磁环境保护要求和测试方法》《微功率（短距离）无线电设备管理规定》等。随着"一带一路"和"军事力量走出去"的稳步推进，我国我军的无线电管理事业迫切需要与国际接轨，通过相关立法全面维护国家频谱资源使用权益。尽快制定和颁布涵盖电磁频谱领域所有行为的综合性法律法规，将国家电磁频谱资源的使用等级、频段划分、部门职责以及与国际电信联盟等组织的合作关系、合作方式等加以明确，从源头上解决当前电磁频谱资源使用存在的矛盾冲突，以及通过行政手段协调各方利益关系的行为模式。

统筹军民用频需求加强规划对接。统筹电信、广电、交通、民航、铁路、航天等部门，以及国防和军队建设的用频需求，支持移动互联网、物联网等新一代信息技术产业发展和"宽带中国"战略实施，有效保障空、天、地一体预警探测体系构建，以及精确制导武器、无人侦察和作战系统运用等重点领域用频需求，同时突出强化重要军用、抢险救灾等频率使用的优先地位。

充分发挥国家无线电办公室在统筹电磁频谱资源开发利用中的重要作用，优化现有军地频率划分、规划工作协调机制，确保科学规划、合理利用频率资源。民用频谱使用需求拓展要充分考虑军队既有频谱规划方案，军队频管部门要制定针对性措施，有效保障民用设备临时使用军用空闲频谱资源。成立电磁频谱规划专家组，针对军地频谱规划中的共性问题进行深入研究提出意见建议，依据军地实际需求变化，持续修订《中华人民共和国无线电频率划分规定》，改进充实框架及内容安排，增强指导性和可行性。

规范国际事务用频秩序联管联控。依托现有的参与国际事务规范和国际用频协调机制，继续做好参与国际组织和会议、联合国维和行动、国际军事演习和比赛等重大行动任务的用频秩序联管联控工作。加强国际事务用频秩序联管联控组织领导，规范国家无线电管理部门和军队电磁频谱管理部门职能作用发挥，落实军地重大事项通报和协商制度。积极参与国际事务用频秩序、联管联控国际协调机制和无线电管制预案等的制定。明确国际事务中的军地责任分工和应急处理原则，提升参与国际事务无线电安全保障的综合能力。

（三）加强电磁频谱创新人才的培养和储备

依据国家电磁频谱发展战略目标，制定电磁频谱创新人才培养储备计划，特别是要从人才培养、人才引进、人才储备等方面破除因循守旧，解决培养模式落后、创新动力不足的问题，进行长期性、持久性、针对性的电磁频谱创新人才的培养储备，让人才优势成为赢得电磁频谱资源国际竞争合作的重要资本。

军地协同培育创新人才。军地协同培育新时代电磁频谱领域人才，走出一条军地互鉴、互为所用、开放教育、军民共育的电磁频谱创新人才培养路子。注重学历教育以社会为主、任职教育以军队为主，军事职业教育"双轮驱动"，形成无缝对接、效益倍增、军地双赢的深度发展局面，实现国民教育和军事教育效益最大化。军地合力培育电磁频谱创新人才，不仅可以大幅度降低人才培养成本、缩短人才培养周期、提高人才培养效益，而且有利于军地电磁频谱资源的优化组合和良性互动，有利于优秀拔尖人才的流动使用并形成良性循环。拓展军地共建范围，军地专家联合授课、联合管理、联合考评，军队院校与地方高等院校、科研院所联合办学，等等。

拓宽渠道引进创新人才。拓宽培养和引进渠道是满足多样化电磁频谱创新人才需求的重要方式。军地共同站在发展战略全局的高度，加强统一领导、科学统筹和沟通协调，聚集创新型人才、储备高层次人才，充分运用市场手段和经济利益调节的方式，把人才吸纳到电磁频谱人才队伍中。加大军地相关部门、校际合作交流的力度，将电磁频谱创新人才的国民教育和军事教育同步设计、同步运筹、同步落实、同步推进，着力引进拔尖人才、紧缺人才和后备人才，尤其是对国际电信联盟事务熟悉、无线电和空间业务方面的专业知识扎实、外语流畅且国际协调经验丰富的高素质人才。

完善机制储备创新人才。探索建立电磁频谱创新人才的选拔、培养、使用、淘汰和保障机制，进而建立健全人才储备的长效机制。通过一定的组织行为、政策引导和市场配置手段，对人才进行"储、留、用、育"，促进电磁频谱人才队伍的全面协调可持续发展。"储"是为未来电磁频谱资源的开发利用，以及参与国际竞争合作储备后备人才；"留"是留住电磁频谱资源开发利用领域急需的、熟悉电磁频谱资源国际竞争合作事务的高层次人才；"用"是将储备的创新人才充分用到国家电磁频谱资源开发利用和国际竞争合作一线；"育"是通过电磁频谱资源开发利用实践的锻炼，把现有人员逐步培育成高端人才。将储备的创新人才进行科学合理的岗位配置，尤其是配置到电磁频谱资源开发利用的急需岗位，提供参与电磁频谱资源国际竞争合作相关事务的实践机会，不断提升全面素质、实现人才培育升级，做到"储、留、用、育"合一。

第四节　将大数据工程作为推进创新发展的战略抓手

人类已经进入大数据时代。"大数据发展日新月异，我们应该审时度势、精心谋划、超前布局、力争主动，推动实施国家大数据战略，加快建设数字中国。"①大数据技术能够对繁杂多样的海量数据进行高效捕捉、发现、分析,具有扁平化、高效化、快捷化、互动化等特点,使用大数据技术挖掘电磁空间领域的数据特点,利用大数据工程发挥电磁空间领域的数据价值,对推动电磁空间领域创新发展有着十分重要的意义。以创新发展战略为指导,以大数据作为突破口,将大数据建设作为电磁空间领域创新发展的战略抓手,主要重点在于制定基于大数据的电磁空间领域创新发展策略、建设电磁空间大数据自动采集和智能分析平台、构建"四位一体"电磁环境管理生态圈等。

一、制定基于大数据的电磁空间领域创新发展策略

大数据技术的发展让全世界知识创新领域面临着新的挑战,包括如何快速响应环境需求和变化、如何从海量数据中挖掘蕴含的巨大价值等。我国高度重视大数据研究与发展,将大数据列为国家战略,党的十八届五中全会通过的《中共中央关于制定国民经济和社会发展第十三个五年规划的建议》中提出:"实施国家大数据战略,推进数据资源开放共享。"国务院印发的《促进大数据发展行动纲要》也明确了一段时期内大数据发展和应用的目标。尤其是近些年,大数据建设被提升到前所未有的高度,国家在数据开放、资金投入、推动应用等方面予以都大力支持,这也为电磁空间领域创新发展带来了契机。

(一)充分认识大数据在军民一体统筹创新中的作用

英国数学家托马斯·克伦普在《数字人类学》一书中指出,数据的本质是人,分析数据就是在分析人类族群自身。数据产生并来源于人类社会的各种活动,其价值在于服务人类社会——从这一角度来看,大数据在军地之间的应用和效果是一样的,军地双方的需求和期待也都是一样的。随着大数据处理系统、基础支持平台和数据挖掘算法等技术的迅速发展,其商业发展和应用模式也逐步成熟,实际应用的成

---

① 习近平,《实施国家大数据战略加快建设数字中国》,新华网,2017年12月9日。

功案例相继在不同行业和领域中涌现,基于大数据技术的军民一体统筹创新呈现蓬勃发展态势,大幅提升各个领域军民协同的效益效率。

航空航天——中国航天科技集团公司物联网技术应用研究院基于军民协同的卫星大数据综合应用服务平台,融合了天基资源、地基资源以及各类社会资源。其中,天基资源以标准化体系下国产通信、遥感、定位等三类卫星为基础,地基资源包括数据中心、服务集群和应用安全保障等,社会资源主要以政府数据、行业数据和应用数据为核心。通过军地双方的资源整合,围绕国产大数据基础服务、大数据应用服务和数据交换共享服务等,进行具有航天特色的天地一体化大数据综合应用服务平台体系架构、卫星应用、大数据平台和安全保障等研究。

军事后勤——军事后勤信息化建设针对保障资源军民通用、业务信息军地衔接的特色,发挥有标准、可量化、易规范的优势,推动后勤信息化军民协同不断取得新进展新突破。以"信息流"引导和控制"资金流""物资流",与金融系统、粮食系统、地方医保、国家各级交通战备机构、市政机构等,交换共享财务、军需、卫生、军交、营房等有关业务数据。在预决算管理、会计核算管理以及各类经费和资金资产管理等方面,与国家财政信息化实现了同步推进、有机衔接,为军事后勤大数据建设奠定了坚实基础。

军队医疗——军队利用医疗大数据平台与地方医院形成医联体,并与地方卫生行政部门、医疗保险部门、商业保险部门等进行联通,共同推进分级治疗、生命科学研究、药品开发等,成为推进军队医院纳入国家医疗保障体系新模式建设的重要内容。

装备采购——全军武器装备采购信息网是装备采购需求信息的权威发布平台,汇集了大量的优势民营企业和先进技术产品信息,具有装备采购信息数据收集、统计等功能,是装备采购的重要服务窗口,面向社会公众、民口企业和采购部门等用户,提供"军向民"信息发布、"民向军"信息推送、军地需求对接和信息动态监测等。

（二）客观分析大数据在电磁空间领域中的应用需求

大数据技术简化了人们对世界的认知，包括电磁空间领域。信息社会的大数据不同于传统的数据，它来源较广泛、涵盖范围大、涉及领域多，具有信息体量大、产生速度快、数据形态多、价值密度大等特点。大数据可以从各种维度为我们展现电磁空间态势，发现隐藏在无形电磁空间中的细微动作，国家安全、军事战略、军队信息化建设、联合作战和军民协同等各个方面，都对电磁空间大数据有着迫切的应用需求。

国家安全需求分析。国家安全问题由传统范畴逐步向更广泛领域扩展，国家安全边界从有形的地理边疆拓展到无形的电磁空间，电磁空间安全问题成为国家安全的重要组成部分。我国在《2010年中国的国防》白皮书中，就将"维护国家在太空、电磁、网络空间的安全利益"列为国防的重要目标和任务，维护电磁空间安全早已提升到与维护国家海洋安全、太空安全等同等重要的位置。大数据的价值不局限于其原始价值，更在于数据的连接以及大数据拓展、再利用和重组。深度挖掘利用电磁空间海量数据中蕴含的价值信息，通过数据共享、交叉复用等获取最大数据价值，尽早发现电磁空间中的非法行为和存在的安全隐患等，预判下一步可能发生的情况并提前做好应对措施，更好地维护国家安全。

军事战略需求分析。军事战略是筹划和指导军事力量建设和运用的总方略，服从服务于国家战略目标。军事战略必须要适应维护国家安全和发展利益的新要求，必须以军事战略为引领大力加强军事力量建设，运用军事力量和手段营造有利战略态势，为实现和平发展提供坚强有力的安全保障。①在国家安全和国家利益向电磁空间等无形空间拓展的新形势下，军事战略方向也随之向其拓展。"我军必须高度重视战略前沿技术发展，通过自主创新掌握主动，见之于未萌、识之于未发，

---

① 中华人民共和国国务院新闻办公室，《中国的军事战略白皮书》，新华网，2019年6月。

下好先手棋、打好主动仗。"①数据正在改变战争,在以大数据为核心资源的网络时代,在新起点上筹划"能打仗、打胜仗"能力建设,加强对电磁空间的数据管理,抢占数字时代发展先机,强化电磁空间的数据利用,形成"硬实力"和"软实力"的完美结合,是满足新形势下国家军事战略发展的客观要求。

军队信息化建设需求分析。军队信息化建设进入高速发展时期,信息化军事设施和信息化武器装备加速更迭、升级换代,电磁空间领域成为军队信息化建设的高地。硬件、软件和数据是信息指挥系统的三大支柱,汹涌而至的大数据浪潮,让数据保障成为事关军队信息化建设的置顶选项,直接影响着信息化军队的作战能力和作战潜力。提升基于信息系统体系的作战能力,需要重点突破数据建设,收集电磁空间中的海量数据,通过这些数据挖掘各类信息、发现其中关联,进而形成新知识、新智慧。信息化战场上的信息获取、传递、使用以及对抗都依赖于电磁空间,利用电磁空间大数据对复杂电磁环境下的频谱资源实施高效管理,解决部分地区的电磁频谱需求预测、态势变化分析等效果欠佳的问题,是推进军队信息化建设稳步向前的关键举措。

联合作战需求分析。"提高军队建设实战水平,关键是要强化作战需求牵引。"战场信息化程度日渐深入,大数据保障成为联合作战的重点需求,围绕各类数据的获取、传输、使用、存储成为衡量作战能力和系统实力的重要指标。电磁频谱管理贯穿于作战准备、作战筹划、作战实施的全过程,作用于指挥控制、情报侦察、武器制导、预警探测、导航定位等作战全要素,直接关系着信息化武器装备作战效能的发挥。电磁空间已逐步呈现"万物数据化"状态,掌握电磁空间资源使用情况和电磁空间数据信息,通过对相关数据信息的有效分析和科学判断,确保武器装备用频排除他扰、防止自扰、保证安全,确保作战指挥人员有频可用、用频规范、干扰可查,已经成为实施联合作战行动的重要基础条件。

---

① 习近平在出席十二届全国人大四次会议解放军代表团全体会议上的讲话,2016年3月13日。

军民协同需求分析。军民协同已经成为时代潮流，成为各国综合国力竞争和军事竞争的一种新趋向。在激烈的竞争中掌握先机、赢得主动，必须整合一切优质资源、利用一切先进成果，在市场经济条件下最大限度地发挥军民协同效能。大数据作为一个特殊生态圈，渗透到信息化社会的每一个行业领域，将军队与地方、政府与企业、需求与市场、资本与项目等深度链接，实现军地各类资源的平等对话和高效整合，嵌入渗透军地业务合作和资源共享等所有流程，助力形成"横向到边、纵向到底"的深度协同大系统。电磁空间大数据能够加强数据资源的军地融合和互联互通，实现数据资源的有效流动和充分利用，对推进电磁空间领域军民协同创新、支撑创新型国家建设、加速科技兴军步伐具有重大意义。

（三）大数据在电磁空间领域创新发展的应用策略

对频谱资源和轨道资源的科学管理，离不开对各种积累数据的综合分析和挖掘利用，数据已然成为电磁空间领域科学管理和发展建设的核心要素。长期以来，军队和地方积累了大量电磁频谱资源数据，可以应用于电磁空间态势感知、频谱资源规划管理以及行动任务辅助决策等，对于支撑我国电磁空间运维管理和安全防护有着重大意义。

应用于电磁空间态势感知。随着用频装备和台站种类不断增加，电磁频谱的使用方式不断演进，半结构化和非结构化的数据日益增多，各类监测设施产生了大量电磁频谱感知数据；特别是随着数字化接收机扫描数据越来越快、实时带宽越来越宽、部署站点越来越多，电磁频谱感知的数据量正在呈指数级增长。

民事应用领域——随着5G移动通信、物联网、车联网和无人装备等不断发展，应用数据量急速增长，我们所处的电磁环境更加复杂。为了科学评判电磁环境的优劣程度和变化趋势，需要对海量的监测数据进行有效归类、存储和分析，从中挖掘出有价值的电磁环境评判数据，形成电磁环境综合信息。利用大数据应用平台的数据采集、存储与预处理、分析挖掘和预测等功能，汇集军队和地方各级无线电管理机构以及相关机构的数据，经过数据标准化整合后存储到数据中心，实现数据共享；对经过预处理的电磁环境数据进行统计和分析，描绘出电磁环境态势图，实现频谱场强与覆盖态势的展示与预测。在此基础上借助科学的评价体系，可有效评估相关区域的电磁空间态势。

军事应用领域——通过数据采集设备，在复杂电磁环境下最大化地感知有用信息，特别是截获敌方侦察、通信或其他设备发出的电磁波信号。通过分析，发现敌方无线电发射设备类型、参数以及工作规律等，并能对发射位置实现定位，为我方军事行动提供精准情报支持，便于有针对性地进行压制或摧毁。通过对电磁环境数据的筛选应用，可以从基础数据中提取有价值的结果数据，提供专业化的内容展示和定制化的决策信息，为指挥机构和指挥员提供看得懂、用得上的电磁态势信息服务，主要包括信号发射源轨迹追踪、武器平台类型电磁特征分析、敌方设台位置及类型分析、电磁环境报告等。

应用于频谱资源规划管理。电磁频谱资源规划和管理的过程中需要处理大量的历史数据信息。利用大数据、云计算高效的数据存储和预处理、分布式计算、数据挖掘分析能力，将大数据捕捉到的相关行为转化成为无数个可以量化的数据节点，从而提供一个"数据画像"。利用这个"数据画像"，有助于更快地发现存在问题和预测发展趋势，更好地支撑前瞻性的电磁频谱规划和管理决策。

例如，通过加强对无线电新技术、新应用的需求和兼容分析，利用大数据技术支撑频谱资源的科学规划，配好"增量"资源；对已分配频率进行使用监督和频谱回收评估，利用大数据技术实现频谱资源的精细管理，用好"存量"资源；从频谱大数据中提取统计频谱资源的使用情况数据，并结合预测出的未来频谱需求，可支撑频谱管理人员针对低效运行的频谱评估其回收的可行性和必要性，为有效的频谱闭环管理提供技术依据。[①]

---

① 周钰哲、王爱举、吕冰，《基于大数据技术的无线电管理创新策略研究》，数字通信世界，2017（10）。

应用于行动任务辅助决策。经过多年的发展，我国无线电管理监测网系建设趋于完善，积累了包括频谱、测向和定位以及无线电干扰等大量监测数据信息，初步建成了无线电管理业务应用系统、监测和检查数据库等。利用大数据技术分析来自无线电管理监测网系的监测数据，优化配置有限的监管资源，进行有效的无线电干扰查处，为保障国家重大活动和非战争军事行动提供有力支撑；加强军民电磁频谱管理数据共享，进一步拓展基于频谱实时监测与大数据技术融合的未来动态频谱共享服务，既避免了复杂的干扰协调，又提高了频谱利用率。

通过预先建立违规、违法等干扰信号模型，对监测到的大量数据回放，可快速识别、定位干扰信号，提高无线电干扰查处的工作效率，提高管理机构应对无线电干扰等问题的预测、预警能力；通过分析电磁空间大数据，能够识别己方设备发射信号，掌握己方设备工作频段的电磁频谱态势，可以对敌方干扰信号进行告警，及时排除干扰，保证己方设备正常工作；实现对频谱感知设备的状态监控、查询、显示等，并根据感知设备位置变化自动上报，可视化地显示设备的位置；融合气象数据、地理信息数据等其他军事活动中的相关数据，对战场形势进行深层次的分析，形成研判方案，为军事行动指挥决策提供更直观、全方位、多角度、高时效的辅助决策信息。

二、建设电磁空间大数据自动采集和智能分析平台

电磁空间大数据是以多元频谱感知节点为信号获取手段，包含陆海空天全地域、时域、频域、能量域等反映电磁场特性基础参数，同时也包括影响电波传播特性的自然环境数据及经济社会发展等相关参数。构建电磁空间大数据自动采集和智能分析处理平台，以电磁频谱监测大数据分析为核心，聚焦雷达跳频数据链等军用特色频谱数据分析，实现电磁空间大数据的自动化处理和深度挖掘，提供看得懂、用

得上的电磁态势信息服务。[①]

（一）平台系统架构

体现大数据平台特点，具备对各类数据进行清洗、索引、查询、分析等能力，通过服务总线提供应用和展示。可采用基于 B/S 的系统设计、基于 Hadoop 的大数据架构设计，具备可扩展性、安全性、易用性等特点，主要分为基础设施层、平台数据层和应用与展示层（如图 7–5 所示）。

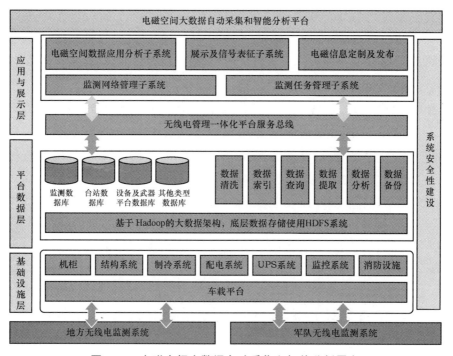

图 7–5 电磁空间大数据自动采集和智能分析平台

基础设施层。用以支持上层系统运行的基础设施的物理地点和 IT 系统资源池。基础设施建设包括机房物理环境、机柜、供电设施、空

---

① 彭悦，《我国电磁空间大数据建设与应用研究》，2019 年度中国博士后科学基金第 12 批特别资助（站中），项目批准号 2019T120965。

调、防灾设施、除尘设施、核心交换机、集中系统安全保障策略等，IT系统资源建设包括计算、存储等能力建设。需要地方与军队无线电监测系统及电磁空间大数据自动采集平台预留系统接口，实现数据实时采集上传及设备操控功能。

平台数据层。承载应用系统与数据资源集中、集成、存储、共享的功能。在数据层中，构建基于Hadoop的大数据架构，底层数据存储使用HDFS系统，通过分析数据类型分别将结构化数据注入Data Warehouse（数据仓库），将非结构化数据注入Data Lake（数据湖）。通过数据汇聚存储模块及数据交互共享模块进行数据的输入与共享，形成基础数据资源池，将基础数据资源池中的数据，通过大数据平台工具集提供给应用与展示层。并将应用与展示层的分析结果，存入平台数据层的分析结果数据资源池。

应用与展示层。承载各类大数据分析应用、结果展示及用户交互的功能。将基础数据分析成有价值的结果数据，提供丰富的展示效果和定制化的战略仪表盘，并为各类用户提供交互门户。

（二）平台总体功能

平台应遵循标准的数据库规范进行设计，保证未来军民协同系统建设对数据的合理有效利用，并针对军队对数据及分析结果的需求，提供多种应用服务。平台数据体系应具备可扩展性，预留接口，军队能接入地方无线电管理机构无线电管理云平台或其他数据资源。

基础监测测向。支持监测、测向、监听、交汇定位、网系管理、监测站任务控制等功能。

无线电实时监控。支持智能监测调度、辐射源用频状态监控、大信号实时监控、语音识别等功能。结合地理信息平台和基础数据，实时融合监测数据、目标数据，在地域、时域和频域等方面对电磁环境进行展示，对用频状态、电磁环境异常情况进行判断、告警并提供处理方式。

数据分析与决策。一是干扰信号规律挖掘。支持干扰信号出现时段分析、干扰信号出现范围分析、干扰信号强度变化分析。二是频谱信息挖掘。支持点位频率占用融合、区域频率占用融合。三是射频移动规律挖掘。支持信号移动规律分析，分析信号移动的轨迹及可能的影响范围。四是辐射源身份挖掘。支持辐射源定位和辐射源身份识别。五是异常信号影响挖掘。支持异常信号影响分析和异常信号预警分析。

（三）数据体系设计

数据体系主要包括电磁频谱数据、大气环境参数、设备及武器平台数据、台站数据、资料类数据等五类数据。根据数据内容及分析指标结果，按照国家相关标准设计数据库或设计数据汇聚功能，通过大数据平台层工具集，将数据分别注入数据仓库和数据湖。相关标准包括《超短波频段监测基础数据存储结构技术规范》《超短波频段监测管理数据库结构技术规范》《无线电管理台站数据库结构技术规范》《无线电管理频率数据库结构技术规范》等。

电磁频谱数据。电磁频谱监测过程中需要借助无线电监测设备对电磁环境态势进行实时监测、掌控，这将会使用到多种监测技术手段，主要包括定频测量、频段扫描、宽带测量、正交解调、音频监听、单频测向、宽带测向、空间谱测向、电视监测和应急干预等。在执行以上监测任务过程中，无线电监测设备将会产生大量的频谱、频点监测数据，主要包括频段扫描监测数据、频点监测数据。

其中，频段扫描方式会因设备不同而产生差异，当前最通用的是扫频模式，产生频段扫描数据，包括频点及频点的电平值；频点监测方式复杂多样，不同的监测方式能从不同的角度提取、分析无线电信号，这些监测过程主要可能产生频点频谱数据、频点音频数据、频点方向数据、频点位置数据、频点 IQ 数据等。在执行干扰查处、无线电应用安全保障的过程中，各种监测设备和监测传感器可能产生类型多样的数据，例如频段扫描数据、中频测量数据、语音数据等，且存在参数设置、时间、位置等多维属性信息。

大气环境参数。由于大气波导在不同的地理纬度、海域、季节及

每日时段变化较大，为了提供无线电发射源定位精度，在进行电磁空间数据测试时应当测试大气波导的环境参数，以便对大气波导进行预测和评估。采集参数至少包括大气压、空气温度、空气湿度、风速、风向、海水表面温度等。

设备及武器平台数据。设备数据包括各监测节点的基本资料、设备和天线资料、人员资料信息等；武器平台数据包括舰队信息、武器信息、使用频率等。

台站数据。从地方和军队台站数据库导入的台站数据库数据。

资料类数据。国际和国内、地方和军队的资料性文档，以及对电磁空间大数据采集与应用工作有参考价值的业务资料、情报数据等。

（四）平台管理建设

平台管理建设主要包括数据汇聚存储管理、数据交互共享管理、平台系统门户、大数据分析展示、地理信息服务和平台系统安全建设等。

数据汇聚存储管理。电磁空间大数据有海量的数据需要存储，必须实现数据安全、存储可靠和灵活便捷的调度。平台数据包括电磁频谱数据、大气环境参数、设备及武器平台数据、台站数据、资料类数据。数据量估算时，由于大气环境参数、设备及武器平台、台站、资料类的数据量较小，相比电磁频谱的数据量可以忽略不计，因此仅对电磁频谱数据的数据量进行估算。

数据交互共享管理。平台能够导入各类无线电监测系统的监测数据、台站数据设备及武器平台数据，并可导入通过外包服务所采集的监测数据、大气环境参数等数据，监测数据格式需符合国家相关规范。平台数据库中的数据应具有灵活快速、保密性强并且分层级、可筛选的数据导出功能，可将各类数据和分析结果按照级别和需求及时推送至军地相关业务部门。

平台系统门户。平台系统门户在技术层面实现统一用户管理、单点登录及多渠道接入，具备基于管理层和工作人员实际需求的身份认证、统一待办、业务应用集成（依据权限展现各自的业务应用系统或应用模块）、信息发布与内容管理、信息展现个性化定制、部门协作与沟通等功能。并且能够支持手机、PC 等多终端接入，提高电磁空间大数据分析效率和信息化体验。

大数据分析展示。按时间维度通过监测节点计算某业务频段的电磁环境情况，包括背景噪声分析、大信号比分析、占用信道分析及综合评价等。根据需要将数据分析结果通过不同组件定制在仪表盘中，可展示不同指标与结果的组合，可定制不同任务场景下的仪表盘模板和交互控制组件，辅助各级进行指挥筹划。以电磁空间战场环境大数据分析为例（如图 7-6 所示），主要包括 8 个功能模块：基础监测指标计算、战场环境多维度信号分析、战略打击频率台站分析、战场频管监测力量评估、武器平台电磁特征分析、战场电磁空间分析、战场设台干扰分析和战略仪表盘定制展示。

图 7-6　电磁空间战场环境大数据分析展示

地理信息服务。电磁空间大数据分析需要地理信息系统（GIS，Geographic Information Systems）的支持。地理信息系统要求具有很高的实用性和高速性，应根据不同工作需要选择必要图层，关闭不必要的图层，提高系统运行速度。地理信息服务需要结合综合应用系统的其他子系统一起设计。通过 GIS 强大的可视化和标绘功能，以及移动 GIS 的实时数据采集能力，可以动态展示重点区域电磁频谱情况。

平台系统安全建设。平台系统安全建设要根据实际情况，考虑到网路和数据的敏感性，在不同网络物理隔离的基础上，在平台网络中增加相应安全设备，保障网络和数据的安全。例如，在平台关键节点部署防火墙，实现网络区域边界访问控制，对进出本区域的网络数据流进行内容检测和访问控制，严格控制其他区域用户、主机对本区域应用服务器及数据库服务器的访问，防止因打开不必要的端口或允许其他高风险的链接而对系统造成威胁；配置主机加固系统，实现服务器安全加固与系统管理，在操作系统的安全功能之上提供一个安全保护层，通过截取系统调用实现对文件系统的访问控制，以加强操作系统安全性；配置漏洞扫描系统，实现分布扫描、集中管理、综合分析、多级控制功能，可跨地域对多个网络同时进行漏洞扫描，并可集中管理配置各种扫描引擎。

（五）平台子系统

平台子系统主要包括平台数据处理子系统、平台数据存储子系统、监测网络管理子系统、监测任务管理子系统、数据应用分析子系统和信号表征子系统等。

平台数据处理子系统。一是海量实时频谱数据处理。频谱监测数据处理基于多数据源的监测数据、流计算和批计算框架，进行数据分析、异构数据集成、融合处理，形成实时分析、离线分析、多维分析、数据融合的能力，支撑频谱监测业务处理、联机分析处理、数据挖掘服务。二是多源异构数据集成。将业务处理数据抽取、转换、加载到数据仓库，针对各类主题建立数据集市，包括频谱身份挖掘、频谱资源预测、台站资源预测、射频轨迹挖掘、射频装备辐射能力变化趋势预测、异常影响挖掘等六个主题，面向分析提供服务。三是监测数据融合处理。基于有效多站数据的地域、时域、频域维度进行分析，涵盖以频谱监测、测向定位、电波环境、地理数据、装备用频效果等为主体的非结构化海量数据，包括智能融合、高效存储与快速分析的数据处理技术，支持单站融合、多站融合、区域融合和外部数据融合。

平台数据存储子系统。一是基础数据库。存储各类管理、业务等支撑数据，包括系统设备状态、运行日志、用户权限、设备运行控制信息等管理类数据，保障系统的正常运行。二是关系型数据库。存储结构化数据，主要用于支撑联机事务处理，同时支撑联机分析处理和数据挖掘。三是非关系型数据库。存储半结构化和非结构化数据，主要用于支撑联机事务处理，同时支撑联机分析处理和数据挖掘。四是数据仓库。在关系型业务数据库和非关系型业务数据库的基础上，将频谱监测数据进行清洗，并按照预先定义好的数据仓库模型将数据加载到数据仓库，用于支撑联机分析处理和数据挖掘。五是数据备份管理。具有自动定时备份功能，可在用户指定时间进行数据备份，并自动同步至指定备份数据库中，也可自动以数据文件的方式备份至网络指定位置。具有手工指定备份功能，可在用户操作下即时完成数据库的备份工作，同样可备份至指定备份数据库或者以文件方式备份至网络指定位置。在提供数据备份的时候同时提供数据恢复功能，防止因意外操作造成数据丢失。

  监测网络管理子系统。一是监测网络节点信息维护，主要完成监测网络管理设备和监测设备信息的维护和管理等功能；二是监测组网管理，主要包括入网管理、监测网系配置和监测网络覆盖分析；三是监测设备显示，通过监测网络实现监测设备的状态监控、查询、显示等功能。

  监测任务管理子系统。一是频管力量任务规划。能够根据行动方案对任务进行综合分析，在日常频管力量编制基础上，针对当前任务进行分析，进行频管力量编组，依据区域地理信息、道路、机动能力等基础数据形成路径规划，形成综合能力态势评估，结合任务流程、方案和要素及时生成任务方案。二是频谱监测测向业务。支持频谱监测、测向、定位业务，对监测站和设备实时采集或导入的监测数据进行解析、统计、定位以及标准化工作，主要包括频段扫描测量、离散扫描测量、固定频率测量、中频测量、信号监听、单频测向、宽带测向、单频测量、TDOA定位、交汇定位等。三是频谱监测联合任务。支持接入平台的各种监测设备进行联合任务，能够根据任务类型进行分解，并通过协议适配模块实现各参与设备的指令转换，形成子任务控制。

数据应用分析子系统。一是雷达、跳频等重要信号识别。从频谱融合大数据分析中发现感兴趣的信号，如雷达、跳频等信号。从多单元测向数据中查询该信号的来波方向、定位发射源位置。根据感兴趣信号出现的时间和地点，调用对应的多单元频谱实时频谱图，并实现离线测向定位。对需要进一步识别信号调制方式的频率，调用对应的 IQ 数据，进行相应调制识别。在图 7-7 中，上方为频谱图，左下为识别概率，右下为 IQ 数据。二是大气波导中尺度预测。大气波导中尺度预测是根据实测无线电气象参数，统计预测大气波导的高度和强度。为相对准确预测大气波导的厚度，需要采集用于预测的气温、海表温度、气压、湿度、相对真风等气象参数。同时，还可增加多种海洋观测要素传感器，如温盐（深）、潮位、波浪等。三是用频选频数据计算分析。根据采集的电磁频谱数据，对监测数据进行计算分析，提供占用度分析、占用度比较、信号强度分析、信号强度比较、空间域分析、频段利用率统计、电磁环境使用情况统计等，并可通过频率范围、电平大小、发现时刻、持续时间、方位角和调制等参数，对信号和监测数据进行过滤和筛选。四是重点台站位置分布分析。根据监测数据，分析重点台站及无线电发射设备参数，包括台站及发射设备经纬度、技术体制、发射频率、带宽、功率等。并可基于台站设备参数，

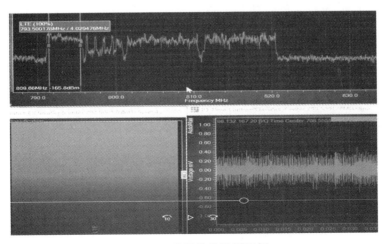

图 7-7 重要信号识别图例

选择对应的传播模型，进行重点台站覆盖指标计算和仿真，并将识别的结果输入重点台站数据库。系统可将监测数据与背景频谱库比对分析，依据异常比对准则，形成比对分析结果，可直观查看是否存在异常频点和境外新设台站，将境内外出现的异常台站准确检测出来，并自动报警，形成报表。五是战场电磁空间分析。通过监测分析敌我双方的电磁频谱特征，掌握频谱态势并构建频谱态势图，包括场强态势分布图、频谱网格分析、频率密度显示、电磁辐射安全分析、频谱动态展示和历史用频态势对比等，并将分析结果输入背景频谱库。

信号表征子系统。一是信号发射源轨迹追踪。系统在对特定信号进行跟踪监测时，能够基于多个监测节点接收的信号强度和时间戳，结合监测节点的性能参数，基于时间整合得到可能的运动轨迹。同时，能结合突出特点强化频率、监测、台站等各类数据库的关联分析，支持信号识别和分析系统，自动搜索并截获信号。利用数据分析模型，确定信号发射位置，对比台站数据库，识别合法信号、非法信号和境外信号。对重点信号的频率、带宽、时间、调制方式、信号类型和地理位置等参数进行标定，清晰掌握重点信号的"进"与"出"。二是武器平台类型电磁特征识别分析。建立不同武器平台电磁特征库，为及时发现、识别、定位各类武器平台提供基础数据。将频谱特征与武器装备出动频次、时间规模等进行关联性分析，提取时域、空域、频域的用频特征。三是重点台站位置及类型识别。全面掌握重要区域、重要方向的设台和用频情况，通过分析能锁定重点台站的位置分布、频谱特征、发射参数，为准确干扰、快速打击提供支撑。通过分析雷达的位置信息、频谱带宽、脉冲时间、扫描周期等特征，判明雷达分布和性质，为摧毁或压制提供支撑。

三、构建"四位一体"电磁环境管理生态圈

构建"四位一体"电磁环境管理生态圈，是指综合利用云计算、

大数据、人工智能和物联网技术，整合互联电磁环境监测平台，集成共享电磁数据资源，形成全面、实时、立体的电磁空间态势，科学规划、分配和利用电磁频谱资源，确保各类数据始终在安全的电磁环境中有序流动。

（一）解决电磁环境管理重点问题

目前，电磁环境管理的重点在于尽快提高电磁频谱资源管理网络化水平、电磁环境监测智能化水平和电磁态势管理精细化水平等。

提高电磁频谱资源管理网络化水平。无线电监测更多倾向于监测设备本身性能的提升，而监测系统是独立运行的，组网能力相对较差。由于不同部门的监测网系存在"国籍"不同、研制厂家不同等问题，导致出现"烟囱化"现象，阻碍迟滞了各监测网系深度融合。军队和地方的监测网系还未实现高度联通，再加之单个监测网系覆盖范围有限、监管盲区多，电磁频谱资源管理网络化水平总体不高，在一定程度上降低了国家电磁频谱资源管理效率。

提高电磁环境监测智能化水平。电磁环境监测呈现跨领域、多手段融合发展态势，不同电磁环境监测系统，使得原始数据的类型多、样式多，这些多元异构数据造成了统计过程的复杂和分析预判的困难，还需要更加高效可靠的技术手段对这些数据进行统型整合。当前，各类用频系统设备日益增多，电磁环境监测手段也快速发展进步，但日常电磁环境监测偏向数据收集汇总，以及基于当前任务的实时性分析，对于海量历史数据、新数据在空间维度和时间维度的同时关联分析较少，很多数据的价值还没有被充分挖掘利用，电磁环境监测智能化水平还有待提高。

提高电磁态势管理精细化水平。日常电磁态势主要来源于各类传感器系统，如无线电监测测向系统、雷达探测系统、红外探测系统、可见光探测系统，等等。这些系统产生的电磁态势数据，在特征、组成要素、格式上各有不同，其态势数据库的设计、架构、基础支撑也均不同，各系统之间数据库相互独立，系统之间数据交互困难，由此形成"信息孤岛"。电磁态势感知网系之间信息共享不畅，不利于进行电磁态势信息深度融合关联处理。电磁态势管理在采集、分类、关联、融合、提取、存储、应用等多个环节，不同程度存在分散难查询、数据关联度低、融合处理能力差等问题，由于缺乏精细化管理而影响降低了数据应用效能。

（二）科学利用四位一体技术优势

在频谱需求更加旺盛、频谱资源相对短缺的形势下，迫切需要利用新技术、运用新手段，科学管理电磁环境，充分释放资源价值。综合运用云计算、大数据、人工智能和物联网等技术，有效提升电磁环境管理效率并强化电磁环境管理效果。

云计算技术。又称为网格计算，是分布式计算的一种，核心概念是以互联网为中心，在网站上提供快速且安全的计算服务与数据存储。从狭义上讲，云计算是一种提供资源的网络，使用者可以随时获取"云"上的资源，按需求量使用。从广义上讲，云计算是与信息技术、软件、互联网相关的一种服务，把许多计算资源集合起来，通过软件实现自动化管理，并将资源快速提供给用户。利用云计算技术，可以建设涵盖电磁频谱监测全流程的云服务生态，形成具有联网协同作业能力的云监测网，实现频谱监测数据集中存储、融合分析和统一管理。

大数据技术。是一种规模大到在获取、存储、管理、分析方面大大超出了传统数据库软件工具能力范围的数据集合，具备体量大、变化快、多样化、真实以及价值密度低 5V 特征。从技术上看，大数据与云计算的关系就像一枚硬币的正反面一样密不可分。大数据的特色在于对海量数据进行分布式数据挖掘，无法用单台的计算机进行处理，需要依托云计算的分布式处理、分布式数据库和云存储、虚拟化技术。电磁环境数据具有典型的大数据特征，利用大数据技术可以对大量、长期、不同种类、碎片化的电磁环境监测数据进行挖掘、分析和关联处理，以此提升电磁环境管理效能。

人工智能技术。是研究、开发用于模拟、延伸和扩展人的智能的理论、方法、技术及应用系统的一门新的技术科学，已成为全球新一轮科技革命和产业变革的着力点。近几年，人工智能技术以其在对海量数据的处理分析以及应用上的卓越性能，在各行各业应用领域飞速发展。利用人工智能技术，研究建立监测资源调度、电磁环境特征、信号识别、语音识别等应用模型，可以更好地为电磁环境监测提供设备自动调度、电磁信号特征分析、信号智能识别等。

物联网技术。起源于传媒领域，基于互联网、传统电信网等信息载体，是互联网向物理领域的纵向和横向延伸，当下涉及的信息技术的应用，都可以纳入物联网范畴。在物联网中，物品利用红外感应、射频识别以及定位系统，通过互联网对各类信息进行获取和采集，实现脱离人的干预进行"交流"，能通过各种智能计算技术，对数据进行分析和处理，从而实现智能化的控制和决策。在物联网技术的支撑下，可以把电磁环境监测系统接入信息网络，依托各种网络通信，进行系统之间可靠的信息共享和识别交互。

（三）加速进行电磁环境生态建设

利用云计算、大数据、人工智能和物联网技术可以为"四位一体"电磁环境管理生态建设提供强有力的技术支撑，实现频谱资源管理、电磁环境监测、电磁态势管理由传统的人工管理向以数据为中心的自动化管理转变，主要包括基于云计算的数据管理层、基于大数据的数据应用层、基于人工智能的数据挖掘层和基于物联网的数据传输层等。

基于云计算的数据管理层。充分借鉴国家工业云、医疗云、政务云等云计算产业的技术开发和运营经验，采用"云计算"技术，把各种电磁环境监测设备、电磁频谱管理系统、计算机资源进行有机整合，建立电磁环境数据管理"私有云"，综合运用虚拟技术、分布式文件系统、信息安全技术构建电磁环境数据资源池、管理中间件和面向服务的架构，实现电磁环境数据集中存储、融合分析和统一管理，为大数据分析和数据挖掘提供支撑。

基于大数据的数据应用层。电磁环境管理大数据主要包括频谱监测数据、用频设备信息数据、大气环境数据、无线电管理部门和无线电设备制造单位的统计数据等。电磁环境管理大数据能够支撑联合电磁态势感知、预警和融合分析，结合人工智能技术，可以对海量数据进行智能分析和数据挖掘，将海量数据加工生成精准的电磁态势，为国家无线电管理部门和军队电磁频谱管理部门准确、实时、动态地掌握频谱资源的使用现状，以及监测区域内实际台站的分布与使用情况，提供及时、科学的依据。

基于人工智能的数据挖掘层。将神经网络、机器学习、深度学习等人工智能方法，运用于电磁兼容分析、电磁空间数据挖掘和信号分析，对电磁环境大数据进行压缩、融合、分析、比对、判定，将海量监测数据与频率、台站、地理信息等数据相结合，通过关联分析、知识学习等数据挖掘技术，全面掌握不同业务分布、用频动态变化、不同区域频率占用等情况，实现传统的粗粒度计算向细粒度分析的转变，为电磁环境管理提供更多维度和更科学丰富的决策分析结果。

基于物联网的数据传输层。将物联网技术运用于电磁环境监测网系数据传输，不仅能增加信息容量，而且能提高信息传递和处理速度，使监测数据获取、传输、处理近似实时化，从而提升各类监测数据、特别是机动监测数据的全面性和可靠性。通过物联网技术，还能加强网系的动态调配、可管可控和资源呈现能力。利用物联网技术把分散、独立的电磁环境监测力量有机融合，构建各类监测数据传输和设备管理的自动化系统，实现高度集成的联合监测体系，提高电磁环境监测网系的整体效能。

附　章　世界主要国家的电磁空间领域创新发展

世界主要国家和组织都非常重视在电磁空间领域谋求创新发展，出发点都是服务于本国的国家战略、经济发展和军事需求，创新发展模式几乎都是军民一体，其发展历程也大致相同：冷战之前，主要实行"先军后民、军民分立"的政策；冷战期间，很多先进信息技术产生并应用于军用领域，之后再推向民用领域；冷战结束之后，开始正式走向"军民一体"的发展道路。美国、俄罗斯、印度、日本以及欧盟实施军民一体创新发展的时间较早，但是所选择的发展道路却有所不同。而影响发展道路选择的因素，主要取决于六个方面（如附图1所示）。

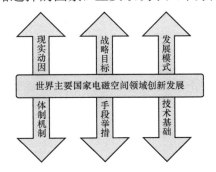

附图1　影响电磁空间领域创新发展道路选择的主要因素

第一节　美国电磁空间领域创新发展

20世纪80年代,信息技术的发展速度超越了之前历史上的任何一个时期,成为真正的通用技术。正是这个时期,美国全面开启了军民一体的发展模式。美军作为信息化程度极高的军队,历来强调在电磁空间领域的优势地位,在政策法规制定、技术自主创新和武器装备研发等方面,始终坚持军民一体的发展理念和发展模式,不断谋求在电磁空间领域的发展优势,确保在电磁空间领域的领先地位。

一、美国电磁空间领域创新发展体系

美国经济学家甘斯勒曾指出,军事经济应当与商业经济并行发展,假如呈分割状态的话对双方都是不利的。美国电磁空间领域创新发展体系依托于美国国防科技工业体系,以国防部为主导、以私营企业为主体、以市场为基础、以法律为保障,主要包括宏观管理体系、军工企业体系、科技研发体系、中介服务体系和管理运行体系等。

(一)宏观管理体系

宏观管理体系通过国会、总统、国防部和各军种进行集中决策、分散实施。其中,美国国会和总统是国防工业的最高决策层,负责规划国防科技工业的总体发展战略,并通过预算拨款和相关政策对国防科技工业实施宏观调控。国会负责通过立法,对国防科技工业进行宏观控制审核及批准国防预算;总统负责领导制定国防科技工业的方针政策及重大采办计划指示,由国家安全委员会负责制定国家安全政策,审议防务目标、军事战略和重要武器计划并提出决策性建议。

国防部是美国国防科技工业管理的核心职能机构,主要职能是负责国防科研和武器装备研制、生产、采购、试验、鉴定、维修、保障等全过程的统一管理和协调。各军种总部作为武器装备采办全过程的执行部门，负责本军种装备研制生产采购维修的具体组织实施。另外，美国国家航空航天局（NASA）负责制定部分军用航空航天计划；能源部主管核武器工业；运输部所属海事管理署负责舰船工业管理，通过政策法令对造船企业的经营行为进行宏观调控。

（二）军工企业体系

军工企业体系主要有三种类型企业：私有私营企业、国有国营单位和国有民营企业（如附图 2 所示）。第一种是私有私营企业。私人所有和经营的国防工业企业同政府保持长期的合同关系，占美国国防工业的绝大部分，享受国家的种种优惠政策。政府为其提供生产设施、预付款、贷款担保、科研资助以及低税率等，这类企业在享受优惠政策的同时也受到政府采办法规的严格制约。第二种是国有国营单位。"二战"以后，美国一度出现大量各式各样国有国营国防工业单位，后来逐渐被转卖或关闭，现有的国有国营单位主要是一些军内科研实验单位和军工厂，承担着军用技术开发、特殊军品研制生产和武器系统维修等业务；第三种是国有民营企业。国有科研生产设施除政府经营的以外，还有一部分以合同的方式交给承包商经营管理。这种企业不多，只有 60 多家，主要是弹药厂、武器生产厂和核武器研制生产综合体等。

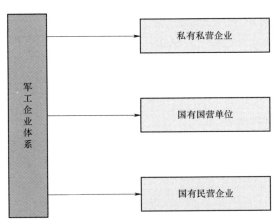

附图 2　美国电磁空间领域军工企业体系

国防工业体系内占据重要位置的主要有洛克希德·马丁公司（Lockheed Martin Corp.）、波音公司（Boeing Co.）和雷神公司（Raytheon Co.）。自20世纪90年代起，美国将电子、航空、飞机、造船和武器等生产商进行了合并重组，这三家公司同样也经历了多次的合并、收购。除此之外，还有频谱共享（SSC）公司、BAE系统公司，哈里斯公司等。总体来看，这些公司按照职能划分为主承包商、分承包商和零部件供应商。

主承包商主要负责武器系统的总体设计、综合协调和总装，一般掌握着每个特定武器系统采购费的40%~60%，几乎垄断和掌控着整个军品市场；分承包商主要负责制造武器系统的重要分系统和部件，如雷达、计算机、发动机和电子设备等，其规模大小不等，有主承包商的下属公司，也有政府所属的军工厂。他们在转包项目方面从事广泛的研究，并开发出大量关键技术和专项技术；零部件供应商主要负责向武器系统或分系统制造商提供零部件和原材料，包括电子组件、集成电路、电池、轴承等，是为数众多的中小企业。例如，在"射频地图（RadioMap）"项目第三阶段，洛克希德·马丁公司作为主承包商完成"射频地图"应用软件在军用用频装备上的集成，将不同系统中的集成工作分承包给波音Argou ST公司、哈里斯公司、应用通信科学公司、雷神BNN技术公司和BAE系统公司等。

目前，世界最大的无线电电子战装备研制生产商主要集中在西方国家，而美国就有9家，分别是诺斯罗普·格鲁曼公司、雷神公司、洛克希德·马丁公司、轨道ATK公司、L-3通信公司、罗克韦尔-科林斯公司、通用动力公司、埃斯特莱恩公司和UTC航空航天系统公司。

（三）科技研发体系

科技研发体系由国防部主导，主要由军内科研单位、大学、国防工业企业科研机构和职能部门的研究机构组成（如附图3所示）。军内科研单位由美军组建并直接控制，主要从事应用研究，也从事部分基础研究和先期技术开发工作。美军共有研究所70个左右，约占联邦政府科研单位的 1/10，雇员总数约 6 万人，其中半数以上是科技人员。在美国 480 所"研究型大学"中，与国防部有合同关系的约为 250 所，这些大学不仅为国防和科研输送大批人才，而且还承担了许多国防研究特别是基础研究的项目，完成了约 50%的军队基础研究项目。

国防工业企业科研机构拥有先进的科研设备和一流的科技人员，他们除了从事军品的试制和生产，还积极从事国防科学技术开发和应用研究。职能部门研究机构的数量较多，大部分职能部门都有自己的研究机构，其中，很多研究机构都从事或从事过与国防有关的项目研究与开发。例如，能源部有三个研究所主要从事与核武器有关的科研活动，宇航局所属各研究中心承担的科研项目中也有相当一部分与国防有着直接或间接的关系。

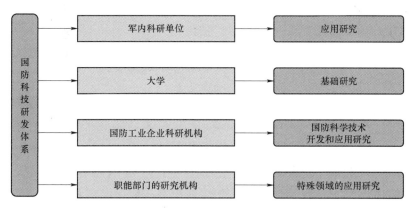

附图 3　美国电磁空间领域国防科技研发体系

（四）中介服务体系

中介服务体系独立于政府和企业之外，但同时又与政府和企业密切相联，是为双方提供咨询服务的官方和民间组织（如附图 4 所示）。主要包括国防长远规划研究机构、国防合同审计管理机构、国防财务会计服务机构、国防信息系统和情报机构、国防法律服务机构以及国防后勤机构等。这类中介服务组织在美国非常发达，也正是因为有一大批这类中间组织，才较好地解决了政府与国防企业沟通合作中产生的多方面问题，他们成为政府与国防企业越来越重要的依靠力量，推动了美国国防工业的发展。其中，与国防工业关系最密切的是国防工业协会。

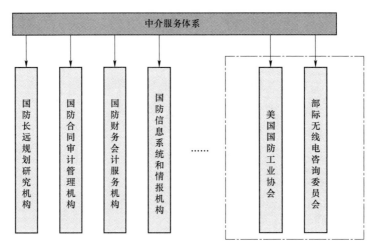

附图4　美国电磁空间领域中介服务体系

国防工业协会（NDIA）是1997年由防御预备协会（ADPA）与国家安全工业协会（NSIA）合并而成的。防御预备协会创建于1919年，是一个非政治、非营利性的组织，致力于公共防御和国家安全预备，其基本使命是提高技术水平，改进国防管理，维持一个强大的国防科技工业队伍，促进国防开发、生产、后勤保障和管理。20世纪60至90年代，军工化学协会、军工管理协会和国家培训系统协会先后并入防御预备协会，拓宽提升了协会的服务领域和服务功能。

国家安全工业协会职能范围涉及所有与国家安全相关的工业、科研、法律以及教育等。1944年成立时称为海军工业协会，也是一个非政治、非营利性的组织，致力于建立政府基本防御能力和支持它的工业系统之间的紧密工作关系，并推进双向交流。工作范围主要是政府与相关部门和企业在商业、技术方面的活动，包括政府政策研究及实务、技术研究与开发等。国防部成立后，协会的活动范围进一步拓宽，

1949 年正式改名为国家安全工业协会。

国防工业协会拥有将近千家企业会员和两万多个人会员，承担的主要工作包括政府和企业间相互交换想法和技术；向政府提供企业的相关信息、技术情况、教育建议和解决方法等。国防工业协会所提供的资源十分丰富，包括每年举办 80 个左右的座谈会和展览会，其内容涵盖与技术相关的各个学科；出版带有前导性的国防杂志，报道科学发展和军事动态；提供国会和政府关于国防工业问题的政策及采购计划等。

部际无线电咨询委员会（IRAC）于 1922 年 6 月 1 日由联邦各部委组建成立，并于 1952 年 10 月 6 日进行改组，其办公机构位于国家电信与信息管理局（NTIA）的办公所在地。IRAC 为 NTIA 和联邦通信委员会（FCC）进行频谱管理协调工作，协助商务部部长助理为美国政府机构使用无线电台站指配频率，完善和执行与电磁频谱指配、管理和使用相关的政策、方案、规程及有关技术标准。另外，频谱管理政策法规咨询委员会（SPAC），由 15 个非联邦成员和 4 个联邦成员组成，成员全部由商务部部长指定，负责审查所推荐部际无线电咨询委员会，审查电磁兼容性计划的发展，提供美国 ITU 会议的频谱事务建议，以及提供战略计划并推动频谱的有效利用等。

（五）管理运行体系

国防科技工业在长期发展过程中形成了比较完善的管理运行体系（如附图 5 所示），主要包括利益机制、政策机制、计划机制、合同机制和法律机制等。利益机制是通过市场主体基于对自身利益的关心而对市场活动发生作用的一种机制，美国政府非常重视利益机制在整个国防科技工业运行中的基础性作用，尊重军品生产企业独立自主的地位，通过对企业的军品科研生产给予经济补偿等方式，满足企业的利益需求；政策机制包括军工投资政策、装备采办政策、价格补贴政策、科研补助政策等，有效引导、有力推动了国防科技工业的发展；计划机制主要包括规划、计划和预算体制，目前除了美国在继续沿用并不断改善计划机制，英国、法国等国家也都在采用计划机制；法律机制的地位作用十分突出，由于美国的国防采办尤其是武器装备采办主要通过合同方式进行，所以与其相关的科研、生产、购买等都有配套的、完备的法律保障，各项活动都在严格的法律约束下进行，充分保证了各方权益。①

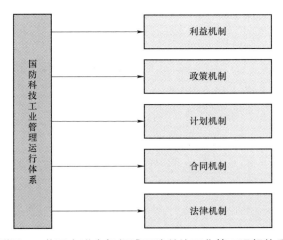

附图5　美国电磁空间领域国防科技工业管理运行体系

二、美国电磁空间领域创新发展模式

西方国家电磁空间领域创新发展的模式基本相似，比较具有代表性的发展模式有四种：以美国和欧盟为代表的"军民一体"模式；以俄罗斯为代表的"军民并重"模式；以日本为代表的"以民掩军"模式；以以色列为代表的"以军带民"模式。多年来，美国始终以军民一体模式加强顶层设计规划、开展技术创新研究和加强武器装备建设，取得了较好成效和较大进展。

---

①《美国国防科技工业体系及其特点》，https://wk.baidu.com/view/85c7c130f01dc281e53af085?from=singlemessage。

（一）加强顶层设计规划

美国为谋求在电磁空间领域的绝对优势，着力从理论层面论证、从战略层面提升电磁空间的重要地位，大幅度调整电磁空间发展战略，先后出台了《国防部频谱战略规划》等多项顶层指导文件，并于2019年建立了联合电磁频谱控制中心。尤其在电磁空间领域顶层设计规划方面做出了非常多的努力，主要包括提升电磁频谱作战域地位、健全完善频谱管理机构和机制、制定频谱资源军民共享政策等。

1. 提升电磁频谱作战域地位

近年来，美军关于电磁频谱优势对联合作战重要性的认识大幅提升，电磁频谱领域新理念、新技术、新装备迭出，突出以电子战为核心的电磁频谱能力建设规划。电磁频谱能力在美军战略布局中正发生着关键性的改变——从技术支持性能力转变为核心战斗力。目的在于通过控制电磁频谱，掌握信息化武器装备作战效能发挥的"阀门"，从而掌握信息化战争的主动权。

（1）理论层面

战略司令部成立联合电磁频谱作战办公室，专门从事"联合电磁频谱作战"的需求分析、概念开发和理论研究，将"联合电磁频谱作战"纳入美国战略司令部全球能力体系，增强联合部队实施联合电磁频谱作战能力。

2009年战略司令部推出"电磁频谱战"新概念，试图从理论上探索电磁频谱战相关工作从分到统；为应对所谓的"中俄电磁威胁"，适应电子战、网络战等交叉相融趋向，军种和智库推出了"电磁机动战""频谱战"以及"低功率到零功率"等作战概念。

空军2018年1月组建了名为电子战/电磁频谱优势体系能力协作小组（ECCT）的跨职能团队，旨在研究如何确保电磁频谱优势。该小组由空军司令部负责ISR和网络效应行动的副参谋长办公室的网络空间行动和作战通信部主任David Gaedecke准将领导。

（2）战略层面

2010年，"老乌鸦协会"首次提出要将电磁频谱的利用和控制上升到国家战略地位；2014年，国防部新版《电磁频谱战略》认为电磁频谱是重要的国家战略资源；2017年，国防部又发布《电子战战略》，将电磁频谱列为继陆、海、空、天、网之后的第六作战域，从人员、训练和装备等方面对大量部署应用于实战的电磁频谱战武器的电子战能力建设的战略目标进行了全面规划，明确了电子战技术开发方向、频谱冲突解决方法、仿真建模在电子战中的应用和未来电子战武器发展等领域的建设内容。

2018年8月23日，陆军战略领导部正式签署了陆军电子战战略文件，结束了陆军在很长一段时间内缺乏军种电子战战略的局面。陆军电子战战略的目标是：将电子战能力作为力量倍增器，为地面指挥官提供支持。该战略指出，电子战必须在多个作战域和整个战场深度进行整合和同步；电子战必须进行调整才能适应快速变化的多域作战环境；陆地、空中、海洋、太空和赛博空间的优势都取决于电磁频谱的优势；为了保持陆军的战场优势，必须先于对手将新技术整合到训练有素的电子战队伍中。该战略还将推动陆军电子战向赛博空间电磁行动转型。多年来，陆军不仅致力于在战术层面上整合赛博和电子战能力，还积极谋求全面恢复电子战能力，包括战略级的电子战能力，以抗衡俄罗斯展现出的强大电子战能力。

2020年10月29日，国防部对外发布《电磁频谱优势战略》——这是《电磁频谱战略》和《电子战战略》的融合，致力于在电磁频谱域夺取行动自由，包括开发具有优势的电磁频谱能力、发展敏捷综合一体的电磁频谱基础设施、追求整体兵力的电磁频谱作战准备、确保持久的合作以获得电磁频谱优势，以及构建有效的电磁频谱监管。文中提出"新战略将在整个国防部产生广泛的影响，深刻影响国防部决定如何更好地设计、配备资源并实施电磁频谱概念"。[①]

[①] 国际电子战（公众号），《美国国防部〈战略频谱优势战略〉浅析》，2020年11月2日。

（3）应用层面

美军在"2010联合构想"的基础上制定了"2010联合频谱构想"，将联合电磁频谱作战概念写入2012版JP3-13.1《联合电子战条令》，2016年又将新的电磁频谱作战概念写入JDN3-16《联合电磁频谱作战》，并指出该"联合条令注释"未来可能替代《联合电子战条令》和《联合电磁频谱管理行动条令》。

海军2018年10月5日签署SECNAV指令2400.3《电磁作战空间》，并于同年10月22日正式生效。新的指令将电磁频谱视为与陆地、海洋、空中、太空和网络相提并论的作战领域，主要用途是建立海军部"电磁频谱作战"政策，推动海军部在电磁频谱领域作战采用企业方法。新指令明确了海军部在研发、实施、管理和评估"电磁作战空间项目"的政策、流程等方面的角色和责任，以此提高海军在电磁作战空间的优势。其中，所谓的"电磁频谱企业"包括所有使用电磁频谱完成其功能的电子系统、子系统、器件和设备等，无论该设备是否是商用现货。①

陆军2007年12月28日公布了《2015—2024年美国陆军未来模块化部队电磁频谱作战能力规划构想》，对电磁频谱作战（EMSO）概念、功能及能力进行了介绍。之后又于2018年1月9日发布《网络空间与电子战概念2025—2040》，阐述在近未来（2025—2040）作战环境下，陆军如何充分结合网络空间战、电子战和电磁频谱战，与其他军兵种一起，开展联合军事行动。②

2. 健全完善频谱管理机构和机制

美军通过建立健全频谱管理机制，不断加强频谱政策制定，持续在电磁频谱管理、感知和接入等方面进行研究并开发大量的新技术、新项目，为更好地共享和利用电磁频谱提供了体制、政策和技术等诸多方面的保证。目前，从统帅部到野战师都设有专门的频谱管理机构

---

① 中国舰船研究（公众号），《美海军新版"电磁作战空间"指令生效》，2018年11月19日。
② 占知智库（公众号），《美国陆军发布"网络空间与电子战概念2025—2040"》，2018年3月27日。

和人员,从国防部、联合参谋部到各军种,都建立了完整的频谱管理组织体系,形成了成熟的管理机制。美军内部的频谱管理组织体系主要是行政管理线、作战指挥线和技术支援线。

(1) 行政管理线

行政管理线主要包括国防部和各军种频谱管理机构,由国防部助理部长办公室负责。主要职责是预测未来需求,获取和规划频谱资源,在国际和国家频谱划分中维护国防利益,监督执行装备频谱认证制度等。陆军、空军、海军的频谱管理机构,分别是陆军频谱管理办公室、空军频谱管理办公室、海军及海军陆战队电磁频谱中心。国防部助理部长办公室负责国防部相关频谱管理政策的执行、评估和监督。

(2) 作战指挥线

作战指挥线主要包括参联会和联合作战指挥部频谱管理机构,主要通过频率规划和协调等方法,在联合军事行动中合理使用频谱资源,避免和消除相互干扰。在参联会领导下,军事通信电子委员会和联合频率管理组共同负责美军频谱管理方面的事宜。军事通信电子委员会负责指导国防部准备、协调频谱管理的技术指令和协议,并分配国家通信电子管理局指定的电磁频谱资源;联合频率管理组是国防部频谱管理的主要协调机构,审查、部署、协调和执行国防部为军事通信电子委员会制定的各项指令、专题研究、报告以及建议等。

(3) 技术支援线

技术支援线主要由隶属于国防部信息系统局(DISA)的国防频谱组织(DSO)负责,主要在平时或战时为国防部各部门及作战部队提供频谱接入、频率分配、冲突消除等频谱管理的技术支持。DSO为美军电磁频谱资源的日常管理和战时管理提供广泛的技术支持,基本任务是进行电磁频谱分析、制订综合频谱计划和长期战略,为参联会主席、作战部长和武器装备研制部门提供直接支持。DSO下辖联合频谱中心和战略计划办公室。联合频谱中心是美军无线电频谱使用的技术保障单位,负责频谱规划和电磁环境、系统兼容性与抗干扰性等方面的研究,为无线电系统的采办及作战支援提供技术服务,以确保美军有效地使用频谱；战略计划办公室负责制定国防频谱战略，在国际组织中代表国防部支持国家频谱计划、国防需求和采购程序，促成从频谱管理向以网络为中心作战的转移。

3. 制定频谱资源军民共享政策

自20世纪90年代以来，大量消费者通过无线方式进行数据访问，带动了全球无线宽带行业对频谱资源需求的显著增长，美国也不例外。美国政府不断地探索电磁频谱高效利用的技术和方法，始终在考虑如何平衡军地之间的用频需求，以期在带动经济发展的同时为国防安全保驾护航。

美军频谱需求每5年增长5~10倍，如阿富汗战争和伊拉克战争所用的频谱资源就是海湾战争的10多倍。尤其是近些年，信息化战场上用频装备数量众多与频谱资源缺乏之间的矛盾更是日渐凸显。美军使用的电磁频谱一般在40 GHz以下，且大多数在6 GHz以下，而现役的大部分用频装备又都集中在战术高频、战术甚高频等几个频段，就像很多车辆同时在一个车道内行驶，十分拥挤。面对这一严峻形势，美军不得不通过与民用电磁频谱资源共享来解决问题，试图通过平衡军用和民用的多领域需求，达成最大限度的共享使用，从而缓解电磁频谱资源不足的现状。国防部2014年发布的《电磁频谱战略》，其中重要的目的之一就是增加可用频谱，并在维持重要的军事能力的同时，满足商业无线通信工业日益增长的需求。同时，为解决所面对的全球频谱挑战，此战略提出了三大主要目标：首先，强调需加速开发那些依赖频谱的武器系统的能力，使这些武器系统的能力更高效、灵活且更具适应力；其次，还将继续采用新工具和技术，更高效地管理频谱，使频谱作战更敏捷；最后，必须对监管及政策的变化、相关影响做出理解和评估，以制定合理决策，实现国防、安全和经济利益间的平衡。

（二）开展技术创新研究

两次"抵消战略"以后，美国稳固了世界霸主地位，但同时紧张感和危机感也与之俱来。针对日益崛起的中俄等国，特别是中俄在军事领域的实力不断提升，其战略焦虑日益上升。为此，针对中俄不断形成的"反介入/区域拒止"能力，量身定制了以颠覆性技术为引领突破，集技术创新、概念创新、组织创新为一体的应对大国博弈的第三次"抵消战略"。近年来持续进行电磁空间技术创新研究，通过依托专业研究机构进行技术创新、根据作战需求开展前沿技术研发、组织军地共参活动促进技术交流等方式，在电磁频谱战前沿技术研究、电磁空间领域创新技术研究、频谱高效利用技术研究等方面取得了较大进展。

1. 依托专业研究机构进行技术创新

国防高级研究计划局（DARPA）是国防部专门从事尖端军事技术研发管理的重要机构。为应对苏联卫星发射对美国造成的技术突袭，美国国防部于1958年2月成立了DARPA，第一任局长是通用电气副总裁罗伊·约翰逊。DARPA是美军预研项目的组织实施部门，接受国防部采办、技术与后勤部副部长等领导。在研究定位上，重点从事其他军种不愿从事或跨军种的、高风险的中远期尖端技术项目研发，构想未来作战人员所需的军事能力。经过60多年的发展，DARPA形成了较为特殊的组织模式和运行机制，并孕育出互联网、隐形战机、无人机等重大科技成果，成为国防科技创新的典范，对美国乃至全世界国防科技发展都产生了巨大影响。DARPA始终致力于电磁空间领域前沿技术的研究，并取得了显著的技术创新成效。

在频谱基础技术方面，重点突破认知无线电低能耗信号分析传感器集成电路技术、射频现场可编程门阵列技术、射频相控阵相关技术、芯片间/芯片内增强冷却技术和相干太赫兹处理技术等。通过研发新材料新工具、更快的芯片、更灵巧和更敏捷的移动网络，为武器系统研发提供基础技术支持；在频谱作战技术方面，重点发展频谱效率更高、更灵活和更强适应性的用频系统。这些创新项目主要有行为学习自适应电子战（BLADE）、自适应雷达对抗（ARC）、极端射频频谱条件下通信（CommEx）、近零功耗射频和传感器运行（N-ZERO）等，综合采用软件无线电、机器学习、行为建模等技术，研制智能化情报平台、自适应雷达等认知电子战系统。该类项目研究的主要目的，是通过对抗行为实时评估、措施自主生成、效果即时反馈等新技术来开发针对未知波形和行为的电磁频谱威胁实时战术对抗新能力；[①]在频谱管理技术方面，重点发展复杂电磁态势感知、基于政策的用频系统参数控制以及有害干扰识别、预测和消除技术。例如，"频谱射频地图"项目旨在将战场上已经部署的无线电台与射频对抗系统综合在一起，为海军陆战队提供实时的射频频谱态势感知信息（包括频率、位置和时间）。

DARPA始终坚持开放理念，从征集方案开始，就向政府部门、大学、企业、研究机构等提供相关信息，鼓励各方广泛参与，在充分吸纳、比较择优的基础上，就一个研究主题选择多个团队竞争开展研究。项目进行期间，所有信息全程公开，不同的技术团体可凭实力竞争加入，好的方案随时可以替代原有方案，项目始终处于永不停止的创新和重塑过程中。DARPA的内部人员极为精简，主要承担项目组织管理工作，其他事务主要依托外部保障机构完成。技术办公室也聘用社会机构为其服务，如技术适用执行办公室和国防科学办公室，雇用战略分析公司为其提供专业保障。DARPA与军工企业之间的项目合作一般是"DARPA＋多公司"并以分阶段方式完成。其中，比较具有代表性的电磁空间领域的项目，主要是BLADE、RadioMap和"下一代通信（XG）"项目。

BLADE项目——该项目重点开发新的算法和技术，使电子战系统能够在战场上自主学习干扰新的通信威胁，目的是实时对抗敌方自适应无线通信系统带来的威胁，即敌人使用的无线设备和网络指挥、控制和通信以及遥控简易爆炸装置等带来的无线通信威胁。洛克希德·马丁公司作为该项目的主要承包商，完成了第一阶段的概念验证、第二阶段的硬件回路仿真，在第三阶段与雷神公司合作，将BLADE应用软件集成到电子战系统中，并在发展单元上进行地面和

---

① 高端装备产业研究中心（公众号），《美国电磁频谱作战前沿项目》，2019年3月20日。

飞行测试。

RadioMap 项目——该项目于 2012 年启动,第一阶段重点开发生成动态热图的算法,采用商用现货设备并聚焦于绘制热图背后的基本科学知识。第二阶段系统测试纳入了部署在海军陆战队弗吉尼亚州匡蒂科基地的传感器和辐射源,包括产生表征该基地当时射频环境的动态热图。在该项目中,采取了"商用硬件+军用软件"的开发模式,降低了开发成本,加快了开发速度。2015 年底,DARPA 授予洛克希德·马丁公司价值 1 180 万美元的第三阶段(该项目最后阶段)合同,旨在将第一和第二阶段开发的技术集成到一个完整的系统中。第三阶段看重实际部署的硬件,将"RadioMap"部署在 CREW 干扰机和哈里斯公司研制的"猎鹰Ⅲ"AN/PRC-117G 背负式无线电台等武器装备上。"RadioMap"项目在 2016 财年的总预算为 1 710 万美元。除了洛克希德·马丁公司作为"RadioMap"项目第三阶段主承包商和牵头的系统集成商,其他参与方还包括波音 Argon ST 公司(主要聚焦于测绘应用)、哈里斯公司(致力于将 RadioMap 移植到其 AN/PRC-117G 平台)、应用通信科学公司和雷声 BBN 技术公司(着重开发 WALDO 联网软件)。"RadioMap"项目第三阶段的工作还包括开发旨在融合海军陆战队低空飞机(如直升机或无人机系统)上的传感器数据以增强射频测绘能力的方法。但是,利用机载平台达成这一目的面临着不小的挑战,其全向天线很难分辨所观测到的辐射的空间来源。BAE 系统公司作为该任务的唯一承担方,针对这一挑战进行了不懈的研究。此外,DARPA 还与美国特种作战司令部合作,将"RadioMap"软件用于该司令部的简易爆炸装置干扰机中。

XG 项目——该项目由 DARPA 投资、美国空军研究实验室(AFRL)管理,目的是"开发能动态地重新分配频谱并采用新型波形的使能技术和系统概念,以显著提高军事通信系统全方位支持全球部署的能力"。该项目也是分阶段承包给军工企业。美国频谱共享公司(Shared Spectrum Company)在 2005 年获得"XG"项目第三阶段的合同,演示以近零准备时间接入 10 倍以上频谱且自动消除频谱冲突的能力。

2. 根据作战需求开展前沿技术研发

太空战、网络战、深海战等都是美军技术创新和作战概念创新结合的典范。除了依托类似于 DARPA 的专业研究机构进行电磁空间领域技术创新研发，陆、海、空各军种也立足各自作战需求进行电磁空间领域前沿科技探索，在电磁频谱战场管理、电磁频谱作战支撑以及电磁频谱动态接入等方面的技术研究和创新成果显著。

（1）电磁频谱战场管理技术

电子战规划与管理工具（EWPMT）——陆军"综合电子战系统（IEWS）"能力设备中的规划与管理部分，旨在对电磁频谱进行管理控制并提高当前和未来的电子战能力。EWPMT 将为电子战操作员和频谱管理员提供综合工具，以支持机动指挥官规划、协调、同步和实施电磁频谱作战行动。EWPMT 工具通过四次能力投放按阶段开发和交付，每个阶段为期 15 个月。

EWPMT 是根据陆军和雷声公司空间与机载系统分公司签订的合同进行研发的，其能力投放 1（CD 1）专门聚焦于电子战作战，并为电子战操作员提供自动电子战任务规划、电子战目标瞄准、鲁棒的建模与仿真，以支持电子战战斗序列（EOB）的可视化和表征，以及生成电子战报文、报告和需求。陆军已完成了此次能力投放。后续的能力投放 2（CD 2）需求已经获得批准，它将提供相关能力以支持：己方辐射源干扰、破坏或削弱的近实时数据；EWPMT 同较高和较低层次间的互操作和传递控制能力；建模与仿真能力的提升。

网络空间及电磁战场管理系统（CEMBM）——陆军研制的可提供电子战、电磁频谱、网络空间的共享态势感知，并对成建制的资产进行管理和控制的系统。借助该系统可确定未被干扰或发现的最佳前进线路，干扰敌方的通信能力；如果敌方有网络空间辐射源的话，还能破坏其使用该辐射源的能力。在 2016 年底进行的一次验证试验中，CEMBM 系统被集成到海军陆战队使用的电子战管理工具 Raptor-X 中，这为在联合战场空间中共享信息打下了基础。

CEMBM 将网络空间和电磁频谱感知能力集成到了陆军 EWPMT

中，能够将 EWPMT 的功能扩展到战术网络活动和非运动选择，包括有机资产的远程控制和管理以及机器学习/人工智能算法的集成。EWPMT 着重发现、感知电磁频谱域的事件，CEMBM 则提供电子战、电磁频谱和网络空间的共享态势感知，管理并控制整个设施，提高任务效能，降低规划周期以及训练成本。

频谱 XXI 系统——国防部标准化联合频谱管理自动化系统，可以与美国现有军用、民用的所有频谱管理软件系统实现互联互通。频谱 XXI 系统包括干扰分析与路径损耗、电子战去冲突、联合受限频率表、干扰报告、频谱占用图、数据交换等 13 个模块，有频率资源记录系统等强大的数据库支持，在美军频谱管理周期 13 个环节中发挥着重要作用。频谱 XXI 系统是一个基于 Windows 操作系统的采用 C/S 模式的软件系统，该软件系统运用最新的理论技术，解决长期以来影响频谱规划与管理的问题，使频谱管理人员对频谱能够近实时地进行自动化管理，确保分配的频点相互兼容。其主要功能包括：制定频率指配方案；预测高频传播；点到点的链路分析计算；干扰分析计算；交换频率指配信息；近实时的频率指配和效果分析；提供电子战辅助决策支持和雷达探测性能分析等。

HTZ Warefare nG 软件——美国 ATDI 公司开发的战区频谱管理和网络规划软件，采用多种传播预测模型，综合考虑地形因素对无线电波传播的影响，模拟作战地域内通信网络的组网效果，为通信系统的组织运用提供支持。用户可以通过设置软件中的相关参数，完成战场任务规划、雷达导航、电子干扰分析、无线频谱管理、无线覆盖分析及链路规划等功能。同时，可以集成到其他军用系统中，如指挥控制系统、军事频谱管理/监控系统及专用频段管理系统等。并使用数字地形模型对战场地形进行建模，可以对 10 kHz～450 GHz 频段上运行的无线通信系统进行仿真分析，提供完全的频谱规划及管理功能。

（2）电磁频谱作战支撑技术

电磁频谱态势感知作战视图——由美国空军研究实验室（AFRL）

开发，旨在实现电磁频谱态势感知可视化能力，通过增强指挥官对电磁作战环境（EMOE）的理解，提高战术运用水平、提供任务决策支持。该项目利用现有的政府现货软件（GOTS）和开源软件/标准作为基础，演示互联互通的、同步的可视化能力，帮助解决美国国内的电磁频谱拥塞问题，同时支持多个电磁频谱数据源的战场内融合。

标准频谱资源格式（SSRF）——2016年5月，为更好地管理、保护电磁频谱，陆军把原来的频谱管理数据标准及数据库，转换为国防部的标准频谱资源格式，以便更高效地使用频谱，实现数据的无缝交换。SSRF规定了国防部频谱管理系统当前和未来的数据交换机制，使各项单独隔离的作战功能（如信息保证、电子战、信号和网络空间战等）联接起来，形成一个统一整合体，同时使陆军与国防部之间交联，不仅便于检索，而且互操作性和准确性更高。EWPMT亦可通过SSRF格式生成、导入/导出和修改结构信息、射频辐射源数据特征、频率分配及功率等。

舰船电磁频谱作战规划系统（AESOP）——在海军开发AESOP（Afloat Electromagnetic）之前，水面舰艇频率计划和频谱管理由各业务领域各自进行，通信领域将频谱管理作为通信计划的一部分，使用的工具为通信计划模块（CPM）；战斗系统指挥员也独立进行频谱管理，使用的工具为电磁兼容分析程序（EMCAP）；情报（INTEL）、信息战（IW）和电子战（EW）等业务部门在制订计划过程中，也需要了解频谱使用情况。这种由各业务部门自行频谱管理的状况，造成了极大的用频冲突和资源浪费。海军为解决上述频谱冲突问题，满足频谱战略中"发展一个与实际作战应用相结合的、动态的战略频谱计划"的目标，实现"海军频谱管理需求"所确定的频谱计划能力、频谱控制能力、频谱监视与可视化能力，开始开发水面舰艇电磁频谱操作程序。

2003年，海军委托加州的Sental公司进行AESOP的研制，为参与作战的单、多舰船编队进行频谱管理，以适应未来联合作战和海上军事行动中对频谱管理的多种需求。该系统主要包括通信网络规划模块、雷达模块和参与协调模块。其中,通信网络规划模块和雷达模块用于规划编队的频率使用需求,参与协调模块用于为无线电子装备设定工作频率和工作模式。AESOP 可为海军航母打击群、两栖作战群和远征打击群提供作战频谱支持。AESOP 的重要特点是具有完备的数据库,数据库中包括了海军及海军陆战队使用的所有通信、雷达、电子战等装备的频谱特性参数,能对这些设备或系统进行电磁兼容分析、干扰预测分析并指配频率。从 2003 年 12 月发布的 AESOP 1.0 版到 AESOP 3.2 版,AESOP 实现了七项功能:雷达和战斗系统频率规划;通信频率规划;频谱规划信息自动分发;频率指配方案自动生成;最小化水面舰艇辐射器间的电磁干扰分析;打击群与沿岸辐射器之间的电磁干扰分析;完整的用频装备部署频率规划和作战辅助决策。

联合频谱数据库(JSDR)——2018 年 11 月,五角大楼开始着手建立巨型数据库 JSDR,通过友军数据传输的综合基线,使信号情报和电子战部队能轻松追踪敌人传输的数据。以国防部的其他项目为基础,JSDR 可以向全球用户提供"近乎实时"的数据,云、AI 和网络的军事应用都取决于进入和操控电磁频谱的能力。

除此之外,美国空军研究实验室(AFRL)组织开展的"频谱战评价和评估技术工程研究"和"先进频谱战环境研究"等项目,也为实施频谱战提供技术支持;美国海军研究实验室(NRL)组织开展"集成桅杆(InTop)""创新型舰载原理样机(INP)"和"电磁机动指挥与控制(EMC2)"等项目,实现从短波到 Q 波段范围内天线孔径共享,避免频率互扰和频率冲突,提高射频频谱敏捷性,为海军"电磁机动战"等作战概念提供支持。

3. 组织军地共参活动促进技术交流

美国电磁空间领域的军地专家经常进行学术方面的联系交流,通常由军方提出议题,大学、研究机构、军工企业共同参与,以高峰论坛的形式形成意见并实施。2018 年 8 月 20 日至 22 日,美国空军航空大学举行电磁频谱（EMS）领域首次高峰论坛，来自国防部、工业界、实验室和学术界等 40 家机构的 135 名专家出席了会议。会议的主题包括：挑战当前 EMS 领域的主流想法，提出各种原创性思路，鼓励采取行动恢复技术优势，以及立即解决日益扩大的新兴对手对美国及其盟国的威胁等。与会专家讨论了 EMS 领域的脆弱性和威胁，探讨了从国家、地区等层面缓解 EMS 等威胁的一系列策略。针对高峰会议提出的结论，美国空军航空大学和空军条令开发与教育中心随后成立了电磁防御特遣部队（EDTF），开展了 2 000 多小时的研讨会和模拟演习，对高峰论坛提出的见解、结论和建议进行评估，并制定了在国家、地区等层面可以迅速实施的可行性改进措施，最终形成了研讨结论总结报告《电磁防御特遣部队 2018 报告》。①

除了学术交流，美国还常常组织军地各界开展竞赛活动，吸引国内外电磁空间领域的先进技术团队参加，挖掘当下电磁空间领域先进的理念和技术，从中得到启发进而转化为新的研究发展方向。例如，DARPA 开展的"频谱合作挑战赛（SC2）"为期三年，奖金共 375 万美元。来自世界各地的竞争者聚集在约翰·霍普金斯应用物理实验室，旨在产生新的无线范式和接入策略，使得射频网利用人工智能增强技术实现自主协作，并推进如何共享日益拥挤的电磁频谱。竞争选手可利用电磁频谱电子模拟器"罗马竞技场"作为试验台——"罗马竞技场"是 256×256 信道的射频信道模拟器，可实时计算和模拟 256 个无线设备中超过 65 000 个信道的交互。

2018 年 8 月 27 日，陆军快速能力办公室赞助了"盲信号分类挑战赛"活动，要求参赛队伍利用赞助方提供的大量杂乱的无线电信号作为"训练数据"，开发出先进算法，实现信号分类。开展此活动的主要目的，是希望能够借助人工智能技术，实现电磁频谱战中电磁频谱信号的快速分选和识别。在这场挑战赛中，美国航空航天公司（Aerospace Corp.）一个由 8 名工程师组成的团队，利用信号处理和人工智能技术，

---

① 廖小刚，《美军面临的电磁威胁及对策》，国防科技要闻（公众号），2018 年 12 月 20 日。

正确检测并分类出最多的无线电信号，在 150 多支参赛队伍中排名第一，最终赢得该项赛事。

2019 年 1 月，"老乌鸦"协会组织电磁空间领域专家在新加坡召开"亚洲电子战年会"，会议主题为"亚太的创新与发展——电磁作战"，重点探讨了电子战与电磁作战的发展问题，以及如何获得电子战与电磁作战的频谱优势问题。来自军方、政府、学术界和工业界的代表进行了发言，议题包括"中国、俄罗斯和朝鲜的赛博威胁""亚洲未来的电子战挑战""应用大数据以支持军事频谱行动"等。

（三）加强武器装备建设

美军历来注重利用先进技术发展武器装备，多年来投入了大量人力财力物力开发高端武器装备、提高频谱利用率、增强电子战能力。无论是专业研究机构还是各个军种，都十分重视在技术研发期间与用户、国会和工业界的沟通，确保把最新研究成果的转化贯穿于项目始终，促进研究成果在武器装备上的应用。DARPA 为了确保武器装备的使用效能，聘请现役军官为"作战联络员"，2009 年专门成立了技术适用执行办公室，负责成果转化等工作，通过技术演示、现场试验、应用价值评估等，促进新技术在武器装备的转化应用。2015 年以前，技术适用执行办公室属于技术办公室类别，之后该办公室与新成立的航天计划办公室和远程反舰导弹部署办公室，一并纳入专项计划及技术转移办公室类别。技术适用执行办公室的主要任务就是更快、更有效地把 DARPA "改变游戏规则"的技术，转化为具备实战能力的武器装备。

各个军种为提高在电磁空间领域的作战能力，针对作战职能、结合作战需求进行武器装备建设研究，并依托各自的研究机构和实验室，联合军工企业进行技术创新研发和武器装备研制。这个过程通常会经历三个阶段：第一阶段为概念验证阶段；第二阶段为测试阶段；第三阶段为与现有装备的集成阶段。例如，空军主导了基于网络化软件定义架构（SDA）的认知干扰机与大功率高效射频数模转换器（HiPERDAC）、无源射频识别环境（PRIDE）、频谱战评估技术工程研究（SWEATER）和反电子高功率微波先进导弹（CHAMP）等项目；海军开展了海上电子战改进（SEWIP-Block Ⅰ/Ⅱ/Ⅲ）、SLQ-32舰载电子战系统、舰船信号探测装备（SSEE）、电磁机动指挥与控制、集成桅杆舰载天线、下一代干扰机（NGJ）和反应式电子攻击措施（REAM）等项目；陆军启动了电子战规划与管理工具（EWPMT）和多功能电子战（MFEW）、防御性电子攻击（DEA）和"消声器"电子战等项目。

美军始终认为，无论在哪里发生军事行动，电磁环境都将变得越来越拥挤和复杂，有效地进行电磁频谱接入是提升电磁空间作战能力的先决条件。为了保证战时作战人员能够随时随地接入频谱，美军不断改进频谱接入方式、升级电磁频谱的装备端，力求在不降低自身用频性能的前提下，尽力减少敌方使用频谱的能力，并始终致力于研发更加高效、灵活的电磁应用系统，以满足战时用频需要。

国防部频谱接入研发计划（SAR&DP）——为了促进有效的频谱接入和使用，解决频谱不足与部署困难问题，陆军开始实施该计划。该项目得到了国防频谱组织（DSO）的支持，价值约5亿美元，旨在利用军事、学术和工业部门的专门技术来开创频谱共享并提高军事频谱利用效率。其主要方案有两种：一是认知无线电方案；二是新的动态频谱接入（DSA）管理模式。其中，陆军的专项研究和开发工作的重点主要包括三个方面：电磁频谱效率、灵活性和自适应，以提升频谱接入能力；电磁频谱敏捷性，可与商业部门共享频谱并能动态转入可用频段；拥塞竞争频谱环境下电磁频谱利用的弹性和持续性，可快速恢复对电磁频谱的利用。

频谱感知战术电台（SATR）宽带组网波形动态频谱接入项目——该项目旨在实现联合战术无线电系统（JTRS）宽带组网波形（WNW）与其他国防部系统和民用系统的频谱共享，致力于开发一种技术就绪度6级的WNW样机,该样机基于WNW 4.2.1版,集成了动态频谱接入技术。项目引入一种波形未知的动态频谱接入服务,将在战术无线电中开发部署,以实现以下目标:检测频谱重用和频谱共享引起的频谱冲突;协同战场上的网络管理系统,自主或协作地动态选择某些时间和地理位置上未使用的频率来进行分配;提供与其他同地设备的频谱协调能力;支持非连续子频段通信,方便与窄频段兼容。项目达到提高频谱容量、降低频谱管理成本的目的,且可将动态频谱接入服务扩展部署于电子战系统。

动态频谱接入(DySA)协议开发项目——2016年4月22日举行的"工业日"活动上,美国空军研究实验室(AFRL)表示拟进行"动态频谱接入协议开发"。该项目旨在寻求一组政策指导规则,用于动态频谱接入使能的无线电,同时促进协议、程序和过程的开发,以使动态频谱接入技术能够集成到频谱管理(SM)程序中。动态频谱接入无线电能够做到:综合利用频谱感知和地理定位规则,自动改变无线电工作频率,从而避免干扰传统频谱用户;利用基于网页本体语言(OWL)的策略推理,多方面支持复杂频谱使用,而不用持续连接至控制数据库;可以支持定制的、特定信号的分类器;通过融合动态频谱接入相关消息与其他网络信息使上层网络最小化。

增强型无线电频谱接入(EARS)项目——2015年10月,美国国家科学基金会(NSF)注资开展该项目研究,旨在为未来频谱使用效率的提高开创一个新局面,减轻对有限频谱资源需求不断增长的压力。EARS项目尤其注重创新性和潜在转型性研究,综合考虑科学、工程、技术、应用、经济和公共政策等因素与频谱效率和频谱接入的相互影响。因此,该项目寻求跨学科的有效合作。EARS项目确定了四大挑战主题,致力于实现增强型全谱接入能力。这四大主题包括:实现频谱共享的创新性无线电硬件与接入体系架构;和谐共存的异构无线技术;自动检测机制和一致性认证方法的开发;科学服务频谱接入。EARS项目涉及多个研究领域,包含各种技术和应用,如科学利用商业服务频段的使能技术、频谱计算技术、同时提高瞬时频谱效率和全系统频谱效率的创新方法、频谱共享背景下的安全和保密解决方案、频谱共享系统验证、新型可升级的基于测量的频谱管理技术、频谱资源共享经济模型等。

全球电磁频谱信息系统（GEMSIS）——由美国国防信息系统局组织研制，旨在促进频谱作战由预先计划、静态频率指配向动态、即时响应和敏捷能力转变，最终目标是支撑美军形成认知、自同步频谱运用模式，实现随时随地按需频谱接入。

三、美军电磁空间作战指挥与行动

美军电磁空间作战以电子战和频谱管理为基础，以联合电磁频谱作战为实现方式，目标是在电磁空间作战环境中达成电磁频谱优势。为了获得电磁频谱优势，美军逐步完善电磁空间作战指挥体系，制定电磁空间作战流程，并创新性地提出多种电磁空间作战样式，为电磁空间作战理念在联合电磁频谱作战行动中如何落地，提供了制度保障和技术指导。

（一）作战指挥体系

作战指挥体系以联合电磁频谱作战为实现方式。联合电磁频谱作战的组织机构负责为指挥官和司令部制定及发布政策指示与行动指南，进行作战计划制定、作战实施、行动协调和作战评估。

首先，联合作战部队指挥官指派电磁频谱控制负责人承担联合电磁频谱作战总职责。电磁频谱控制负责人委派一名主管统一指挥联合电磁频谱作战单元（JEMSOC）。JEMSOC是联合作战部队内部专门负责电磁频谱作战的常设机构，其核心成员是相关领域的专家，涵盖电磁频谱感知（如信号情报搜集管理、电子战支援）、通信（如电磁频谱管控、频率分配）、攻击（如电子进攻）和管控（如电磁频谱数据库管理、电磁建模）。JEMSOC包括中心主管、数据融合与分析部门、计划部门、作战部门和评估部门等，其架构如附图6所示。

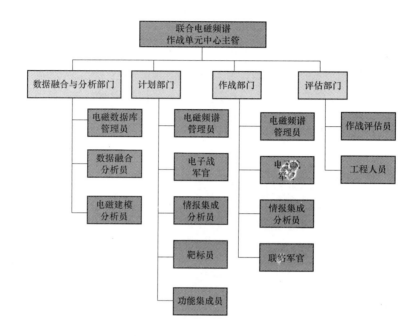

附图6 美军联合电磁频谱作战单元（JEMSOC）

其次，联合作战部队的各军种设立电磁频谱作战分部，各下辖一个电磁频谱作战分队，承担集成网络电磁作战、电子战和频谱管理行动的职能，分别为陆军的电子战军官所辖网络电磁行动分队、海军的海上作战中心电磁频谱作战分队、空军的空中作战中心电子战协调单元、海军陆战队战斗开发与集成司令部的下属网络空间与电子战协调单元、多国部队联合参谋部作战处所属的合同电子战协调单元。美军联合电磁频谱作战组织机构如附图7所示。[1]

---

[1] 常壮、孙书兴、孙健、丁竑，《美军电磁频谱作战发展综述》，知远战略与防务研究所（公众号），2018年5月3日。

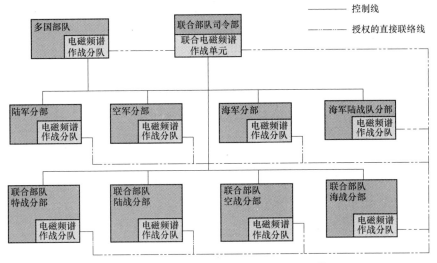

附图7 美军联合电磁频谱作战组织机构

(二) 作战指挥流程

作战指挥流程主要包括制定评估方案、制定作战附录、生成控制计划和生成控制序列等。

第一步，由作战计划制定人员制定参谋部评估方案，在分析和制定行动方案时确定电磁频谱支持度，作为达成电磁频谱优势的战略基础；第二步，在行动方案选定后，制定联合电磁频谱作战附录，描述作战全阶段的任务、优先事项、政策策略、流程步骤和实施程序，在联合作战域使用电磁战斗管控系统建立协调措施、具体程序和交战规则，同时，联合部队各分部报送各自电磁频谱作战计划并集成到该附录；第三步，在计划制定与行动实施期间，联合电磁频谱作战单元加强各分部电磁频谱作战计划，并参与各分部需求制定、优先事项确立、作战集成与行动协同，生成一份电磁频谱控制计划；第四步，调整更新电磁频谱控制计划，启动联合电磁频谱作战实施，生成指导联合部队电磁频谱使用的电磁频谱控制序列。美军联合电磁频谱作战流程如附图8所示。

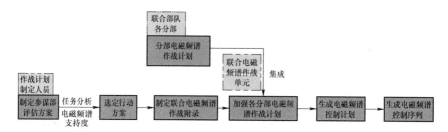

附图 8 美军联合电磁频谱作战流程

(三) 主要作战样式

为更好地实施电磁空间作战,美军提出了"低至零功率"电磁频谱战、电磁频谱机动战、认知电子战等多种作战样式。

1. "低至零功率"电磁频谱战

CSBA 在《电波制胜:重拾美国在电磁频谱领域的主宰地位》研究报告中首次提出了"低至零功率"作战理念——在战场上将尽量少使用或不使用主动发射电磁信号的系统,以确保己方各类设备不会暴露自己。"低至零功率"作战理念主要涉及以下几类系统:低功率电子对抗系统,如利用网络化低功率诱饵对敌方传感器实施抵近式干扰;低截获/低检测概率(LPI/LPD)传感器,如无源雷达与多基地雷达、无源相干定位系统。

美军提出"低至零功率"作战理念,源于随着其"全球战略"的全面推进,现有的电磁频谱战思路已难以为远程兵力投送提供持续、可靠的电磁优势。电磁优势丧失主要表现在三个方面:第一,由于远程作战,敌方可利用本土优势构建功率更强、性能更优的电磁频谱战系统,而美军远征部队只能使用功率较小、更为便携的电磁频谱战系统,从而导致在有源对抗中功率及性能都无法占据优势;第二,对手的"反介入/区域拒止"威胁范围不断扩大,将迫使美军只能从更远距离开始作战,从而需要使用更高功率的有源传感器和对抗设备来保持电磁优势,但无止境的追求大功率在技术角度上是难以实现的,同时在战场上高功率辐射也意味着高概率被发现;第三,美军认为其电磁频谱能力缺乏敏捷性,装备性能参数基本固定，频谱使用受管理条款制约，导致电磁频谱战系统难以实现灵活地调整其工作频段或信号波形，而对手早已针对美军的电磁频谱战系统特点部署了针对性的对抗系统，致使美军将难以获得频谱优势。

面对上述挑战，美军认为应优先部署"低至零功率"网络和对抗措施（如附图9所示），采取无源工作或低截获概率的工作方式，寻求在电磁频谱中获得更大的作战优势，并进行了三种设想：利用无源和多基地发现敌方部队；利用反射能定位敌方部队，即利用来自敌方通信系统、电视和无线电广播等非协作电磁辐射源来定位目标；综合运用网络化、分布式、低功率干扰系统破坏敌方电磁频谱行动，以求在敌"反介入/区域拒止"包络内顺利行动。①

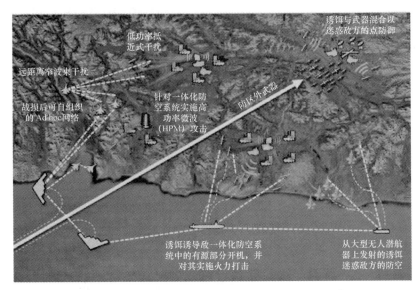

附图9 美军"低至零功率"电磁频谱战构想图②

---

① 罗金亮、王雷、杨健、陈林，《美"电磁频谱战"作战概念解析》，中国电子科学研究院学报，2016，11（5）。

② 图片来源：https://ss2.baidu.com/6ON1bjeh1BF3odCf/it/u＝672773106,3544782819&fm＝27&gp＝0.jpg。

2. 电磁机动战

电磁机动战（Electronic Maneuver Warfare，EMW）指在电磁环境中的机动作战，通过拒止敌方进入和使用电磁频谱，同时积极控制己方对频谱的使用，创建电磁环境中的整体作战优势，以达到扰乱敌方杀伤链、优化己方杀伤链的目的。在2015年1月发布的《美国海军科技战略》中，EMW被列为海军未来九大重点科技领域之一。

在2015年3月发布的《21世纪海上力量合作战略》文件中，美国海军正式对EMW的概念进行了明确，强调了发展的必要性，并把EMW作为海军遂行"全域介入（All Domain Access）"功能的重要组成部分之一。"全域介入"是指美军拥有自由进入全球公域——网络空间、太空、天空和海洋的能力，即美军向这些区域投送军事力量的能力，并保持充足的行动自由以确保有效作战。EMW的基本原理，是在电磁作战环境中获得机动自由以及对变化环境的适应速度，以保持己方的信息优势。高度电磁敏捷将为部队在严密防护或复杂电磁环境中提供机动能力，使部队能够选择与敌交战的最佳时间、地点和手段。此外，还能使部队的反应比敌方更快，迫使敌方在不利的电磁环境中进入防御状态。

《海军正在创造新的电子战略——电磁机动战（Navy Forges New EW Strategy Electromagnetic Maneuver Warfare）》中认为，EMW就是在"电磁作战管理系统（Electromagnetic Battle Management）"的协调下，所有武器平台在搜集敌人信号并将信号传至电磁作战管理系统的同时，调节自身电磁波发射来欺骗和干扰敌人。EMW概念中包含了以下三项共识：第一，"干扰"不再是传统武器的"赋能器"，其本身就是一种武器。利用电磁波的"机动"特性进行的"干扰"或"欺骗"行动，其作战效果在某些方面已经取代了动能武器，甚至比单一的动能武器产生的作用还要大。例如，一艘诱饵船通过发射航空母舰级别的大功率电磁信号，就可能误导敌人把它当作一艘航空母舰来看待，从而产生很好的欺骗效果。第二，"被动探测"是EMW的基础。现代战争中每个武器平台都会发射电磁波，充分利用"被动探测"能最大限度地获取武器平台的全方位信息，获得基本的信息情报。第三，每个作战平台都应该成为 EMW 的组成部分。只有把每个平台的电磁作战模块都有效利用起来，探测敌方电磁信号或实施电磁欺骗，EMW 才能发挥最大效能。

3. 认知电子战

人工智能和大数据技术蓬勃发展，成为电子战升级换代的最大推动因素，而雷达技术的飞速发展和新型雷达的不断涌现，也在倒逼电子战必须加快转型。认知电子战从概念走向实践，在技术研究深化升级的同时正逐步实现平台应用。美军自 2009 年起开始将认知概念引入电子战领域，形成认知电子战概念，并通过 DARPA 开展了认知电子战的先期研究。

认知电子战技术将认知科学的成果与电子战技术结合，在传统电子战系统中增加目标认知、智能决策、自主学习等功能，实现电子战智能化。首先从原始传感器的大量数据中提取有关目标电磁信号的知识，然后实时或近实时制定出电子战攻击的最优化策略，最后对攻击效能进行评估，再根据评估结果调整下一次的攻击策略，通过不断重复以上过程实现自适应对抗各种目标。

认知电子战的核心技术包括三个部分，对应了作战过程的三个阶段：信号知识学习、攻击策略制定和攻击效果评估。DARPA 于 2010 年 11 月、2012 年 7 月先后启动"行为学习自适应电子战（BLADE）"和"自适应雷达对抗（ARC）"两个认知电子战项目。基于 DARPA 的认知电子战技术成果，海军于 2016 财年启动"反应式电子攻击措施"项目，目标是在海军电子战装备上应用认知电子战技术。2018 年，海军分别授出两份认知电子战技术研发合同，表明该技术在海军已转入研发阶段。

认知电子战主要具有三个方面的优势。第一，能够补足探测能力短板。认知电子战技术运用机器学习、人工神经网络等算法提取信号特征，通过开发新模型根据信号行为推理信号源的功能，颠覆了传统电子侦察仅依靠信号物理特征识别目标的方法。认知电子战技术在

EA-18G 上的应用将提升美海军的电子侦察能力，提高侦察未知的灵巧、捷变信号的能力，补足目前电子侦察装备的能力短板。第二，能够提高干扰欺骗效能。认知电子战技术摒弃传统的手册式干扰措施制定方法，能在战场环境中灵活根据电磁环境、威胁信号特征，选择合适的干扰措施进行压制、欺骗。这种方法改变了传统电子战需要预先在实验室针对已知信号设计干扰措施的模式，使电子战装备在作战时更加灵活地对抗已知和未知威胁，提高电子战效能。第三，能够增强装备自主作战水平。认知电子战技术利用战场对抗效果评估算法分析电子战措施的效能，根据反馈结果调整干扰措施，作战过程无须人工参与，提升了装备自主作战的水平。这种闭环模式可使电子战装备的作战效率大幅提高，尤其是在复杂电磁环境中，能及时调整干扰措施，充分发挥电子战装备的能力。

第二节 俄罗斯电磁空间领域创新发展

俄罗斯十分重视电磁空间领域创新发展，并基于电磁空间对国家安全和经济发展的重要性，不断加快建设步伐，精心进行军事布局。经过多年发展，俄罗斯电磁空间领域的创新发展体系、创新发展模式以及作战力量建设日趋完善，尤其是电磁空间领域军事实力得到了全面增强，成为俄罗斯现代武装力量的王牌之一，引起了世界各国的高度关注。

一、俄罗斯电磁空间领域创新发展体系

俄罗斯紧盯国际局势变化，加大对国防工业体系的调整力度，建立了适应市场、符合需求、利于发展的国防工业体系，并依托于本国的国防工业体系全面推进电磁空间领域创新发展体系建设，主要包括宏观管理体系、产业结构体系、企业组织体系、国防科研体系和

军品贸易体系等。

（一）宏观管理体系

为加强对国防科技工业的管理并适应市场经济发展，俄罗斯一直在对其原有管理体制进行调整和改革，总体趋势是：国防科研和生产的规划与费用管理权以及军工产品的出口权逐步向国防部集中，国防科技工业管理体制由多个国防科技工业部门的设置向国家综合部门融合。俄罗斯于1997年撤销了国防工业部，将其大部分职能移交给经济部，少部分职能移交给国家邮电和信息委员会。1999年成立了弹药管理局、常规武器管理局、舰船制造局、控制系统管理局和航空航天局，这五个局接管了经济部的国防工业管理职能。鉴于核工业的特殊性，核工业由原子能部独立领导和管理。

管理机构分为国防部和其他政府部门两个系列（如附图10所示）。国防部系列为：总统—国防部—总装备部—各军种装备技术部—相关生产科研机构，主要负责国防工业科研规划、费用管理、采办预算及采购等，并逐步实现对武器装备科研和生产的统一管理，推行在竞争基础上的合同订货体制；其他政府部门系列为：总统—国家安全会议—联邦工业科学技术部—五个国防局—相关生产科研机构。另外，俄罗斯还组建了民间性质的"俄罗斯国防企业联盟"，该联盟在议会中占有席位，代表各个国防企业的利益。通过议会，同与国防事务有关的委员会、政府部门及军方保持接触，同时也是有关国防工业问题的重要咨询和协调机构。

为规范装备的研制和生产，总装备部明确规定：装备从意向性项目到论证、设计、生产、验收等程序，都要严格按照市场规律分阶段进行；科研设计工作改为招标制，选择性能和费用最理想的产品设计方案，不准采购陈旧的系统；通过生产厂家与用户直接联系的办法来供应部分军用产品；只有各军种的订货主管部门有权签订国防产品的合同；在采购工作中必须保证武器装备的标准化和通用性，等等。

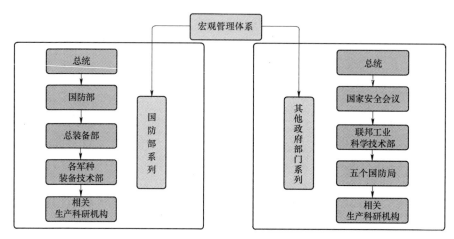

附图 10　俄罗斯国防科技工业宏观管理体系

（二）产业结构体系

俄罗斯拥有苏联时期约 70%以上的军工企业、80%的科研能力、85%的军工生产设备和 90%的科技潜力，国防工业基础雄厚、体系庞大、门类齐全，具有十分强大的科研及生产能力，是能够生产所有武器及武器零部件的国家。现有国防工业企业约 1 630 家（不含原子能部所属企业），军事科研机构约 650 家，从业人员 300 多万人，其中科技人员 60 多万人。[①]

除了生产核武器、生物武器和化学武器等特种生产部门，国防工业产业结构体系可分为九大类：第一类是生产各种作战车辆的企业；第二类是生产炮兵武器的企业；第三类是生产步兵武器的企业；第四类是生产火箭和导弹武器系统的企业；第五类是生产 C^3I 系统的企业；第六类是生产弹药和弹头的企业；第七类是生产各种空战兵器（包括各型军用飞机和直升机）的企业；第八类是生产海战武器（包括航空母舰）的企业；第九类是生产航空器材的企业。

其中，第五类企业是电磁空间领域的主力军。在 1950 至 1960 年期间，苏联将研制和批量生产无线电电子战技术装备的任务，赋予了

---

① 俄罗斯国防科技工业体系及其特点，http://www.360doc.com/userhome/30123241，2016 年 11 月 5 日。

在短时间内建立起来的无线电电子企业，各类技术人员在研制和生产中付出了巨大努力，掌握了复杂的无线电电子战系统。这些企业历经磨难，最终形成科技合力，成为俄罗斯掌握电磁空间领域核心技术以及装备研制、生产的重要企业。

（三）企业组织体系

经过十几年的改革，俄罗斯国防工业体系的所有制结构发生了重大的变化，逐步形成了一个由多种所有制形式并存的混合型经济体系，主要包括三大类。第一类是以军品为主的国有制企业。这类企业由国家重点保护，是各个军工行业中的骨干企业，数量约为700家，约占总数的43%，其中超过三分之一的企业禁止股份制化。第二类是军民品并重的国家参与的股份公司。此类公司在生产军品的同时，积极扩大民品生产，大多数公司的民品生产比例超过公司产值的一半以上。国家拨款占比为20%~25%，其余的经费来源主要是依靠军品出口、生产民品及与国外合作研制新产品。这类企业目前约为470家，约占总数的29%，其中超过三分之一的公司禁止出售国有股份。第三类是完全私有化的企业。此类企业一般是一些规模较小的、在军工生产中未占有重要地位的军工企业。这类企业的产权为私人所有，已完全私有化，数量约为460家，约占总数的28%。对于此类企业，政府只依据合同进行拨款。

其中，涉及电磁空间领域的企业有很多，从企业装备研发制造的类别上看，大致分为：陆基无线电电子战技术装备研发制造企业、海基无线电电子战技术装备研发制造企业和空基无线电电子技术装备研发制造企业三大类。[①]

1. 陆基无线电电子战技术装备研发制造企业

陆基无线电电子战装备研制的历史始于1950年。当时被称为"无线电扰乱装备"的研制任务，交给了苏联无线电技术工业所属的企业

[①] 本部分主要参考：知远战略与防务研究所，《无线电电子战：从昔日的试验到未来的决定性前沿》，2016。

和研究所。就在同一时期,苏联成立了专业生产地面无线电电子战系统的两家关键企业。目前,俄罗斯主要的地面无线电电子战装备专业研制和生产企业包括:梯度全苏科学研究所股份公司、量子科学生产联合体股份公司、布良斯克电动机械厂股份公司。

梯度全苏科学研究所股份公司——1947年成立于顿河畔罗斯托夫,时称"梯度中央设计局"。1981年改名为"梯度全苏科学研究所"。1999年成为联邦国有单一制企业,2011年改为开放式股份公司。目前属于俄罗斯国家技术集团公司下属的无线电电子技术康采恩,关键的研发生产领域包括:地面电子战技术装备试验样品;无线电技术侦察站试验样品、技术监视装备、引信干扰装备;电子战部队练习系统、部队和分队自动化指挥系统。另外,该公司还是目前最先进的国产电子战系统"克拉苏哈–2""克拉苏哈–4"的主导研制单位。

量子科学生产联合体股份公司——1958年成立,是主要的机动无线电技术侦察和机载雷达对抗系统制造商之一。目前属于俄罗斯技术国家集团公司下属的无线电电子技术康采恩。该企业生产"克拉苏哈–2"电子战系统和配备侦察模块的"莫斯科–1"自动化设备系统,以及"汽车运输公司–M"改进型无线电技术侦察系统。除了军用产品,还生产各种民用产品,例如照明发光二极管设备。

布良斯克电动机械厂股份公司——1958年成立,最初定位为军用地面电子战装备的主要量产厂,是苏联时期制造地面电子战系统、无线电监视和无线电技术侦察站、卫星信息接收和处理系统的主要企业,还生产机载雷达部件等。至今为此,该厂仍是最大的电子战系统制造商,批量生产"克拉苏哈–4"电子战系统、炮弹无线电引信干扰站和"支架"检修站等。

2. 海基无线电电子战技术装备研发制造企业

苏联时期的海军领导人十分重视无线电领域的对抗。1940年代末至1950年代初成立了海军科学研究所(第14科学研究所),该研究所完成的理论研究、试验设计等为俄罗斯一系列的科学研究奠定了基础。目前,俄罗斯主要的海基电子战技术装备研发制造企业包括:塔甘罗格通信科学研究所股份公司、罗斯托夫仪表厂股份公司、机器制造设计局开放式股份公司等。

塔甘罗格通信科学研究所股份公司——1958年在原莫斯科第10科学研究所塔甘罗格分部的基础上成立，之后改为独立的第406科学研究所、塔甘罗格通信科学研究所，2011年改为开放式股份公司，2015年改为股份公司。该企业于1970年开始研制新一代无线电设备，十多年后被赋予海军复杂多功能自动化设备和系统主导研制单位的角色，目前所研制的项目包括MP-411有源干扰站、TK-28多功能电子压制系统、TK-25舰载电子压制系统，以及第五代舰载多功能无线电电子战系统和装备等。

罗斯托夫仪表厂股份公司——1963年成立，成立时名为201邮箱单位，之后改名为仪表厂，1986年改为罗斯托夫仪表生产联合体。该企业从成立之日起，大规模生产了200多种无线电技术装备系统，用于装备各种战舰，俄罗斯海军有35艘以上的战舰装备了该企业生产的设备。该企业研制的MP-405-1E新型无线电电子系统已经通过试验并开始批量生产。

机器制造设计局开放式股份公司——该企业的历史与列宁格勒卡尔·马克思工厂（原"新列斯纳"工厂）联系在一起。1926年在该厂成立了"军事处"，负责为水面舰艇和潜艇设计鱼雷发射器，1957年改为"机器制造设计局"，2005年改为开放式股份公司。该企业是为本国海军和外国海军研发岸基导弹系统和干扰施放系统的主要企业，在近半个世纪里，研制了120余种反舰和反潜武器，所研制的系统已经装备了世界27个国家的海军。

除此之外，还有涅沃斯封闭式股份公司，主要负责研制、生产和改进无线电电子战装备和自动化指挥系统；航向中央科学研究所，是作为造船部门舰载无线电电子装备主导系统设计机构成立的；边缘科研生产企业开放式股份公司，从事海军岸基和舰载无线电电子战系统的修理与改进；应用物理研究所开放式股份公司，是海军可抛投无线电电子压制器材的主要研发机构；浪潮工厂科研生产联合体开放式股份公司,致力于研发、批量生产和改进电子战系统。

3. 空基无线电电子战技术装备研发制造企业

空基无线电电子战技术装备和系统的研制历史始于1947年。当时的无线电定位委员会由无线电电子学和控制论奠基人之一A.I.伯格院士担任主席,发布了涉及对雷达探测装备进行干扰的一系列报告。目前,俄罗斯主要的空基电子技术装备研发和制造商包括:卡卢加无线电技术科学研究所股份公司、屏幕科学研究所股份公司、斯塔尔波尔信号无线电厂开放式股份公司、卡卢加无线电技术设备厂股份公司等。

卡卢加无线电技术科学研究所股份公司——1957年,在A.I.伯格院士的倡议下成立了苏联国防部第108中央科学研究所卡卢加分部。该分部在1967年1月1日改为现名,此前也被称作25787部队。1991年成为国家级企业,2009年并入俄罗斯技术国家集团公司下属的无线电电子技术康采恩,之后改为开放式股份公司,2014年改为股份公司。

屏幕科学研究所股份公司——1949年成立,专门研制航空无线电技术设备,抵御机载导弹和防空导弹的飞机及直升机的无线电电子、光电防护系统。在苏联时期研制了飞机上的各种无线电技术设备,但主要专业方向逐步转向研制用于防御装备光学自导头的导弹的飞行器激光光电防护系统。近年来该企业取得的关键技术成果之一是研制了ABRL拖曳式有源雷达诱饵。该企业的另一个专业方向是研制、生产用于在前半球和(或)后半球针对装备雷达自导头的导弹为飞行器提供单机防护的一次性干扰发射装置。

斯塔尔波尔信号无线电厂开放式股份公司——1971年根据苏联时期无线电工业部部长的命令在斯塔夫罗波尔市成立,目前是俄罗斯最大的空基无线电电子战装备批量生产厂。1977年开始批量生产空基无线电电子压制站和地面无线电电子战技术装备的配套设备。1993年改造为开放式股份公司并私有化。2012年起,无线电电子技术康采恩成为该厂最大的股东。

卡卢加无线电技术设备厂股份公司——1983年在卡卢加无线电技

术科学研究所试验厂的基础上成立，主要业务方向是按俄罗斯国防部和其他权力部门的订货生产试验样品，以及小批量生产复杂的特种无线电技术系统。

（四）国防科研体系

国防科研体系配套完善，具备十分强大的自行开发、研制、设计和生产各种武器装备的能力。与苏联时期相比，俄罗斯更趋向于国防部统一归口管理，国防部掌握武器装备发展的规划计划权、费用管理权以及采购权，主要通过招标制向国防科研院所、设计局、军工综合体和生产企业等下达相关任务。

国防部武装力量装备部是实施武器装备科研和生产的政府执行部门。各军种均设有装备技术部，其任务是根据本军种的需要，进行武器的战术和技术论证，向国防部武装力量装备部提出战术技术任务书，围绕部队的装备需求开展预研工作，以及对投产前的新武器装备进行严格的试验等。除国防部外，总统对国防科研体系总负责。俄联邦委员会所属的"安全与国防问题委员会"和国家杜马所属的"国防委员会"，也对国防科技发展战略以及军事装备和生产等问题提出决策性意见。

国防科研体系主要包括四类科研机构：第一类是国家级科研机构，主要包括茹科夫斯中央空气与流体动力学研究院、巴拉诺夫中央航空发动机研究院、全俄动能物理科学研究院联邦研究中心、全俄航空材料研究院、格格莫夫飞行试验研究院等共 11 家。这类科研机构是国防科研各领域的主要力量，其所需经费约 3/4 由国家拨款，其余的基本依靠自筹。主要承担前瞻性强的国防科研重大项目的研究，对设计局提出的设计方案进行国家级鉴定，对武器装备的性能、安全性作出权威性的最终结论，编制国家国防科技发展大纲，制定标准和其他一些国家规定性文件等。第二类是为各行业服务的部门级国防科研机构。属于国防科技各相关专业领域的科研机构，不由国家拨款，其研究经费主要通过合同方式获得。第三类是各企业集团自身的科研机构。主要围绕产品型号设计和生产开展研究，经费主要来源于企业。第四类是大学科研机构。主要进行基础性研究，并且以合同方式承接国防企业和研究院的科研项目。

（五）军品贸易体系

军品贸易体系经历了从集中到放权，又逐步走向集中与放权相结合的改革调整过程。2002年俄罗斯的出口额迅速增长，其销售额占世界军火贸易总额的36%，成为世界最大军火供应商。为统一管理对外军贸，消除利益之争，提高与外国军事技术合作特别是军品出口的效率，普京政府于2000年将对外军事技术合作的职能划归国防部承担，形成了"联邦总统—联邦国防部—对外军事技术合作委员会—国防出口公司—企业"的纵向管理格局。并且，将国家武器和技术兵器进出口公司与工业出口公司合并，成立了俄罗斯国防产品出口公司，集成80%以上的国防产品的出口额。在加强集中的同时也进行了适当的放权，允许一些小型军贸公司和军工企业发挥作用。

当前，世界无线电电子战装备市场在世界军贸市场中发展极为迅速，平均年增长率为5%左右。其中，有源对抗装备、探测装备、防护装备的占比约为20%、50%、30%；陆基、海基、空基的电子战系统的占比约为20%、40%、40%。俄罗斯虽然在电子战装备方面发展迅速，却也仍然面临着与美国、英国和以色列等国家的行业领先者竞争。为了确保本国的军贸优势，2007年成立了"俄罗斯国家技术集团公司（Rostec）"，众多行业内的科研生产机构在"康采恩"控股机构框架内实现了联合；2009年1月发布了关于成立"无线电电子技术康采恩"的命令，并进行了股份制改造。"康采恩"成立了统一的贸易采购平台，大幅减少了不必要的开支，降低了部门发展的预算负担，当前已经在世界无线电电子装备市场中占有一席之地。俄罗斯的这一举措，牢牢巩固了其在世界军贸市场中的地位。

二、俄罗斯电磁空间领域创新发展模式

俄罗斯在电磁空间领域的技术和装备水平始终处于全球领先地位。从平台来看,实现了陆、海、空、天等领域全维覆盖;从功能来看,侦察、测向、定位、干扰等系统一应俱全。这与其独特的创新发展模式密不可分。俄罗斯电磁空间领域创新发展模式主要包括:持续优化电磁空间战略力量布局、研发新型装备确保电磁作战优势和注重通过实战应用检验装备效能等。

(一)持续优化电磁空间战略力量布局

在"新面貌"改革开始之后,俄罗斯充分吸取教训、不断创新突破,多年来,持续优化电磁空间战略力量布局,逐步加强在陆基、海基、空基的电子战系统部署,积极做好应对国际国内的困难威胁和挑衅挑战的全面准备。

1. 部署陆基电子战系统

2017 年 3 月,移动式电子战系统"摩尔曼斯克–BN"(如附图 11

附图 11 "摩尔曼斯克–BN"电子战系统[①]

---

① 图片来源:https://graph.baidu.com/thumb/v4/527960663,2813489201.jpg。

所示）部署在克里米亚地区，此系统当时刚具备作战能力，能力范围包括部分黑海海域和乌克兰全境。该系统可实施无线通信侦察、测向、定位、干扰，可自动监测5 000公里范围以内的HF（高频）电磁辐射，并进行拦截干扰。"摩尔曼斯克–BN"专门用来干扰HF通信系统，包括"HF全球通信系统（HFGCS）"。HFGCS作为一套全球联网的收发系统，为美国及其盟友的军用飞机和舰船以及地面设施提供指挥、控制和通信服务。"摩尔曼斯克–BN"被视为针对美国及北约网络中心战战略的一种不对称反制措施，主要用于破坏信息环境、阻止对手接收和发送指挥信息及全球定位信息。

2017年4月，国防部宣布将于2018年接收电子战旅智能自动指挥系统RB-109A"勇士赞歌"，这是一套完全自动化的系统，部署后会自动连接营和连级指挥所、上级司令部甚至独立的无线电电子对抗站，并将实时共享情报和下达作战指令。"勇士赞歌"可以在没有操作员参与的情况下实时分析战区形势，在数秒内独立选择和识别目标，随后选择最有效的手段压制干扰对手，并保护己方通信。

2. 部署海基电子战系统

2017年4月，国防部宣布北方舰队首次接收"斯威特"和"撒马尔罕"新型电子战系统。这两个系统主要是对现役"摩尔曼斯克–BN"机动电子战系统进行补充，系统的主要任务包括：监视并评估电磁频谱；与其他机动和固定信号情报/电磁情报系统协同，对无线电信号进行瞬时探测、分析与定位；采用软件、电子装置和其他手段来诱骗和误导敌方平台与系统，使其远离既定目标。"斯威特"和"撒马尔罕"新型电子战系统已成功安装并使用在巡洋舰、反潜舰、导弹舰和驱逐舰等大部分水面舰船上。

3. 部署空基电子战系统

2017年6月，俄罗斯无线电电子技术集团（KRET）高层表示，其开发的"希比内–U"机载电子战系统（如附图12所示）开发已进入收尾阶段。"希比内–U"机载电子战系统是改进的新一代机载防御辅助系统，是"希比内"系统的改进型，其覆盖频段、可干扰的对象种类等参数均较之前一代有所提升,可识别、分类、压制威胁,并有效保护载机。

附图12 "希比内-U"机载电子战系统[1]

陆军部署"里尔-3(Leer-3)"基于无人机的新型电子战系统。"Leer-3"以"海雕-10(Orlan-10)"侦察无人机(如附图13所示)为主要作战载体,通常由三架无人机和一台位于KamAZ-5 350卡车上的指控站组成,这三架无人机的主要功能是利用其机载专用干扰设备来干扰手机基站,并可将其接管成为虚拟蜂窝站,继而向网络用户发送虚假信息。此外,它们还可以将侦察到的信号传回地面。

附图13 "海雕-10"侦察无人机[2]

---

[1] 图片来源:https://ss1.baidu.com/6ON1bjeh1BF3odCf/it/u=2198726372,3239347832&fm=15&gp=0.jpg。
[2] 图片来源:https://ss1.baidu.com/6ON1bjeh1BF3odCf/it/u=2712259727,3337067023&fm=27&gp=0.jpg。

（二）研发新型装备确保电磁作战优势

电子战装备被笼罩上"超级武器"的光环，电子战力量也逐渐从幕后走向台前。为确保电磁空间作战优势，俄罗斯不断加强电子战系统的技术研发进度和装备生产力度，与电子战相关军事装备的生产率提升了约30%，电磁空间战力快速发展壮大。

"藤蔓（Liana）"电子侦察卫星项目——近几年，国防部连续开发"藤蔓（Liana）"电子侦察卫星项目（如附图14所示），该项目基于20世纪70年代建造的海上太空侦察目标指示卫星系统。"藤蔓"由四颗卫星组成，包括两颗"荷花-S"卫星和两颗"芍药NKS"卫星，这些侦察卫星通过组网方式构建起一个侦察星座网。其中，两颗"莲花-S"已分别于2009年和2018年升空。该电子侦察卫星项目的主要功能是定位来自地面与海面固定站或移动站的无线电辐射信号，四颗卫星的分工有所不同："莲花-S"主要负责侦察地基目标，用于监听全球无线电通信，电子侦察专家也可以利用截获的信号对各种设施和军用平台实施定位、特征分析和目标瞄准；"芍药NKS"则主要负责侦察海基目标，用于海上情报监视，可帮助海军对敌方舰只进行定位和目标瞄准。

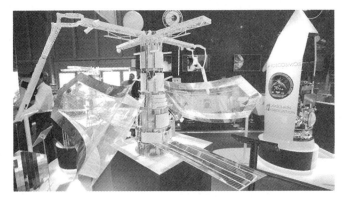

附图14 "藤蔓"电子侦察卫星项目[①]

---

① 图片来源：https://ss2.baidu.com/6ON1bjeh1BF3odCf/it/u=972935901，1747950201&fm=15&gp=0.jpg。

"刺实植物"新型电子侦察卫星——由国防部与信息卫星系统公司联合试制设计,由航天系统公司负责研制地面控制系统。这种独特的产品可以发现雷达站、无线电转播器、导弹发射和其他军事装备的辐射,其机载设备会拦截和分析电子设备发送的信息。"刺实植物"这一类的电子侦察卫星,大幅提升了俄军的侦察实力,辅助俄军获得全世界任何地方的活动情报。

"伐木人"新型干扰机——在现代作战中已得到广泛应用,主要用于干扰雷达、通信网络和导弹制导系统。俄罗斯的"伐木人"新型干扰机被认为是世界最有效的电子战飞机之一,可对敌方空防系统无线电辐射进行自动探测,抑制强烈的干扰并使其雷达信号失真。近年来,俄罗斯加快了研制新型干扰装备的步伐,2018年7月公布了进行"伐木人2"的研发计划,备受世界各国瞩目。这种新型干扰机具备全新的机载设备,可以对地面、空中、海上目标以及卫星实施电子压制,并且可能具备报废敌方用于保障地面导航和无线电通信的卫星的能力。

(三)注重通过实战应用检验装备效能

在2008年与格鲁吉亚的武装冲突中,格鲁吉亚在军队数量、武器装备以及作战力量等方面都处于绝对劣势,但由于俄军过于轻敌,并且在战争爆发的最初几小时里未合理使用电子战作战力量,在一定程度上导致了数架苏-25歼击轰炸机和图-22M远程轰炸机被击落。同时,由于电子战作战力量与其他部队配合失误,导致俄军在目标识别、情报侦察和空地支援等方面也出现了诸多问题。

俄军充分吸取战场教训,在电子战系统研制过程中十分注重与实战需求相结合,并通过军事演习、战场应用等检验创新成效、发现装备缺陷。曾在原属于苏联的区域进行了一系列的战略演习,在演习中大量使用了最新研制的电子战装备。在2016年的演习中就对10余件新型电子战装备进行了测试;在乌克兰和叙利亚战场上,分别对冷战时期的电子战装备和新型电子战装备进行了测试。

总参谋部十分重视自动化电子战系统、机动电子战系统的新技战术性能试验工作。在顿巴斯冲突中，俄军将大量电子战装备驶入乌克兰境内，为测试检验电子战装备提供了良机。在整个冲突期间，大规模地运用电子战支持作战行动，使用机动性高的战术电子战大队，并对新的电子战算法进行了试验。2017年，基于在乌克兰冲突中获得的经验教训，在军内发布了新的电子战手册。

2018年，"季拉达–2（Tirada–2）"地面电子战系统在乌克兰东部开展测试，用于干扰经常在该区域活动的美制RQ–4B"全球鹰"无人机的控制信号和视频画面。同年8月，将研制的最新型的"频谱电子战（EW）"系统装备部队。该系统以 AMN–233114"虎–M"装甲车（如附图15所示）为平台，能够对空中电子设备进行侦察，对地面设备进行光电、通信和雷达侦察。2020年4月，又宣布将继续研发新的电子战系统，作为现有防空系统的补充，主要用于对抗高超声速武器、保护重要的军事和民用设施。

附图15 "虎–M"装甲车[①]

———————

① 图片来源：https://5b0988e595225.cdn.sohucs.com/images/20180428/3801606bd4ae4991884c065af6a1a664.jpeg。

三、俄罗斯电磁空间作战力量

俄罗斯将电子战作为获取电磁空间领域主动权的主要手段，强调运用电子战应对西方国家的军事优势，赋予电磁空间作战力量的主要职能是：对敌方目标和系统控制装备进行电子攻击以对抗敌方的技术侦察手段，同时对己方部队实施电子防护。电子战部队由指挥机关、合成部队（旅）、直属部队（团）及其下属单位（营、连）组成，包括各军区电子战部队、各兵种和各部门合成部队（军、师、旅），是无线电干扰战略和系统技术控制（相当于电子防护）统一系统的一部分。目前，俄罗斯电子战的主要兵力和装备集中在地面部队、空天部队和海军，以及各军区的联合部队。

顶层设计上，总参谋部设立了电子战指挥总部以完成电子战内部协同，推动电子战装备全面升级，为电子战部队与其他部队的结合提供更好的支持。电子战指挥总部的主要职能包括：负责电子战资产的长远建设和发展；管理与电子战和电磁频谱相关的日常事务，针对外国的技术侦察行为采取防护行动，确保电磁兼容；负责与军用无线电系统防护相关的国际法律问题。

实施层面上，在军事机构中成立了许多电子战局，作为电子战部队总部和下级电子战资产之间的主要联系通道，以具体实施电子战指挥。例如，在此之前陆军电子战归属于陆军情报侦察部队，电子战的地位并不独立。2013 年，陆军重新设立了电子战局，全面管理电子战事务。此外，空降兵部队也成立了电子战局。

（一）陆军电子战作战力量

陆军电子战作战力量主要是独立电子战旅和电子战连。2009 年至 2016 年，陆军先后成立了 5 个独立电子战旅。其中，4 个独立电子战旅分别隶属于 4 大军区的联合战略司令部（北方军区未配备独立的电子战旅）；部署于坦波夫的第 15 独立电子战旅（也被称为"机动旅"）由 4 个营组成，直接隶属于总参谋部电子战指挥总部。

此外，陆军大型作战编队中还有电子战连，其在战术层面提供电子战战斗支持，担负具体的作战任务——完成电磁频谱整体态势感知以降低敌方指挥控制效能；提供针对精确制导弹药和遥控简易爆炸装置的防护。所有新机械化步兵或坦克旅/师都配有电子战连。

陆军力量结构编成拟为 10 个新型作战师，形成"师+旅"的战场配置。其中，坦克师除了火力团，还配备了电子对抗营和无人机分队，作为独立作战单元。

（二）海军电子战作战力量

海军电子战作战力量主要是独立电子战中心、部署于舰船和潜艇的舰载单个或组合电子战系统。

独立电子战中心位于岸上。海军四大舰队均设电子战中心。其中，太平洋舰队下设两个电子战中心，其他舰队各有一个电子战中心；里海地区舰队未设电子战中心，但有一个附属综合技术控制单位。一个电子战中心至少包含两个电子战营，并可能包含一个独立电子战连；一个营负责执行战略任务，另一个营则可能负责战术任务。

舰载单个或组合电子战系统主要为雷达告警接收机和电子对抗装备。

（三）空天军电子战作战力量

空天军电子战作战力量主要是隶属于 5 个空防集团军（AADA）中的至少 4 个独立电子战营、电子战直升机特遣队、电子战飞行特遣队和综合技术控制部队。所有陆军航空兵团和旅都拥有一个电子战分队。俄罗斯空天军为其各种战机配备了电子战装备和系统。

（四）空降兵电子战作战力量

空降兵电子战作战力量主要是电子战连。空降兵共配备 8 个电子战连，每个师或旅配备 1 个，并且在师级和旅级部队成立电子战局。俄罗斯原计划于 2021 年内，在所有空降兵部队内组建无人机分队，进一步增加地面电台的通信范围，除完成空中侦察外还要帮助部队完成电子战任务，最终每个空降师、空降突击师以及独立空降突击旅内都将组建无人机连或排。

（五）战略火箭军电子战作战力量

战略火箭军电子战作战力量主要是综合技术控制单位。"综合技术控制（KTK）"通过监测和控制辐射来降低敌方技术侦察和目标瞄准效能，担负两大任务：一是辐射控制。对电磁辐射进行管控，确保不会因为电子系统使用不当而暴露己方部队和军事目标。二是确保电磁兼容性。旨在避免电子系统因互扰而导致系统性能下降。所有军、师、团三个级别的战略火箭军都设有综合技术控制单位。

第三节　其他国家和组织电磁空间领域创新发展

欧盟以及日本、印度等国也纷纷基于实际需求，通过打造跨国军工企业、鼓励军民两用技术创新、加强与发达国家合作等多种方式进行电磁空间领域创新发展。

一、欧盟

欧盟各国的国防建设进度差异较大，在国防产业链中的位置存在重叠与交叉。如果仅凭一国之力，欧盟各国很难在电磁空间领域立于世界先进之列，为此，欧盟内部依托欧盟国防科技产业体系，鼓励跨国合作、激发企业活力，并不断加强欧盟内部军事合作，走出了一条"军民一体化"的创新发展道路。

(一)创新发展体系

单一的欧洲国家人才有限、资源有限、需求有限,成为限制实现全面强大国防的重要因素。欧盟在 2007 年的《欧洲防务技术与工业基础战略》中,提出了欧洲防务技术与工业基础的一体化建设战略,就此拉开了欧盟国防科技一体化发展的大幕。欧盟各国在科研政策、国防工业、人才培养三个层面进行积极合作,在"军与民"的发展次序上进行了改革调整,从民用技术合作逐步过渡到军用技术合作。

法国率先从法律和会计制度上实现军民通用,去除军用采购和民用采购之间的差异,同时考虑国防政策与经济社会政策,强调优先发展军民两用技术,鼓励国防科研和工业界进行合作;德国以合同方式将武器装备委托给民间企业和科研机构,以合同的方式将国防科研纳入市场体系;意大利也是欧盟军民一体化的支持者,其采取的主要措施是缩减国防经费预算,以及加强国防科技的国际合作等。

(二)创新发展模式

欧盟各国的电磁空间领域创新发展模式主要是依托跨国合作推动企业协同研发生产、发挥中小企业作用助力国防科技发展等。

1. 依托跨国合作推动企业协同研发生产

欧盟强调防务技术与工业基础的一体化建设,而不是简单地对各国现有的防务技术和工业基础进行叠加。各国都十分重视与欧盟其他国家的双边和多边合作,通过各种合作进行武器装备共研、提高武器装备性能,并制定了一系列措施推动跨国合作,尤其是国家间军工企业的协同研发、生产研制。

以法国、德国和意大利为主导,军工企业实现了形式多样的跨国合作,甚至成立跨国集团公司针对复杂技术和先进装备进行合作。例如,法国将核心技术的采购竞争分为三类:第一类,完全依靠本国研制生产。此类装备涉及法国绝对核心能力，主要有战略核系统，用于国防的化学、生物和放射物以及核心技术等。第二类，欧盟共享。此类装备主要是通过与欧盟其他国家或可依赖国家合作获得。第三类，世界范围内获取（所占比例极少）。此类装备不影响欧盟战略和核心利益，可以在世界范围内选择最合适、最划算的产品。

2. 发挥中小企业作用助力国防科技发展

欧盟在国家层面上整合资源，提出建立开放式的产学研结合的研究机构，指引国防科技走向军民两用发展道路。比如，法国国防部和研究部进行科技合作并设立常设机构；德国国防部在科研规划的基础上确定参与国防科研工作的民间研究机构的军工行业总目标和任务，并协调机构间的工作。除此之外，欧盟大力发挥民营企业在国防中的作用，鼓励发展军民两用技术，采购民用现有产品，鼓励中小企业专注于新技术的发展应用，发挥其专业性强、灵活性高的特点，促进其成为欧盟重要的装备与技术供应商、创新技术的推动者和国防工业发展不可或缺的重要组成部分。

为发挥中小企业作用，欧盟采取了一系列举措，包括：从法律层面保障中小企业在国防科技发展中的地位；针对中小企业制订具体项目计划和创新基金，给予资金支持；在武器装备采购方面制定便于中小企业进入国防供应链的政策；国防需求信息尽量透明，为中小企业提供公平竞争的环境；在大型企业和中小企业之间建立合作关系，帮扶中小企业发展等。

（三）欧盟电磁空间作战力量

欧盟各国十分重视发展电磁空间作战力量，致力于研制各类新型电磁空间作战武器装备，改进升级本国的电磁空间作战系统。其中，英国于1973年1月1日正式加入欧共体（1993年改为欧盟），于2020年1月31日正式脱离欧盟，在近50年的时间里，英国与其他成员国一起推动了欧盟的电磁空间作战力量建设，并发挥了十分重要的影响和作用。

1. 英国

英国紧跟电子战发展方向和电子战作战需求，深入研究电子战新概念，探索电子战新技术，通信侦察、通信干扰、雷达对抗侦察、雷达干扰、激光告警等技术水平处于世界前列。英国的电子战装备种类齐全、数量较多，且地面、机载、舰载电子战装备的发展各有特色，在电子战装备领域的实力不可小觑。

英国典型的地面雷达侦察设备主要有"巴比肯"电子战系统、"亮眼"电子战系统、"乌鸦座"电子情报系统、"哨兵"电子战支援系统、"鼯鼠"电子战支援系统、"海岛猫鼬"电子战支援与电子情报系统等。这些雷达侦察设备自动化程度高、频率范围宽，具有较高的截获概率和灵敏度；干扰机主要有"阿波罗"雷达干扰机、英国宇航公司的红外干扰机、"留卡机载通信干扰系统"等；舰载电子战装备功能比较齐全，基本实现了系统内综合一体化，典型型号有"弯刀""佩刀"和UAT电子战支援系统以及"教练—2020"综合电子战系统等。

2. 德国

德国研制了基于多种平台的信号情报、电子干扰和电子防御等电子战系统。电子战装备主要来自普拉特公司（Plath GmbH）和雷神德国公司，其中，Plath GmbH 的历史可以追溯至1837年。Plath GmbH 于1954年由著名的无线电测向技术专家 Dr.Maximilian Waechtler 注册成立，擅长于通信频段电子战系统的开发，其装备涵盖天线、接收机、测向设备、分析仪、解调器和专门的软件工具等，这些部件可以集成到电子战系统中。

2017年欧洲电子战大会上，Plath GmbH 展示了一系列采用最新接收机、计算机和天线技术的 COMINT 装备。COMINT 的分析结果能够为战略情报提供支撑，包括长期评估、路线确定、明确趋势和更新辐射源数据库等；雷神德国公司在大会上展示了最新研制的"先进雷达探测系统（ARDS）"。ARDS 系统采用最新的数字化接收机技术，频率范围为 0.5~40 GHz，是商用现货硬件上使用软件定义系统，成本低且便于升级维护。德国拟使用 ADRS 替代"狂风"等战斗机上的模拟辐射源定位系统。①

3. 意大利

意大利的电子战设备主要来自意大利电子公司（ELT）和莱昂纳多公司（Leonardo S.p.A）。

ELT 提供的电子战装备主要有陆基电子战支援/电子情报系统（ES/ELINT）、雷达和通信干扰机，海军水面战舰电子战系统和 RESM 系统、机载雷达干扰机，雷达告警接收机、电子战支援系统以及应用于固定翼平台和直升机的定向红外对抗系统（DIRCM）。ELT 在承担大量国内项目的同时积极开拓国外市场，开发和应用先进的技术，如数字接收机、固态有源阵列、数字射频存储器和"交叉眼"干扰技术等。在数字接收机领域，其专用生产线据称可以提供高采样率的模数转换、高灵敏度和信道化的频谱分析。该公司也参与了欧洲主要武器平台的研发，包括"台风"战斗机（如附图 16 所示）、"地平线"护卫舰、NH-90 直升机、"狂风"战斗机、EH101 直升机、"幻影 2000"战斗机（如附图 17 所示）等。

附图 16 "台风"战斗机②

---

① 战略前沿技术（公众号），《欧洲各国电子战装备发展状况》，2018 年 3 月 14 日。
② 图片来源：https://ss1.baidu.com/6ON1bjeh1BF3odCf/it/u=2047719787,1187752576&fm=27&gp=0.jpg。

附图 17 "幻影 2000"战斗机①

Leonardo S.p.A 是欧洲机载电子战领域的领导者，主要是为飞机提供可靠的防护能力。例如，"禁卫军（Praetorian）"防御辅助子系统部署在"台风"战斗机上，Praetorian 系统具备电子战支援能力和电子干扰能力，并配备了拖曳式诱饵系统。

2017 年，Leonardo S.p.A 推出新款"亮云诱饵""亮云 218"，可由标准曳光弹套筒发射，适用于 F-15、F-16 等战斗机。"亮云诱饵"能够对抗先进的雷达制导导弹及跟踪雷达，为飞机提供有效的防护手段。同时，结合"亮云诱饵"和"先知（SEER）"雷达告警接收机，又推出一种自卫型电子战产品——"耀眼（BriteEye）"。BriteEye 在雷达告警接收机中增加软件，使其在完成对威胁雷达的探测和识别后，能够自动采取对抗措施控制曳光弹发射器，发射"亮云诱饵"，增强飞机平台的自我防护能力。

4. 法国

法国作为欧洲军事强国，其军事电子工业位居世界先进行列，具备完整和独立的军用雷达、通信及电子战等各类军事电子系统的研制和生产能力。

---

① 图片来源：http://inews.gtimg.com/newsapp_bt/0/7890662172/0/0。

法国电子战装备主要来自泰雷兹集团（THALES）。THALES 是法国最大的防务类机械电子科技公司，也是欧洲第一大战斗系统（包括侦察系统、火控系统和操纵系统）生产集团，提供的产品包括多军种的通信和雷达电子战支援系统（CESM/RESM）、通信情报和电子情报系统（COMINT/ELINT）、防御辅助系统（DAS）和威胁告警系统。THALES 为法国武装部队提供技术与装备支持。例如，将 ASTAC 吊舱系统集成到空军"幻影 2000"战斗机上；开发一种基于 A400M 军用运输机的滚装式信号情报能力，以更换当前的"加百利（Gabriel）"战术信号情报平台。

5. 瑞典

20 世纪 60 年代早期，瑞典国防研究机构（FOA）开始实施电子战相关计划，并在 2001 年与其他国家的研究机构合并形成了瑞典国防研究局（FOI）。FOI 主要研究射频对抗、电子支援、信号情报、红外对抗和高功率微波技术等电子战技术。

瑞典大多数的电子战装备由萨博防务与安全公司（Saab Defence and Security）制造。Saab Defence and Security 提供机载干扰物投放器、无人机载辐射源定位系统、BOW 雷达告警接收机、HES-21RES/ELINT 系统以及一系列战斗机、直升机和民用客机防御辅助系统等电子战装备。

2017 年，Saab Defence and Security 推出"鹰狮"战斗机（如附图 18 所示）新型电子战系统——"阿瑞克西斯（Arexis）"电子战自卫系统。Arexis 充分利用了飞机的全数字架构，通过集成干扰机、RWR 以及 AESA 雷达，形成了强大的电子战能力，能够进行智能噪声干扰、相干假目标和多种饱和干扰等。其核心技术包括超宽带数字接收机、数字射频存储、氮化镓有源电扫阵列干扰发射机和干涉仪测向系统等。[①]

[①] 战略前沿技术（公众号），《欧洲各国电子战装备发展状况》，2018 年 3 月 14 日。

附图 18 "鹰狮"战斗机[①]

二、日本

日本国防科技工业的道路是"先民后军"。多年来,在日本政府大力支持下,日本的民用科技十分先进发达,国防科技工业门类齐全、水平先进、底蕴深厚,有力地支撑了电磁空间领域创新发展。

(一)创新发展体系

日本的电磁空间领域创新发展根植于强大的国防科技工业基础之上,构建了军地一体化的宏观管理体系、军工企业体系和国防科研体系。

1. 宏观管理体系

宏观管理体系建立在"官、军、民"三位一体基础之上(如附图 19 所示)。"官、军、民"分别是政府、防卫省和民间企业行会。其中,政府内阁总理大臣及其主持的安全保障会议和内阁会议,负责制定国防科技工业的重大方针政策、规划计划等;防卫省下设防卫政策局、

---

① 图片来源:https://ss1.baidu.com/6ON1bjeh1BF3odCf/it/u=295171562,741863600&fm=15&gp=0.jpg。

运用企划局、经理装备局、技术研究本部以及陆海空参谋本部等机构，代表军队根据政府的方针，以合同方式对武器装备的生产和采购进行归口管理，并对军内的科研工作实行计划管理，但没有管理民间企业军工生产的职能；民间企业行会作为连接军工供、需双方的中介机构，如防卫装备协会和经济团体联合会等，上对政府和军方提出意见并影响有关决策，下对业界发挥自我管理作用。[①]

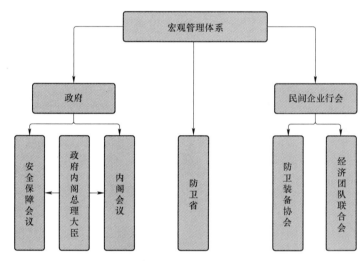

附图 19　日本国防科技工业宏观管理体系

2. 军工企业体系

虽然没有国营军工企业，但日本大力发展民用科技、扶持民间企业，将民间企业的先进技术和研发成果率先转换为军事应用。当前，日本的民间军工企业具备建造舰艇、飞机、坦克、火炮、导弹以及军用通信电子器材的能力，技术水平世界领先且军民转换时效性高。颇具规模的军工产业团体包括兵器工业会、防卫技术协会、防卫装备协会、航空航天工业协会和造船工业协会等；大型军工企业包括三菱重工、三菱电机、川崎重工、东芝公司和日本电气等。日本拥有 2 500

---

① 日本国防科技工业体系及其特点，http://www.360doc/userhome/30123241，2016 年 11 月 5 日。

多家从事军品生产的企业,防卫省以合同方式委托相关企业研制生产武器装备,即由防卫省采购实施部根据武器采购需求,利用价格竞争原则选择生产企业。

为保障武器装备的质量,防卫省在选择供货商时非常严格,并在经费与投资上有所倾斜,这也导致了民用企业在参与军品提供上竞争激烈,军工生产向大企业倾斜。因此,日本从事军品生产的企业很多,但订购合同却主要集中在以三菱重工为首的几家大企业,所承包的军品合同额占防卫省合同总额的 60%以上,其他中小型企业一般通过承包、分包方式获得生产权,为这些大企业生产零部件和一些小型武器装备。其中,大金工业和防卫省技术研究本部第一研究所是炮弹制造商;三菱重工、川崎重工和防卫省技术研究本部第三研究所是导弹制造商;三菱重工、东芝公司和富士重工等企业是战机制造商;三菱制钢是装甲防弹钢板制造商;TDK 是战机隐身涂料制造商;三菱电机不仅是雷达和火控制造商,还是军用通信产品和军用弹道计算机制造商。这些大型企业始终保留着制造军品的机器、生产线和厂房等设施,并定期进行检测维护,以备在需要之时能迅速进行军品生产,做到了真正意义上的"寓军于民"。

3. 国防科研体系

政府一方由内阁总理大臣管理国防事务,通商产业省管理国防工业,通商产业省下设的机械情报产业局制定和实施国防工业方面的法规和政策,机械情报产业局下设的飞机和武器处负责航空产品和武器的研制管理;防卫省通过合同方式实施武器装备研发采购以及相关科研工作的计划管理。防卫大臣是武器装备发展和采购计划的最高决策层;民间企业和科研组织一方则通过民间工业行会与政府和军队沟通协调。民间工业行会同时为国防工业企业的国际间合作提供帮助;军事科技研究一般不脱离民用单独进行,但大部分的科研机构都具备从事军事科研的能力。日本科研机构主要由四部分构成:企业界研究开发机构、国(公)立科研机构、民间科研机构和各大学科研机构。

"技术研究本部"是防卫省国防科研计划的管理机构,依据相关防卫政策和装备发展规划，调动军地双方的科研力量共同进行生产研制，在军队和民间不断吸纳武器装备发展所需要的技术，以保障装备发展规划的顺利实施。"技术研究本部"在业务上受装备局指导，业务研究分为技术研究和技术开发。技术研究包括武器装备的技术调查、基础研究和应用研究；技术开发包括涉及陆、海、空自卫队武器装备的设计、试制和试验。

"综合科学技术委员会"依据国家发展战略确定重大研究领域并制定国防科研生产计划，对国防科研活动进行方向性指导。多年来，日本在国防领域的研究开发、资金投入等方面都保持着较高水平，在国防科研特别是新兴技术研发方面的投入远远超过英国、法国和德国等国家，仅次于美国。特别是从20世纪末期开始，始终致力于提升信息技术的研发能力，每年的军费有相当大的一部分用于国防科研投入，科研经费每年的增长比例始终保持在10%以上。

（二）创新发展模式

日本以"寓军于民，先民后军"的理念谋求创新发展，几乎将所有的武器装备生产隐藏于民间企业之中。为此，日本始终将民间企业的长远发展置于重要地位，并形成了独有的创新发展模式。

1. 依据创新发展需求进行人才配置和机构设立

日本民间企业科研力量强大、技术水平先进，甚至能够提供所有的武器装备生产，相关部门采取了多种方法和手段来协调政府、军方与民间企业的武器供需关系，尽力维护三者之间的平衡状态。

首先，每年把相当数量的、级别较高的自卫队退役官员安排到有关企业担当要职。企业的订货量越多，所接纳退役官员也越多，这些退役官员不仅能够帮助民间企业进行有效组织和管理，同时能够帮助民间企业保持对军品需求的敏感性。其次，成立民间军工中介组织，如兵器工业会、经团联军工（防卫）生产委员会等，这些民间机构在防卫省和企业之间协调关系、化解矛盾。再次，在各大企业设立专门的军工生产机构，这些机构专门负责与防卫省的有关人员联络协调。例如，日立制作设有"军事技术推进本部"，住友重工设有"军事工业综合室"，日立造船设有"舰艇武器本部"等。

2. 结合创新发展条件进行自主研发与技术引进

日本鼓励民间企业在发展高新科技的同时引进国外先进的武器装备或制造技术。其中，对本国基础薄弱、技术差距大、难以自行发展的项目或自行研制周期长、耗资巨大的项目，争取从国外引进技术，在国内自行生产；对于需求量小，国内不必组织生产的武器装备，则强调从国外尤其是科技强国进行购买。日本也从各国引进了一些先进的电磁空间作战装备，比如，从以色列引进了 SPS-2000 雷达告警和识别系统，该系统在 0.7~18 GHz 频段工作，能在密集的电磁信号环境中，对防空导弹制导雷达、高炮火控雷达和空中截击雷达的连续波、高脉冲重复频率和低功率信号进行检测和识别，并能自动启动干扰箔条/红外诱饵投放系统，与具有功率自动管理能力的有源干扰机组成一体化电子战系统。

3. 利用创新发展资源进行军工企业系列化发展

为了能够在竞争中形成合力，日本逐步推动军工企业系列化发展。这是日本企业的一种特有形式，以各大银行为核心、以综合商社为事业开拓者，形成了以环状或相互持股为主要资金来源，以众多中小型企业为依托，由多家企业相互联结形成产、供、销一条龙的特大型企业集团。多个企业在一个集团内相互支持、互通情报、输送人才、传输经验和交流技术，假如某一企业有军工生产需求，企业集团内部便可以集中力量给予支持或帮助这个企业出色地完成任务。这种相互扶持的创新发展模式，大大增强和提升了国际竞争力以及军工企业的生存适应能力。

民间企业在国防工业领域贡献突出，在电磁空间作战方面同样功不可没。依托国内大型民间企业所拥有的强大国防科研能力，大力推进在电磁空间领域的军事力量建设，并全面发展进攻型的武器装备。当前，很多民间企业所生产研制的多种电磁空间武器装备已经部署于日本自卫队。例如，三菱电气公司生产的 J/APR 系列雷达告警接收机，现役的 J/APR-4 工作频率为 9~10 GHz，能够在密集信号环境中工作，具有处理同时输入多种信号的能力和较强的适应能力，其改进型 J/APR-4A/-5/-6 信号处理能力更优。

（三）电磁空间作战力量

日本十分注重电磁空间作战力量建设，同步推进电子战部队建设与电子战武器装备发展。

在电子战部队建设方面，在陆上自卫队新编电磁作战部队，并在防卫省设立专门机构，以提高电磁空间作战的计划和协调能力。2018年12月，出台《防卫计划大纲》，将电磁空间领域与太空和网络领域并列为安保新领域，并同期出台《中期防卫力量整备计划》。在两个文件的指导下，防卫省开始进行一系列机构建设。机关层面，在整备计划局信息通信科设立"电磁波政策室"，负责相关计划立案和其他部门的协调工作。在统合幕僚监部指挥通信系统部设立"电磁领域计划班"，负责电磁领域联合运用相关计划立案；部队层面，在新设陆上自卫队之外，强化海上自卫队的"信息业务群"，增加包括电磁信息在内的信息分析能力。[1]

在电子战武器装备发展方面，致力于升级改造现役主力作战飞机的电子战能力，研究和开发对峙电子战飞机、大功率电子战设备、高功率微波设备以及电磁脉冲等武器装备。2018年初，在航空自卫队空中发展与测试大队所在的岐阜空军基地进行了新型 ELINT 飞机首飞，且计划采购 4 架新型 ELINT 飞机并部署在入间空军基地。新型 ELINT 飞机电子战性能优越，巡航速度为 890 公里/小时，飞行高度可达 1.22 万米，航程 7 600 公里，安装 ALR-X 系统。

ALR-X 系统包括接收设备、处理设备、显示设备以及 11 种接收天线（包括 5 种接收天线和 6 种测向天线），具有以下特点：一是 ALR-X

---

[1] 杨继威，《日本自卫队新设电子战部队》，中国国防报（公众号），2020 年 8 月 14 日。

接收天线分别安装在机头、飞机前部和尾部机身的上端、机身两侧和机尾,能够同时搜集多个目标的数据;二是 ALR-X 具备多波束和多接收信道功能,远程测向精度得到提升;三是 ALR-X 能够远程搜集电磁信号,接收的频率范围宽,通过采用新型软件,能够搜集所有类型的数字调制信号;四是 ALR-X 可跟踪周边飞机的位置以及敌我属性,并通过卫星通信向预警机或地面的预警中心传输数据。同时,新型 ELINT 飞机配备自动分析处理设备,可以机上处理数据,通过缩短地面处理时间从而缩短战斗时间。

三、印度

印度作为第三世界的军事大国,从 20 世纪 90 年代开始重视增强本国国防科技工业基础的实力,通过多年努力逐步完善和壮大国防科技工业,其国防科技工业体系颇具典型性。在电磁空间领域也形成了独有的创新发展模式,拥有了较强的电磁空间作战力量。

(一)创新发展体系

印度建立了由内阁、国防部和军种国防部各局逐级负责的宏观管理体系,形成了由国有企业组成的企业组织体系,创建了国防部统管研究与研制的国防科研体系。

1. 宏观管理体系

宏观管理体系较为完善,建立了内阁、国防部以及军种与国防部各局的三级规划计划体制(如附图 20 所示)。内阁一级设"国防计划委员会",是国防事务的最高决策机构,负责从宏观上就国防与经济建设问题向最高当局提出政策建议;国防部主管国防科研和生产,其下设的国防部长委员会、国防研究与发展委员会、国防生产与供应委员会等,负责处理有关国防科研和军工生产等重大问题。国防部还设有"国防计划协调执行委员会",具体负责审查和监督国防规划计划方案,并帮助协调与落实;军种与国防部各局分别设立计划小组负责本军种和各部门计划的制定和检查工作。国防部下设国防研究与发展局和国防生产供应局,负责军工生产和国防科研生产的组织管理工作。此外,电子部负责军用电子产品的研制与生产;原子能部统一负责核武器和民用核技术的科研、试验和生产管理;航天部负责军用航天和民用航天工业的管理;导弹的研制与生产则由国防部管理。

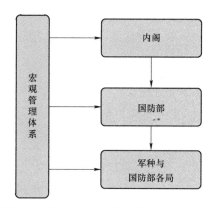

附图20 印度国防科技工业宏观管理体系

2. 企业组织体系

与日本相反,印度的国防工业企业完全是由国防部生产供应局统一管理的国有企业。兵工厂由国防生产供应局下属的兵工厂委员会管理,国有国防企业由国防生产供应局直接管理。但是,也并非完全屏蔽私营企业,私营企业可以同国有国防企业公平竞争军品合同。印度国防部曾指出,如果私营企业已具备某种军工生产能力,将不再在国有国防企业中重建这种能力。印度将国防工业分为兵器、军用航空、导弹和航天、舰船、军用电子和军用核工业六大部分,国有国防企业的生产部门齐全,产品种类涵盖陆、海、空领域的武器装备,包括常规武器和战略武器。

3. 国防科研体系

国防科研体系分为四级。第一级是国防部,国防部设立了国防生产供应局和国防研究发展局来组织和管理国防科研。第二级是国防研究发展局，该局负责制定军队武器装备的研究发展计划，管理国防研究与发展组织，拟订有关管理工作条例，提供武器装备科研方面的咨询服务，负责与国外军事科研机构的联系与合作。同时，该局直接管理国防研究发展组织。第三级是国防研究与发展组织，该组织下设各种研究所，从事航空、电子、武器系统、舰船技术、工程设备、材料、生命科学、系统分析与训练和信息等方面的研究工作。同时，该组织还承担型号项目和预先研究项目的研究任务，负责确定、促进和协调军内外部门、机构提出的研究与发展规划及科研活动。第四级包含国防部所属兵工厂、国有国防企业及数百家大学和若干私营公司。这些机构和组织也都不同程度地参与国防研究与发展工作。①

（二）创新发展模式

20世纪90年代起，印度调整了武器装备发展战略，更加重视增强本国国防科技工业基础的实力，力争实现武器装备研制和生产的国产化。印度注重利用国际合作和军事交往实现创新发展，一方面大幅削减军贸进口开支，另一方面提出了"努力获取技术，争取联合研制，面向亚洲市场，积极扩大出口"的方针政策。

1. 在多元引进基础上实现武器装备本土化

近年来，印度逐步减少武器装备的进口，更多地立足于引进先进技术或与国外搞联合研制，但部分先进的大型常规武器仍主要依赖进口。总体来看，在国防科技上走的是"引进—仿制—改造—创新"的发展道路，在学习外军先进科技的基础上力争实现武器装备"本土化"。

引进——综合分析各家优劣，从多个国家引进武器装备，包括先进的电磁空间武器装备。将引进的武器装备进行结合，扬长补短，形成自身的战斗力。

---

① 印度国防科技工业体系及其特点，http://www.360doc/userhome/30123241，2016年11月5日。

仿制——在引进装备的基础上,做好人员培养,掌握相关技术,对装备部件进行仿制。仿制过程中,首先采用进口原料进行仿制,然后再使用本国材料进行仿制。

改造——仿制之后对引进的武器装备进行适应本国需求的改造。

创新——在仿制、改造的基础上进行不断创新,研制出国产新一代武器系统。

在实现武器装备"本土化"的过程中,逐步建立起国防科技工业和国防科研队伍,提高了武器装备的国产化和现代化水平,为建立现代化的高技术科研生产体系、实现武器装备的完全自给奠定了技术基础。通过借助别国之力提升本国国防科技水平是一条"捷径",但是,如果过度依赖这条"捷径",则会限制原始创新的动力和能力,最终也只能跟跑于后、受制于人,难以实现跨越式发展和突破。

2. 在军地合力基础上实现核心技术的突破

为增加国防科技竞争力、突破核心技术,印度组合各方力量进行联合攻关,并允许私营企业参与国防生产。一方面明确私营企业可以参与国防合同的竞争,另一方面国防企业可以增加民品生产。同时,政府沿用在科技发展领域的"多方合力攻关"策略,由政府出面,组织相关的研究机构联合起来构成难题攻关研究网,集中优势力量攻关。比如,在攻克电子战技术难关时,政府组织以国家电子工业部门、国防科研组织所属国防电子研究所、印度斯坦航空工业有限公司和印度电子有限公司为主体的国防电子技术研究网,集中各个部门的优势技术力量突破了一些核心项目。

印度的信息网络安全主要依靠本国网军,主要任务是维护信息网络安全、应对与防范信息网络攻击,是国家计算机应急反应的重要执行力量。印度网军由国家技术研究所和国防情报局组建,在国家主导的基础上十分注重利用民间力量和民间资源。例如,网络安全防护系统的开发,就是由政府安全部门牵头,组织军队、各大院校、各大科研机构以及民间技术公司联合参与研发的。除此之外,还利用民间信息安全机构跟踪分析网络安全态势，聘请民间信息技术公司开展网络侦察，在维护信息基础设施、政府机构以及军队内部的网络安全等方面，充分利用了民间技术资源，发挥了军地合力的巨大优势。①

3. 在调整优化基础上实现科研水平的跃升

为发展本土国防科研，印度调整产业结构、加大投入力度，持续刺激国防产业发展。政府在严格管理的基础上，发挥市场作用、激发产业活力，采取了以下主要措施：一是扩大国有国防企业私有股的持有比例；二是对于经营不善的国有国防企业实行股份制改造；三是对于效益低下，运营状况不好的国有国防企业，实行兼并重组甚至拍卖给私人经营，等等。这些措施使得印度的国防工业去除沉疴，避免资源浪费，同时也增强了创新活力。经过调整之后的国防工业，从注重计划转变为计划和市场并重。其中，军用高技术装备由兵工厂总监处负责生产，军民两用的技术则采取招标的形式，依靠私营和联营企业生产。

为提高军事实力，印度从财力、政策和人力多方面支持国防科研建设。财力方面，在国防费实际增长不大的情况下，不断提高国防科学研究和技术开发的投入；政策方面，特别强调突出重点，采取相应措施对急需发展的高科技产业给予扶持。例如，政府采取的特殊政策很大程度上推动了印度计算机产业的发展，并取得了举世瞩目的成绩；人力方面，招收未毕业的大学生作为储备人才进行培养，为科研人员增加薪金、提供住房补助、改善生活条件，以及为科研人员从事国际技术交流及事业发展创造有利条件等。

（三）印度电磁空间作战力量

印度十分重视电磁空间作战力量建设，从以色列等国引进大量的先进电子战装备，并积极开展电子战装备的本土化进程。随着本土化

---

① 张启蒙、王兴高、谢晓华，《周边国家军队加强网络空间安全的主要做法》，外国军事学术，2013（7）。

的电子战装备陆续装备部队，其作战水平也实现了大幅度提升。电磁空间作战力量主要包括：陆军典型武器系统、海军典型武器系统、空军典型武器系统和军队典型电子战支援装备。

1. 陆军典型武器系统

陆军典型武器系统主要是"萨姆尤科塔（Samyukta）"电子战系统（如附图21所示）。该系统由DRDO、Bharat Electronics Ltd、印度电子公司和印度军队信号团以及多家单位共同联合研发。Samyukta是印度最大的电子战项目，可以应对来自陆地和空中的威胁，其卓越性能主要体现在：作战半径大，整个系统安装在145辆军车上，能够覆盖方圆150~170公里的地域；频率覆盖范围宽，从高频到毫米波（MW），可对该频段内的所有通信和雷达信号进行监视、分析、拦截、测向、确定位置及实施干扰；通信与雷达功能兼备，每套Samyukta系统部署3个通信单元和2个非通信单元（雷达等），实现通信和侦察等功能，既实施电子战支援，也实施电子战干扰；具备宽频带干扰能力，装备的Rotman透镜多波束干扰阵列天线，具有宽带干扰能力，可以在X-Ku频段对敌方实施干扰。

附图21 "萨姆尤科塔（Samyukta）"电子战系统[①]

---

① 图片来源：https://ss0.baidu.com/6ON1bjeh1BF3odCf/it/u=1408775747,2682636725&fm=27&gp=0.jpg。

2. 海军典型武器系统

海军典型武器系统主要有 Ajanta 电子战系统和"桑拉哈（SANGRAHA）"电子战项目相关武器系统。

Ajanta 电子战系统，由印度巴特拉电子设备公司研制。Ajanta 电子战系统有两个型号，Ajanta（P）Mk I 型和 Ajanta（I）Mk I 型，都分别在海军进行了部署。Ajanta 电子战系统能够提供综合电子战能力，P 型为电子战支援系统，I 型既拥有电子战支援能力（ESM），也拥有电子干扰能力（ECM），抗干扰系统与干扰系统相配套，组成综合电子战系统。Ajanta 电子战系统配有 1 500 个辐射源参数数据库，数据库比较完备。

SANGRAHA 电子战项目是海军负责的本土化电子战产品项目，由 DRDO 牵头研制，巴拉特公司负责生产。该项目研制了 5 种用于不同平台的电子战系统，可以装备战舰、潜艇、直升机和航天器。例如，用于"卡生莫夫"空中预警直升机（如附图 22 所示）和"印度豹"直升机（如附图 23 所示）的"风筝"系统。

附图 22 "卡生莫夫"空中预警直升机[①]

---

① 图片来源：https://ss1.baidu.com/6ON1bjeh1BF3odCf/it/u=3302801798,3636848278&fm=15&gp=0.jpg。

附图23 "印度豹"直升机[①]

3. 空军典型武器系统

空军典型武器系统主要有"暴风雨（Tempest）"电子战系统和LCA战斗机电子战套件。

Tempest 电子战系统是印度国防航空电子研究所为米格战斗机开发研制的综合电子战设备，包括"平静"雷达告警接收机、"塔兰"雷达告警接收机和"大象"电子干扰吊舱。该系统具有以下特点：具备多种干扰模式，系统可进行阻塞式、连续波和脉冲转发式干扰；飞行中可编程，灵活性强，可以在战机飞行过程中重新编程以快速适应新的作战环境，优化系统配置，形成新的更强的战斗力；时频空联合管理，通过频谱、时间和空间三个维度联合调度的创新技术，实现了机载多模雷达、自卫干扰机和航空电子设备的电磁兼容问题和频谱管理问题。

LCA 战斗机电子战套件是空军部署在 LCA 战机上的电子战装备，由 DRDO 和以色列国防部 MoD 联合开发。该套件旨在构建先进的统一电子战系统，已在安装在 Tejas 飞机的一类型号上进行了

---

① 图片来源：https://ss0.baidu.com/6ON1bjeh1BF3odCf/it/u＝1191562014，1632535371&fm＝15&gp＝0.jpg。

地面验收测试,具有以下特点:将雷达告警接收机、电子战支援系统和定位系统集成在一个可更换单元中,集成度高;具有宽频带的雷达告警和基于数字射频存储器的干扰生成装置,具备综合电子战能力;具有高速数字处理能力,达到百万级 PPS 处理速度,实现 360 度雷达告警。

4. 军队典型电子战支援装备

海军和空军在不同的武器平台上部署了由 BEL 公司生产的电子战支援装备。依托平台不同,电子战支援系统具备不同的性能,具体可分为:潜艇 ESM 系统、小型船 ESM 系统、小型直升机 ESM 系统、小型飞机 ESM 系统、大型飞机 ESM 系统和现代舰船 ESM 系统。

潜艇 ESM 系统——工作在 D 至 J 频段,可以截获、检测和识别雷达信号,具备高截获概率和较高灵敏度,可以处理脉冲、CW 和啁啾等雷达信号。

小型船 ESM 系统——工作在 C 至 J 的频段,能实现信号的截获、分析和识别,提供包括频率、脉冲宽度、脉冲重复频率、到达方向、天线扫描周期与幅度等在内的多项信号参数。该系统可以在高密度电磁环境下工作,环境适应性强,能够部署于不同类型的船只。

小型直升机 ESM 系统——工作在 D 至 J 频段,可对地面、机载、船载和地下雷达进行侦察、截获、检测和识别,能够解析信号的各种参数并显示和存储,内置雷达数据库,能够提供威胁警告并确定威胁优先级。

小型飞机 ESM 系统——工作在 D 至 J 频段,可对地面、机载、舰船和潜艇的静止和运动雷达进行侦察、截获、检测和识别,能够解析信号的各种参数并显示和存储,内置雷达数据库,能够提供威胁警告并确定威胁优先级,反应时间短、灵敏度高,可以探测到大多数雷达信号。

大型飞机的 ESM 系统——工作在 C 至 J 频段，部署有多个天线，在非常短的反应时间内，能够实现对雷达信号的截获、检测、识别和显示。

现代舰船的 ESM 系统——工作在 C 至 J 频段，能够实现 360 度范围内雷达发射的自动和瞬时检测、方向测量、分析、分类及识别。

参 考 文 献

[1] 全军电磁频谱管理委员会办公室. 俄罗斯无线电管理 [G]. 北京：解放军出版社，2011.

[2] 全军电磁频谱管理委员会办公室. 美军联合电磁频谱管理办法 [G]. 北京：解放军出版社，2014.

[3] 美国参谋长联席会议. JP3-85：联合电磁频谱作战 [G]. 通信电子战，2020.

[4] 王沙飞，李岩，等. 认知电子战原理与技术 [M]. 北京：国防工业出版社，2018.

[5] 中国现代国际关系研究院. 国际战略与安全形势评估 2018/2019 [M]. 北京：时事出版社，2019.

[6] 卢周来. 现代国防经济学教程 [M]. 北京：石油工业出版社，2006.

[7] 周辉. 电磁空间战场中的思维技术 [M]. 北京：国防工业出版社，2013.

[8] 郭宏生. 网络空间安全战略 [M]. 北京：航空工业出版社，2016.

[9] N.A.科列索夫，无线电电子战：从昔日的试验到未来的决定性前沿 [M]. 北京：国防工业出版社，2018.

[10] 尤增录. 电磁频谱管理系统 [M]. 北京：解放军出版社，2010.

[11] 中国电子科技集团公司发展战略研究中心. 网络空间与电子战领域科技发展报告（2016年）[M]. 北京：国防工业出版社，2017.

[12] 中国电子科技集团公司发展战略研究中心. 网络空间与电子战领域科技发展报告（2017年）[M]. 北京：国防工业出版社，2018.

[13] 中国电子科技集团公司发展战略研究中心. 网络空间与电子战领域科技发展报告（2018年）[M]. 北京：国防工业出版社，2019.

[14] 黄安祥. 空战作战环境仿真设计 [M]. 北京：国防工业出版社，2017.

[15] 于川信，刘志伟. 军民融合：DARPA创新之路［M］. 国防工业出版社，2018.

[16] 戴旭. 决胜新空间——世界军事革命五百年启示录［M］. 北京：新华出版社，2020.

[17] 李玉刚，杨存社. 改变世界的"魔幻之手"——电磁频谱［M］. 北京：人民出版社，2018.

[18] 马林立. 外军网电空间战——现状与发展［M］. 北京：国防工业出版社，2012.

[19] 中国科学院. 科技发展新态势与面向2020年的战略选择［M］. 北京：科学出版社，2013.

[20] 陈东. 军事电磁频谱管理概论［M］. 北京：解放军出版社，2007.

[21] 于川信. 军民融合战略发展论［M］. 北京：军事科学出版社，2014.

[22] 冯亮，朱林. 中国信息化军民融合发展［M］. 北京：社会科学文献出版社，2014.

[23] 魏俊峰，赵超阳，等. 美国国防高级研究计划局（DARPA）透视［M］. 北京：国防工业出版社，2016.

[24] 陈东. 无线电频谱监测［M］. 北京：解放军出版社，2007.

[25] 刘培国，黄纪军，等. 信息化条件下的军事电磁频谱管理［M］. 北京：国防工业出版社，2016.

[26] 国家军民结合公共服务平台运行管理办公室，中船重工军民融合与国防动员发展研究中心. 工业和信息化领域军民融合发展报告［R］. 2014.

[27] 国防大学国防经济研究中心. 中国军民融合发展报告（2018）［R］. 北京：国防大学出版社，2018.

[28] 国防大学国防经济研究中心. 中国军民融合发展报告（2019）［R］. 北京：国防大学出版社，2019.

[29] 国防大学国防经济研究中心. 中国军民融合发展报告（2020）［R］. 北京：国防大学出版社，2020.

[30] 全国无线电管理领域国防教育领域小组办公室. 无线电管理发展史话［G］. 北京：长征出版社，2017.

[31] 朱璇. 我军电磁频谱管理作战研究［D］. 武汉：通信指挥学院，2009.

[32] 彭悦. 信息化军民融合发展的理论与实践问题研究［D］. 北京：国防大学，2016.

[33] 彭悦. 我国电磁空间大数据建设与应用研究［R］. 2019 年度中国博士后科学基金第 12 批特别资助（站中），项目批准号 2019T120965，2019.

《电磁空间领域创新发展论》

作者简介

徐 堃

全军预备役电磁频谱管理中心政治委员,大校军衔。籍贯湖北枣阳。2011年4月担任我军第一支高技术预备役部队政治主官,带领官兵圆满完成了"纪念中国人民抗日战争暨世界反法西斯战争胜利70周年阅兵""中国人民解放军建军90周年阅兵""庆祝中华人民共和国成立70周年阅兵"等20余项重大行动的电磁频谱管控任务,创造了我军预备役部队首次参加全军最高级别的战略战役集训、首次走出国门参加中外联合军事演习、首次独立保障国际国内重大活动等多个第一次,部队被誉为"全军预备役部队的一面旗帜"。总结的高技术预备役部队建设发展经验在全军推广,主责的咨询报告多次获得军委领导、部委领导和军兵种领导的肯定性批示。策划成立了全国行业系统第一个国防教育领导机构,主持编撰了《全国无线电管理领域国防教育丛书》。

李学军

  国防大学联合勤务学院教授、教研室主任，大校军衔。籍贯山东莱州。长期工作在后勤与装备保障教学和科研一线，开创了有关战时后勤工作、电磁空间领域创新性科研教学活动，提出了未来作战保障概念。主编《军事后勤学》《联合勤务学》《军事后勤建设教程》等多部军队院校教材，主责后装领域多项军队重大科研项目，牵头负责军队装备保障法规编修等。作为后勤与装备领域专家，为军委机关和部队建设提供了多项有价值的咨询建议。

彭 悦

  国防大学国防经济学博士、军事装备学博士后，火箭军某部工程师，中校军衔。籍贯山东临沂。参与完成国家和军队重大科研项目研究论证10多项、参与编著军队院校教材3部，在国内重要报纸、核心期刊等发表学术文章30余篇，获得各类科研成果奖励10多项，主责的咨询报告多次获得军委领导、部委领导和军兵种领导的肯定性批示。参与了"庆祝中华人民共和国成立70周年阅兵""国际军事比赛—2019""第7届世界军人运动会"等7项重大行动的电磁频谱管控任务。博士后在站期间获得第12批中国博士后科学基金特别资助。